流计算系统图解

[美] 乔什·费舍尔(Josh Fischer)
[加] 王宁(Ning Wang) 著
傅 宇 黄鹏程 张 晨 译

清华大学出版社
北 京

北京市版权局著作权合同登记号 图字：01-2023-1111
Grokking Streaming Systems
Josh Fischer, Ning Wang
EISBN: 978-1-61729-730-4

图书在版编目 (CIP) 数据

流计算系统图解 / (美) 乔什 • 费舍尔 (Josh Fischer)，(加) 王宁著；傅宇，黄鹏程，张晨译. —北京：清华大学出版社，2023.6
书名原文：Grokking Streaming Systems
ISBN 978-7-302-63465-2

I. ①流… II. ①乔… ②王…③傅… ④黄… ⑤张… III. ①数据处理系统—图解 IV. ① TP274-64

中国国家版本馆 CIP 数据核字 (2023) 第 084354 号

责任编辑：王　军　刘远菁
装帧设计：孔祥峰
责任校对：成凤进
责任印制：刘海龙

出版发行：清华大学出版社
网　　址：http://www.tup.com.cn，http://www.wqbook.com
地　　址：北京清华大学学研大厦A座　　邮　　编：100084
社 总 机：010-83470000　　邮　　购：010-62786544
投稿与读者服务：010-62776969，c-service@tup.tsinghua.edu.cn
质 量 反 馈：010-62772015，zhiliang@tup.tsinghua.edu.cn
印 装 者：天津鑫丰华印务有限公司
经　　销：全国新华书店
开　　本：170mm×240mm　　**印　　张：**18.5　　**字　　数：**362千字
版　　次：2023年7月第1版　　**印　　次：**2023年7月第1次印刷
定　　价：98.00元

产品编号：096093-01

专家赞誉

实时计算近年来在互联网系统中应用得越来越广泛，例如实时金融风控反欺诈领域。对于想掌握任何一门技术的读者而言，了解其背后的基本原理是十分必要的。此书通过图解方式和浅显易懂的语言来介绍流式计算的原理。作为一本入门读物，此书值得对实时数据流处理感兴趣的开发者、产品经理和数据分析人员阅读。

——Advance Atome CTO　丁豪

在当今数据处理领域，流处理技术越来越受到重视。《流计算系统图解》是一本专注于流处理系统的原理和实践的书籍，它为读者提供了丰富的图片示例与实用案例，帮助读者深入了解流处理系统的设计和应用。无论你是流处理初学者还是有经验的专家，这本书都会为你的工作提供重要的指导和启发。

——RisingWave Labs 创始人、CEO　吴英骏博士

实时即未来，流计算作为实时计算技术的典型代表，是近年来非常热门的技术方向。本书通过具体案例和大量生动的图文，深入浅出地讲解了流计算系统的基本概念、技术挑战和实现原理。无论您是希望从事该领域的工程师，还是对此感兴趣的非技术人员，本书都具有很高的学习参考价值。

——Apache Flink PMC，阿里巴巴高级技术专家　伍翀(云邪)

中文版序

当我听到张晨在社交网络上说他们这个小组正在翻译本书的时候，真是受宠若惊。非常感谢他们的厚爱和努力，毕竟本书英文版才刚完成几个月，也并不属于热门书籍。

刚开始撰写本书的时候，我和另外一个作者原本计划介绍一个开源系统，包括应用和内部实现。但是在讨论内容的时候，我们发现有不少功能很难解释清楚。尤其是对不同层次的读者，很难做到平衡。另外，不同系统的内部实现也涉及很多取舍。如果只介绍一个系统的实现，难免给读者错误印象，影响效果；反之，全面介绍的话是很大的挑战，又超过了我个人的能力。总之，我们两个作者为本书的内容头疼了一阵子。感谢 Manning 出版社给了我们很多灵活性和支持，最后我们决定退一步，专注于相关的基础知识，并且决定通过实现一个简单的框架来介绍这些基本概念。希望读者在了解这些基本概念以后，在继续学习相关领域知识的时候可以事半功倍。

另外，在两年多的写作过程中，我们也发现对于很多基本概念，我们以前的理解并不全面，因此在开始每章的写作之前，我们都会先进行更多的学习和研究。所以，这个写作过程对于我们来说也是一个重新学习和思考的过程，而本书也可以被看作我们在这个学习和思考过程中整理的一些心得笔记。

数据处理是一个很大、很重要的领域，而流处理是其中一个发展迅速的分支。相信各位读者都对这个领域有一定的兴趣，也希望本书介绍的基本概念对各位未来的深入学习和大展宏图有一些帮助。我个人也期待能有机会和大家一起贡献力量，推动技术向前发展。只是个人能力有限，书中肯定有很多不足，请大家不吝赐教。

最后，再次感谢各位译者和编辑，让本书有机会和国内的广大读者见面，也让我能和国内广大开发者有这个交流的机会。

王宁

译 者 序

2003 年 10 月，Google 发表了论文“The Google File System”，揭开了大数据技术的第一页。20 年后的今天，大数据这个词已经深刻融入现代社会的每个角落，我们生活的方方面面都在被数据化。从互联网巨头到传统行业，乃至政府、银行等，都在构建自己的“数据护城河”，基于数据提供更优质的服务。

作为行业中的一员，我们也有幸见证了这 20 年大数据技术的发展，从 Yahoo 发布 Hadoop 却又退居幕后，到 Cloudera、Hortonworks、MapR 三分天下又最后整合，再到 Snowflake 和 Databricks(Spark) 的崛起，可谓跌宕起伏。直至今天，这股浪潮仍未有停止的迹象，不断有初创公司加入这一市场中，试图进一步拓宽技术的边界。

有趣的是，我们观察到，近几年新兴的技术和产品不约而同地将目标瞄准了一个关键词——实时。其背后的原因也很简单，传统意义上的大数据 (即批处理领域) 已经是红海，似乎已很难再通过技术创新形成足够的优势。而实时分析领域方兴未艾，甚至没有一个明确的定义，新的技术和想法在不断涌现。

站在用户的角度，实时性是个自然的需求，而且往往有着显而易见的收益。如果监控警报可以实时，就可以更快地发现和解决问题；如果销售数据可以实时，就可以迅速协调库存并调整营销策略；如果欺诈检测模型可以实时，就可以在付款的瞬间拦截可疑的交易……

而为了达到实时性，业界却给出了许多不同的路径：

- 通过列式存储和算子优化榨干性能，加快查询速度，代表如 ClickHouse。
- 借助各种先进的索引技术，预先构建索引，代表如 Rockset、Pinot。
- 使用流计算技术，代表如 Flink。

这些路径各有所长，或许在很长一段时间内都会彼此取长补短，共同发展。但可以肯定的是，流计算技术是其中最具颠覆性的一个。如果说传统分析查询是将数据看作被计算的对象，那么流计算则是将数据看作事件，用事件驱动计算的进行。

在对低延迟有着极高要求的场景，这种模式具有无可取代的优势。

你手中的这本《流计算系统图解》正是一本带你进入流计算世界的指南。它从开发者的角度出发，带你一步一步从无到有地搭建一套流计算框架，并基于此开发了信用卡欺诈检测、汽车排放量分析、系统负载分析等应用程序，深入浅出而不失严谨性。而且，本书配有大量插图，能帮你更快速地阅读和理解那些概念。

更可贵的一点是，本书没有局限于任何特定的框架或系统，而是聚焦于流计算的本质。一方面，这足以帮助你理解其原理，无论之后要使用哪个流系统，都能快速上手；另一方面，这可确保你不会陷入枯燥而繁杂的细节中，让阅读成为一种享受。

最后，特别感谢原著作者王宁先生、清华大学出版社王军老师为我们的翻译工作给予的支持，谢谢他们为我们提供了许多宝贵的改进建议。

那么，祝你阅读愉快！

傅宇 黄鹏程 张晨

前　言

在我技术职业生涯的初期，一位同事曾经对我说："如果有一件事能改变你的职业生涯，那就是参与开源项目。"这些年来，我的脑海中一直酝酿着这个想法，但从来没有理由这样做。我想："我可以创造什么对别人有用的东西呢？" 在1904labs 工作时，我为(当时的)Twitter Heron 开发了 ECO API。它来自客户的需求——也来自一点点私心，我真的很想编写和贡献这些代码。最终，Twitter 把 Heron 捐赠给了 Apache 基金会，我受邀成为 Heron 的提交者和项目管理委员会的一员。这个项目令我兴趣十足，因为它是我深入参与的首个开源项目。

从某个星期一下午 4 点左右在 Heron 主分支上的初始提交开始算起，大约一年后，我收到了一封标题为"Apache Heron 图书或课程项目"的来自 Eleonor Gardner 的邮件。在浏览一遍后，我以为它是个恶作剧，竟差点丢弃了这封邮件。毕竟，怎么会有人想让我写书或讲解课程项目？当然，事实证明我错了。与 Manning 的副发行人 Mike Stephens 进行了一番讨论，并与他的助手 Eleonor 互发了几封电子邮件之后，我知道我需要一些帮助才能完成这件事。我联系了我的朋友、在 Apache Heron 的同事王宁，希望他有兴趣和我一起写书。幸运的是，他有兴趣——这就是这场漫长而收获颇丰的旅程的开端。

最初，我们商议写一本关于 Heron 的书。但是王宁有些更棒的想法，毕竟技术变化很快，软件的突破性变化会使一本书迅速过时。因此，我们希望书的主题超出某个特定的流计算框架的范畴。我们达成共识：这本书应当与框架无关，读者应当能在读完之后去学习使用任何流计算框架。

我们一开始只用文字来写书，然后王宁和我被"温柔"地引导去尝试另一种方式。一次又一次，再一次，再一次，我们终于充分领悟到，图表能让书中的内容更容易被读者吸收。我们用钢笔在纸上绘制了第一张图 (见图 a)，它看起来很差劲。

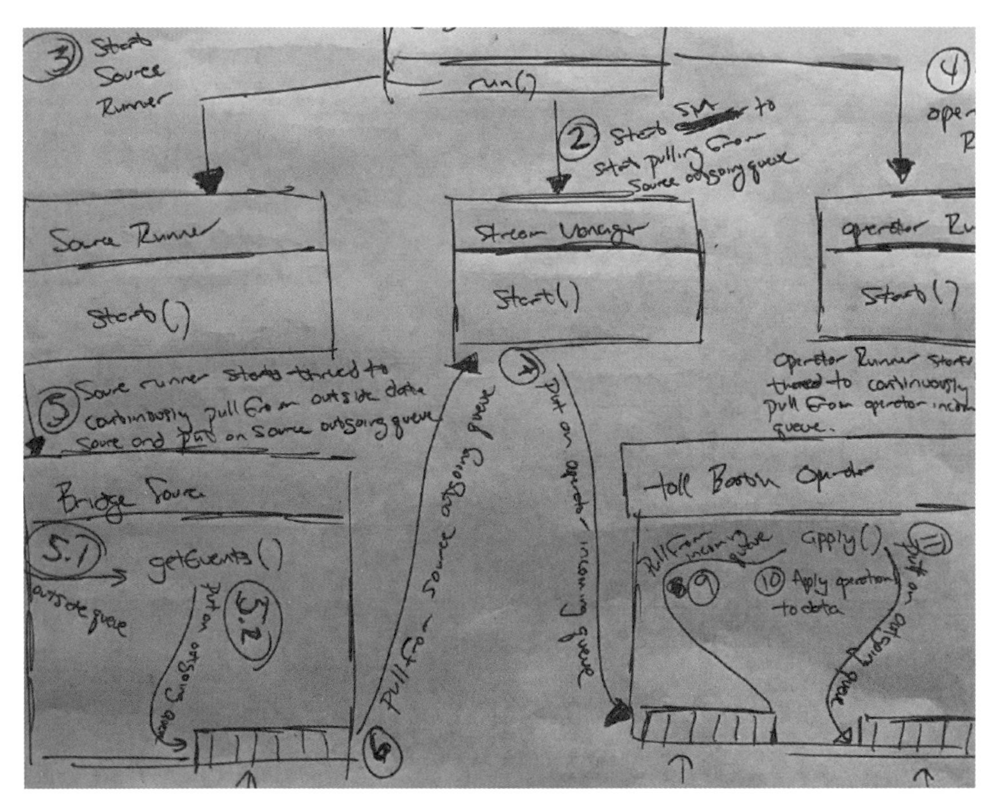

图 a　绘制的第一张图

在成书的过程中，那些看起来很原始、潦草的创作最终演变成了你现在在书中所看到的图表。王宁和我设计并完善了所有这些图表。我们对自己的创作感到非常自豪，希望你也能看到这本书的价值。

Josh Fischer

2021 年 11 月

致　谢

首先，我要感谢我的孩子们还有我最棒的搭档 Melissa。她是世界上最有耐心和最优秀的人。在我写这本书时，她承担了我生活中所有的困难。我的孩子们 (Aiden、Wes、Hollyn、Oliver、Declan 和 Dylan) 在我花时间写作时，总是很有耐心且经常在深夜或清晨时自娱自乐。

谢谢你，宁，在我写作的过程中一直陪伴着我。向你学习是我写这本书最大的收获之一。

我必须感谢 Dan Tumminello、Dave Lodes、Laura Stobie、Jim Towey、Steve Willis、Mike Banocy、Sean Walsh、Pavan Veeramachineni、Robert McMillan、Chad Storm、Karthik Ramasamy 和 Chandra Shekar。他们都对我个人及我的职业生涯产生了巨大的影响。

最后，我想特别感谢 Bert Bates。毫无疑问，他是我遇到的最有耐心、最宽容且各方面都很棒的好老师。Becky Whitney 总是发起一些可能有些艰难的对话，但却让我们走上了为 Manning 传授知识的正轨。谢谢你，Mike Stephens，给了我这个机会。Eleanor Gardner 安排了我们最初的谈话，最后是 Andy Marinkovich 和 Keri Hales，他们为本书做了最后的润色。

致所有审阅者：Andres Sacco、Anto Aravinth、Anupam Sengupta、Apoorv Gupta、Beau Bender、Brent Honadel、Brynjar Smári Bjarnason、Chris Lundberg、Cicero Zandona、Damian Esteban、Deepika Fernandez、Fernando Antonio da Silva Bernardino、Johannes Lochmann、Kent R. Spillner、Kumar Unnikrishnan、Lev Andelman、Marc Roulleau、Massimo Siani、Matthias Busch、Miguel Montalvo、Sebastián Palma、Simeon Leyzerzon、Simon Seyag 和 Simon Verhoeven。你们的评论和提出的问题都使本书的质量变得更好。谢谢。

——Josh Fischer

两年了！我已经不知道要感谢多少人了。这里列出的所有人和许多其他没有列出的人，都为本书的出版提供了不可或缺的支持和帮助。

首先，没有我女儿的理解和支持，我是不可能完成这本书的。我欠你两年的周末，欣怡！我也已经有两年多没有回家乡看望我的父母——王基坜和刘书君了，还有我的妹妹王凤。我非常想念他们。

非常感谢我的合著者 Josh。这是一段多么美好的旅程啊！如果没有你的创造力和出色的想法，这些都是不可能的。

我相信数据处理的力量，能有机会和许多伟大的工程师一起工作，我感激不尽。我从你们那里学到的很多东西对这本书至关重要：感谢 Twitter 实时计算团队的 Maosong Fu、Neng Lu、Huijun Wu、Dmitry Rusakov、Xiaoyao Qian、Yao Li、Zhenxiao Luo、Hao Luo、Mainak Ghosh、Da Cheng、Fred Dai、Beinan Wang、Chunxu Tang、Runhang Li、Yaliang Wang、thomscooper 和 Faria Kalim，Amplitude 数据管道团队的 Pavan Patibandla、Farshad Rostamabadi、Kurt Norwood、Julien Dubeau、Cathy Nam、Leo Zhang、Neha Bhambhani、Nick Wu、Robyn Nason、Zachery Miranda、Jeffrey Wang 和 Nirmal Utwani，还有 Apache Heron 社区的许多人。

这是我第一次撰写图书 (而且是用英语写)，如果没有勤奋的 Manning 编辑们的帮助，这对我来说是不可能完成的任务。非常感谢 Bert Bates、Becky Whitney、Jennifer Houle、Matthew Spaur，以及许多其他的编辑和评审人。我从你们身上学到了很多！

——王宁

关于本书

《流计算系统图解》帮助你了解什么是流系统、它的工作原理，以及它是否适合你的业务。由于本书的内容与特定工具无关，无论你选择哪种框架，都能运用你所学到的知识。你将从关键概念开始学习，然后通过越来越复杂的例子掌握知识。这些例子包括追踪 IoT 传感器事件的实时计数和实时检测信用卡欺诈交易等。下载为本书设计的超级简化的流框架，你甚至可以轻松地在自己编写的流系统上进行试验。读完本书后，你将能够评估流框架的能力，并解决构建流系统的常见问题。

本书读者对象

本书是为那些有几年工作经验并希望提高自己的知识水平和专业技能的开发者编写的。如果你一直在构建 Web 客户端、API、批处理作业等，并想知道下一步该怎么走，那么本书就是为你准备的。

本书的组织结构：路线图

本书的结构很简单——它只包含两个部分，共 11 章。按顺序读完第 1 ～ 5 章后，你可以按任意顺序读完其余的章节。以下是每一章内容的简介：

- 第 1 章高屋建瓴地向读者介绍流系统，并将其与其他典型的计算机系统进行比较。
- 第 2 章深入探讨流系统的基本工作方式。
- 第 3 章讨论并行化、数据分组，以及流作业如何扩展到多个节点。
- 第 4 章涵盖流计算图和流作业的表示方法。
- 第 5 章带你了解送达语义，比如开发者如何使用流系统来可靠 (或不可靠) 地送达事件。

- 第 6 章回顾核心概念，并提供后续章节的预览。
- 第 7 章讨论窗口——该机制可以帮助你把无尽的数据流切成片。
- 第 8 章描述流式 Join，教你将数据实时汇集在一起。
- 第 9 章告诉你流系统如何处理故障。
- 第 10 章让你知道流系统如何实时处理有状态的计算。
- 第 11 章总结以上各章，并就如何进一步学习流系统给出建议。

关于代码

我们提供第 2、3、4、5、7、8 章的代码，可通过扫描封底二维码下载。要运行这些例子，你需要 Java 11、Apache Maven 3.8.1 和命令行工具 Netcat 或 NMap。

本书包含许多源码的例子，有的以列表的方式呈现，有的和普通文本一致。列表中的源码都是等宽字体，将其与普通文本区分开。有时代码也以粗体显示，以表明它与本章以前的步骤相比有变化，例如当一个新功能添加到现有的一行代码时。许多情况下，原始的源码已经被重新格式化：增加换行符，并修改了缩进，以适应书本的页面空间。在少数情况下，即使这样做也无法使代码适应页面空间，所以列表中包含换行标记 (➥)。此外，当文本中提及代码时，代码中的注释往往被省略。许多列表中都有代码注解，以强调重要概念。

目　　录

第3章　并行化和数据分组　53

第4章　流中的图　81

第8章 Join 操作 185

第9章 反压 211

第11章 总结：流系统中的高级概念 259

第 I 部分
初识流系统

本书第 I 部分将带你走进流系统的世界，并解答你的一些疑问，比如“为什么流系统是这样工作的”以及“为什么要使用它们”。第 1 章描述流系统与其他系统的主要差异。第 2 章是流系统的 Hello World，将带你了解流系统的基本原理。第 3 章描述如何扩展 (scale out) 流系统。第 4 章向你展示流作业中的数据如何流动。第 5 章阐述流系统如何实时、可靠地送达数据。第 6 章回顾各章的重要内容。学完第 I 部分后，你将拥有选择和使用各种流计算框架的必备知识。

第1章 欢迎阅读《流计算系统图解》

本章内容：

- 流处理介绍
- 流处理系统和其他系统的区别

> 若河床上没有岩石，溪流就不会有歌声。
>
> ——Carl Perkins

在本章，我们将尝试回答一些关于流系统的基本问题，比如“什么是流处理”和“流处理系统 (或者说流系统) 是用来做什么的”。本章将给出一些会在之后章节详细讨论的基本概念。

1.1 什么是流处理

流处理 (stream processing) 是近年来在大数据领域最流行的技术之一。流处理系统是指处理连续事件流的计算机系统。

流处理的一个关键特征是，当事件 (event) 出现时立即 (或几乎立即) 被处理。这是为了尽量减少从原始事件进入流系统到获得最终结果之间的延迟。大多数情况下，延迟从几毫秒到几秒不等，可被认为是实时或接近实时，因此流处理也被称为实时处理 (real-time processing)。从使用角度来看，流处理通常用于分析各种各样的事件，因此流处理系统在不同场景下也可能会被称为实时分析、流分析或事件处理 (event processing) 等。本书选用了流处理这个被业界广泛采用的术语。

事件的例子

下面是一些事件的例子：

- 计算机上的鼠标单击
- 手机上的触摸和滑动
- 火车进站和出站
- 一个人发出的消息或电子邮件
- 实验室里传感器收集到的温度
- 用户在网站上执行的交互操作 (如页面浏览、用户登录、单击等)
- 数据中心中服务器生成的日志
- 银行中账户之间的交易记录

注意，流系统中处理的事件流通常没有预设的结束时间。你可以认为它是永无止境的，因此，事件流通常被认为是连续的 (continuous) 和无界的 (unbounded)。毫不夸张地说，事件无处不在。我们生活在信息时代，每时每刻都有大量的数据产生，也有大量的数据被收集和处理。

思考

流处理系统是用于处理连续事件流的计算机系统。

1.2 流系统的例子

让我们来看如下两个例子：

- 第一个例子是实验室的温度监控系统。如果实验室中不同位置安装了许多收集连续温度数据的传感器，那么可以构建一个流系统来处理收集到的数据并在仪表盘上显示实时信息。当检测到任何异常情况时，流系统还能触发警报。实验室管理员可以使用该系统监控所有的房间，并确保温度在正确范围内。
- 第二个例子是处理用户交互 (如网站的页面浏览、用户登录或按钮单击等) 的监控和分析系统。在用户访问网站时，系统通常会记录大量事件。这些原始事件往往有很多字段，且有些字段不是人类可读的，因此直接分析十分困难，需要先进行转换。通过流系统，能够将原始事件数据转换为更有用的信息，例如请求数、活跃用户、每个页面的浏览量以及可疑的用户行为等。

上面提到的流系统能够实时处理大量的事件并挖掘出其中隐藏的有用信息。流系统非常有用，这是因为在挖掘事件中隐藏的有用信息时，实时性对某些场景是极其重要的。

1.3 流系统和实时性

流系统是指从连续的事件流中提取有用信息的系统(见图1.1)。更具体而言，正如本节开头提到的，我们希望流系统能够在事件采集之后尽快处理数据，这样才能以最小的延迟获得结果，并及时做出适当的反应。实时性使得流系统在许多需要低延迟的场景(如实验室和网站交互数据处理)中非常有用。

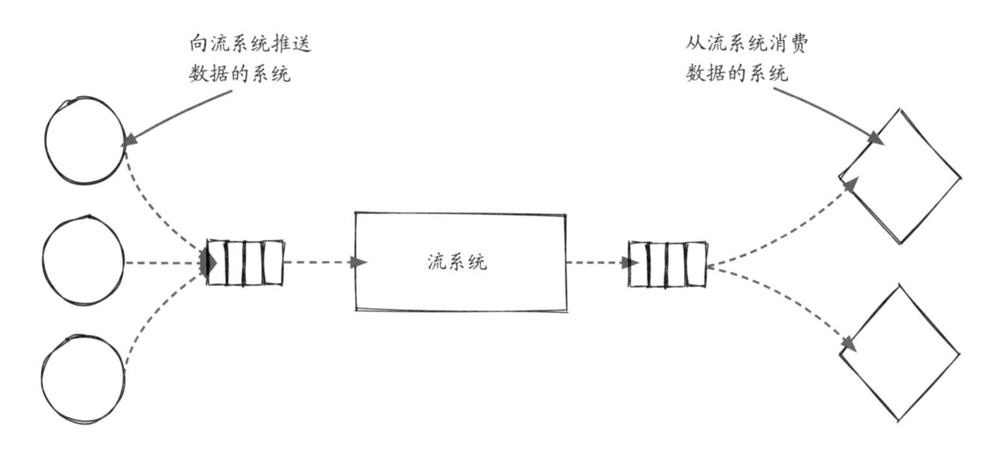

图 1.1 流系统

在实验室里，监控系统可以触发警报，自动启动备份设备，并在必要时通知管理员。如果故障设备没有及时得到修复或更换，温度没有及时得到控制，那么对温度敏感的设备和样品可能受到影响或损坏，实验也可能被打断。对于网站来说，流系统生成的图表和仪表盘不但可用于监控问题，还可帮助开发人员了解用户如何使用网站，从而相应地改进其产品。

1.4 流系统的工作方式

了解上述事件和流系统的例子后，你现在应该大概了解流系统是什么了。下面将通过对比流系统与其他类型的系统，粗略地展示流系统的工作方式。

4个典型计算机系统的比较

你会发现流处理系统和其他计算机系统有许多共通之处。毕竟，流处理系统仍然是一个计算机系统。下面是我们选择的几个典型系统：

- 应用程序
- 后台服务
- 批处理系统
- 流处理系统

1.5 应用程序

应用程序 (application) 是直接与用户交互的计算机程序。个人计算机上的程序和智能手机上的 App，如计算器、文本编辑器、音乐与视频播放器、通信软件、网络浏览器和游戏等，都是应用程序。它们无处不在！用户通过各式各样的应用程序与计算机交互。

用户使用应用程序来执行任务：用文本编辑器记笔记或创作书籍并将其保存为文件，用视频播放器打开视频文件并播放，用网络浏览器搜索信息、观看视频或购物，等等。

应用程序的内部

应用程序千差万别，命令行工具、文本编辑器、计算器、照片处理器、浏览器、游戏等应用程序的外观和特性明显不同。你肯定不会认为它们是同一类型的软件。它们的内部差别更大，一个简单的计算器可能只有几行代码，而浏览器或游戏可能包含上百万行代码。

尽管有这些差异，但大多数应用程序的基本构成是相似的，它们都有一个起点 (当应用程序打开时)，一个结束点 (当应用程序关闭时)，以及由以下三个步骤组成的循环 (主循环)，如图 1.2 所示。

1. 获取用户输入
2. 执行逻辑
3. 显示结果

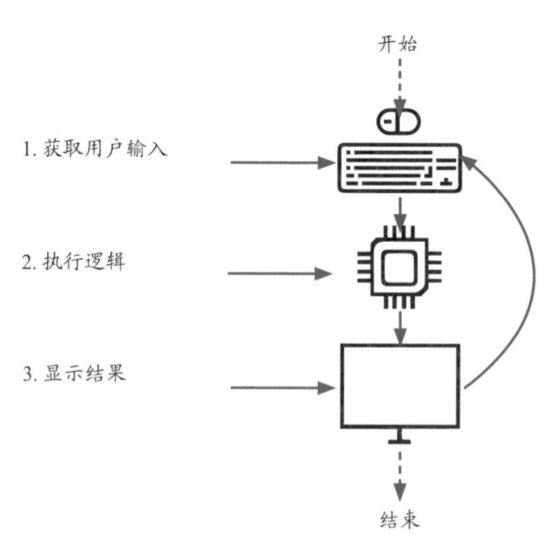

图 1.2　应用程序的基本构成

1.6 后台服务

后台服务 (backend service) 是在幕后运行的计算机程序。与应用程序不同，后台服务不与用户直接交互，而是响应请求并执行相应的特定任务。服务通常是长期运行的进程，始终等待着请求传入。

让我们看一个简单的 Web 服务的例子。当收到请求时，程序会解析请求，执行相应的任务，最后做出响应。处理完一个请求后，程序会等待下一个请求的到来。网络服务通常不是独立的，而是与其他服务协作处理请求。服务可以处理彼此间的请求，每个服务都只负责一个特定的任务。图 1.3 中的系统由一个 Web 服务和一个存储服务组成，它们一起工作以服务网页请求。

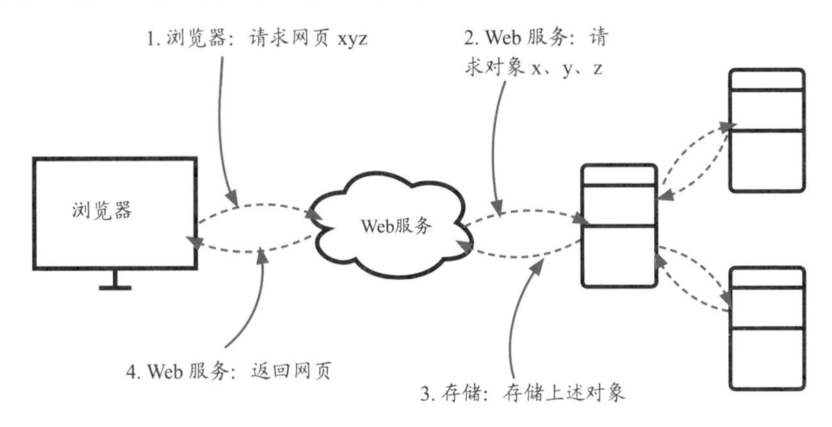

图 1.3 后台服务系统

1.7 后台服务的内部实现

如图 1.4 所示，后台服务的内部也有一个主循环，但因为服务处理的请求与应用程序中的用户输入完全不同，它的工作方式也不同。应用程序通常由单个用户使用，因此一般情况下，在主循环开头检查用户输入即可，但对于后端服务，许多请求可能在任何时刻分别或同时到达。为了及时处理这些请求，往往会使用多线程技术。线程是在进程中执行的子任务，一个进程可以有多个线程，它们共享进程的资源 (如内存) 并且可以并发执行。

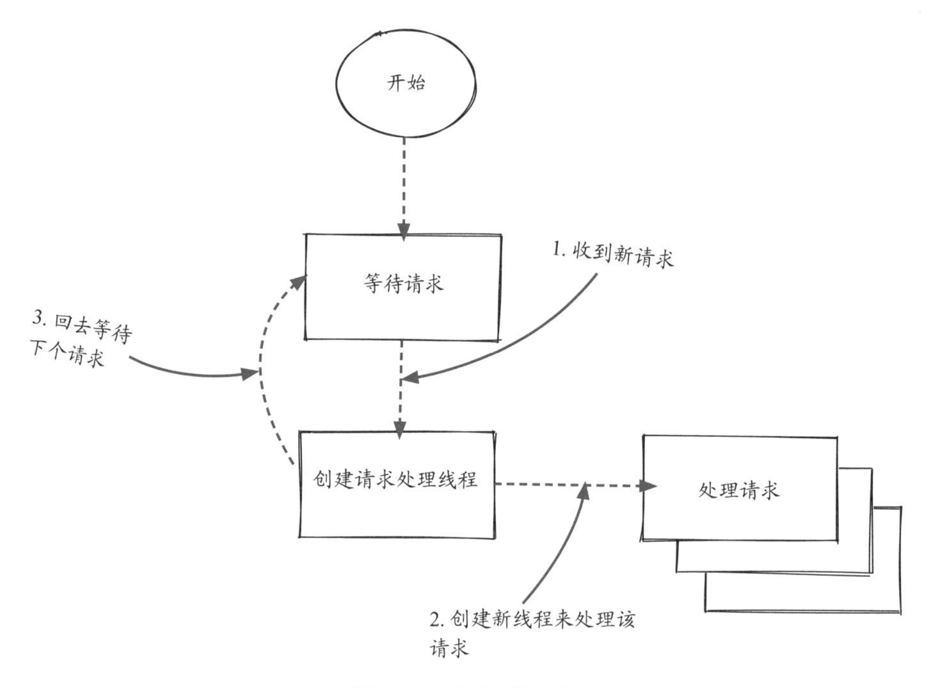

图 1.4 一个典型的服务

图 1.4 是一个典型服务的示意图。当收到一个请求时，请求处理程序会创建一个新的线程来执行实际的逻辑，然后立即返回而不等待结果。之后，耗时的计算 (实际的逻辑) 会在各自的线程上并发执行。这样主循环可以运行得很快，新来的请求可以很快被处理。

1.8 批处理系统

应用程序和后台服务的设计目标都是尽快为客户端 (人类用户或远程请求) 提供服务。批处理系统则不同，它们的目的不是对实时交互做出响应，而是在预定时间内或在资源允许的情况下完成处理任务。

现实生活中也有批处理系统的例子。例如，邮局在预定的时间批量收集、分类、运输和投递邮件，因为这样更有效率。如果一个邮政系统中有人接收你的手写信件，跑出门外并试图立即将信件送到收件人手中，将是多么不可思议。好吧，这可能是可行的，但这么做非常低效，而且你需要一个很好的理由来说明这种努力是恰当的。

如今，每秒钟都有大量的数据产生，如新发布的文章、电子邮件、用户交互操作的记录，以及服务和设备产生的数据。处理数据并找到有用信息的过程十分重要且具有挑战性。批处理系统就是为这类用例设计的。

> *注意*
>
> 批处理系统用于高效地处理大量的数据。

1.9 批处理系统内部

在一个典型的批处理系统中，整个处理过程被分解成多个步骤或阶段，如图 1.5 所示。这些阶段由存储中间数据的系统相连接。

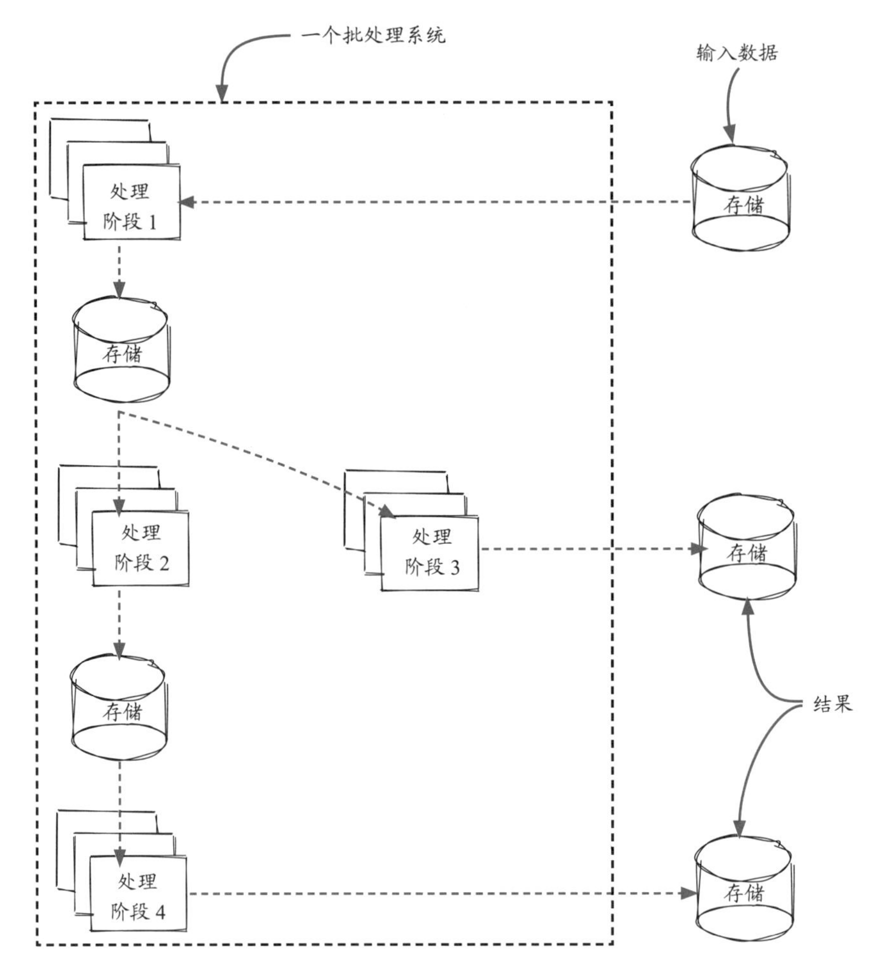

图 1.5 批处理系统

在图 1.5 的例子中，输入的数据是分批处理的 (如将网站上的用户交互数据按小时分批)。当新数据可用 (收到一整批数据并准备就绪) 时，阶段 1 开始加载数据并执行其逻辑。结果被保存在中间存储中，供后面的阶段取出并处理。处理完这批数据后，当前阶段关闭，下个阶段 (图1.5 中的阶段 2) 启动并处理阶段 1 输出的中间结果。这批数据被所有阶段处理完毕后，整个处理过程就完成了。

1.10 流处理系统

在大数据领域，批处理架构是一种非常强大的工具。然而批处理系统存在一个主要的局限：延迟 (latency)。

在使用批处理系统处理数据之前，需要以固定的时间间隔 (如每小时或每天) 收集和存储数据。在某个特定的时间窗口中收集的事件需要等到窗口结束后才能被处理。这在某些情况下可能是不可接受的，比如对于实验室监控系统来说，这通常是不可接受的，因为批处理系统要在下一小时才能触发警报。在这些情况下，人们更希望在收到数据后立即进行处理，换句话说，用户希望能实时得到处理结果。流处理系统就是为这些更实时的用例而设计的。在流处理系统中，数据事件一旦被接收就会被尽快处理。

我们之前把邮局看作批处理系统在现实世界中的例子。在这个系统中，邮件被收集、运输并在每天预定的时间投递若干次。工厂里的流水线则是流处理系统在现实世界中的一个例子。流水线也包含多个步骤，它不断运行以接受新的零件。在每一步中，单个操作被应用于一个又一个产品。在装配线的末端，最终产品被一个接一个地组装出来。

> *注意*
>
> 流处理系统是为低延迟处理大量数据而设计的。

1.11 流处理系统的内部实现

一个典型的流处理系统架构看起来与批处理系统类似。如图 1.6 所示，整个过程被分解成多个称为组件(component)的步骤，数据在组件之间不断流动，直到处理步骤完成。

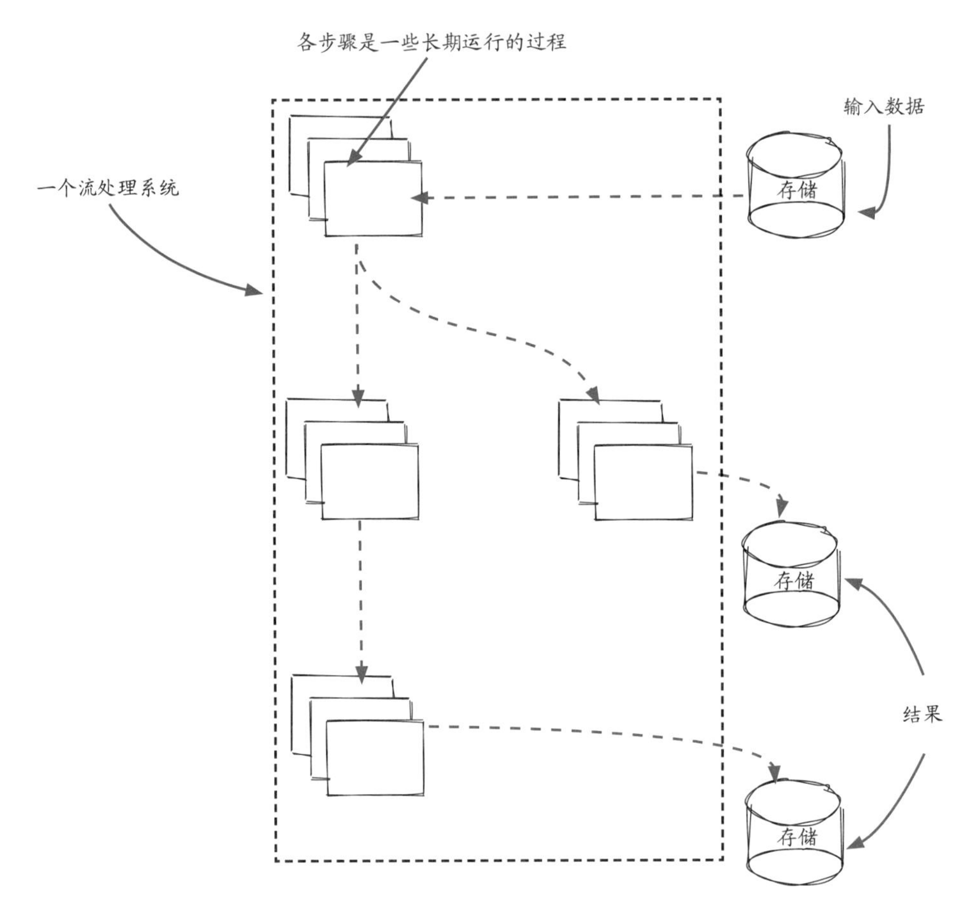

图 1.6 流处理系统

流处理系统和批处理系统的主要区别在于，组件是长期运行的过程。它们一直处于运行状态并不断接收新数据以进行处理。每个组件处理完一个事件后，会立即将结果传入下一个组件以进行进一步的处理。因此，流系统能在收到事件的短时间内产生最终结果。

1.12 多阶段架构的优势

批处理和流处理系统都使用多阶段架构 (见图 1.7)。这种架构存在一些优点，适合数据处理场景：

- 灵活性更大——开发者可以为任务按需增减阶段。
- 可扩展性更强——每个阶段相互独立并通过中间过程相连。如果某个阶段中的实例 (图1.7 中的实例 1 ～ 3) 成为整个流程的瓶颈，可通过启动更多的实例 (实例 4 和实例 5) 来轻松地增加吞吐量。
- 可维护性更高——用简单的操作构成的复杂操作，更容易实现和维护。

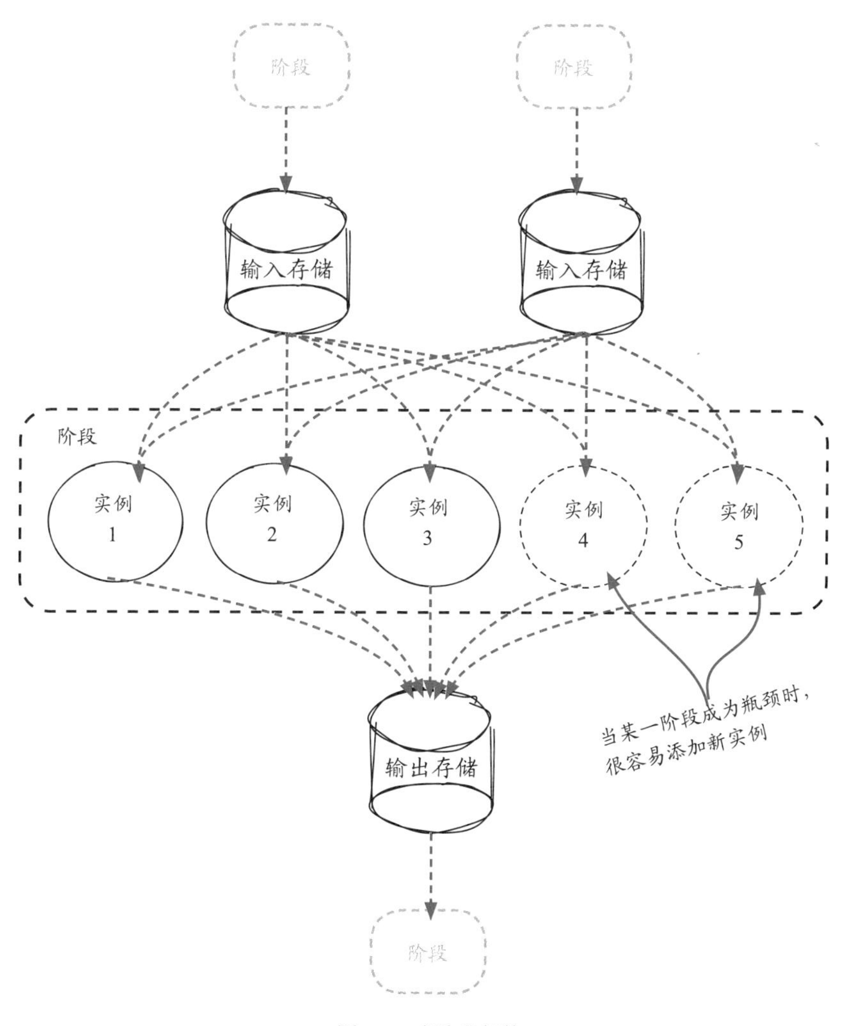

图 1.7　多阶段架构

1.13 批处理和流处理系统中的多阶段架构

1.13.1 批处理系统

批处理系统中，阶段之间以及同一阶段中的不同实例都是独立运行的。这意味着它们不必同时运行。只要执行顺序正确，系统中的所有实例就可以逐个或者逐批执行。因此，可以用非常有限的资源来构建一个批处理系统，处理巨大的数据量(尽管可能需要花费更多的时间)。为了弥补中间数据持久化的开销，通常批任务越大，该方法就越高效，因此常见的批处理窗口是按小时或天计时的。窗口开始时发生的事件必须等待一小时或一整天的时间才能被处理，这就是高延迟的原因。

批处理系统的一个主要优点是故障的处理很容易。如果出现问题(如计算机崩溃或无法读写数据)，只需要在另一台机器上重新调度并重试失败的步骤。

1.13.2 流处理系统

在流处理系统中，所有步骤都是长期运行的过程。事件不断地从一个步骤传送到另一个。一方面，我们无法在阶段出现异常时直接中止它们，故障处理也变得更加复杂。另一方面，事件能被尽快处理，而我们也能得到实时的结果。

1.14 比较这些系统

下面比较一下本节介绍的这些系统 (见表 1.1)，从而更好地了解不同类型的计算机系统是如何工作的。

表 1.1 4 个典型计算机系统的比较

应用程序	后台服务	批处理系统	流处理系统
处理用户输入	处理请求	处理数据	处理数据
直接与用户交互	直接和客户端以及其他服务交互，不直接和用户交互	对数据应用操作，结果被用户直接或间接消费	对数据应用操作，结果被用户直接或间接消费
应用程序由用户启动或停止	服务的实例是长期运行的过程	系统中的实例被调度启动或停止	系统中的实例是长期运行的过程
单个主循环	单个主循环和多线程	多阶段的过程	多阶段的过程

需要注意的是，这些例子是用于典型用例的典型架构。真实世界的系统为了满足各自的需求，可能采用各种不同的架构。

1.15 一个典型的流处理系统

在考察过不同的系统后，下面回到流处理系统的主题上。在上一节，你已经了解到一个流处理系统是由多个长期运行的组件组成的，如图 1.8 所示。

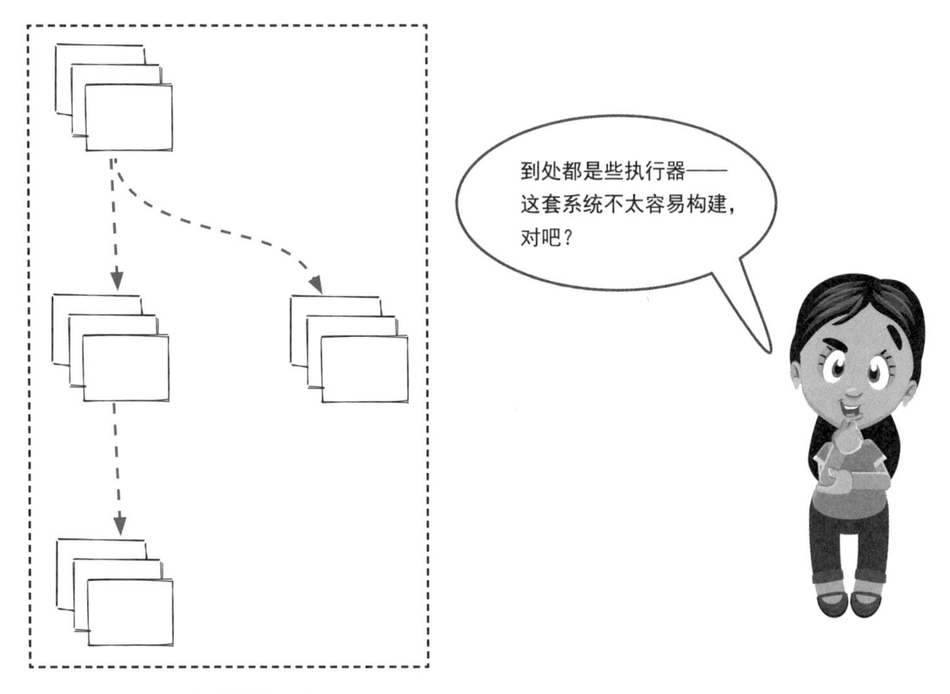

图 1.8 流系统的组成

这个问题的答案取决于你想构建怎样的系统。你想做什么？流量有多大？有多少资源？如何管理这些资源？如何从故障中恢复？如何确保恢复后的结果是正确的？在构建一个流处理系统时有许多问题需要考虑。所以，答案似乎是，这套系统确实不容易构建。

好吧，流系统可能确实相当复杂，但也不是那么难以构建。在接下来的章节中，我们将学习如何构建流系统以及它们的内部工作原理。准备好了吗？

1.16 小结

在本章中，我们了解到流处理是一种数据处理技术，用于处理连续的事件以获得实时结果。我们还研究并比较了 4 个不同类型计算机系统的典型结构，了解了流处理系统与其他系统的区别。

- 应用程序
- 后台服务
- 批处理系统
- 流处理系统

1.17 练习

你能想出更多关于应用程序、后台服务、批处理系统和流处理系统的例子吗？

第2章 你好，流系统

本章内容：

- 了解流系统中有哪些事件
- 了解不同的流组件
- 用流组件构建一个作业 (job)
- 运行代码

“先解决问题，再编写代码。”

——John Johnson

2.1 老板需要一个高级收费站

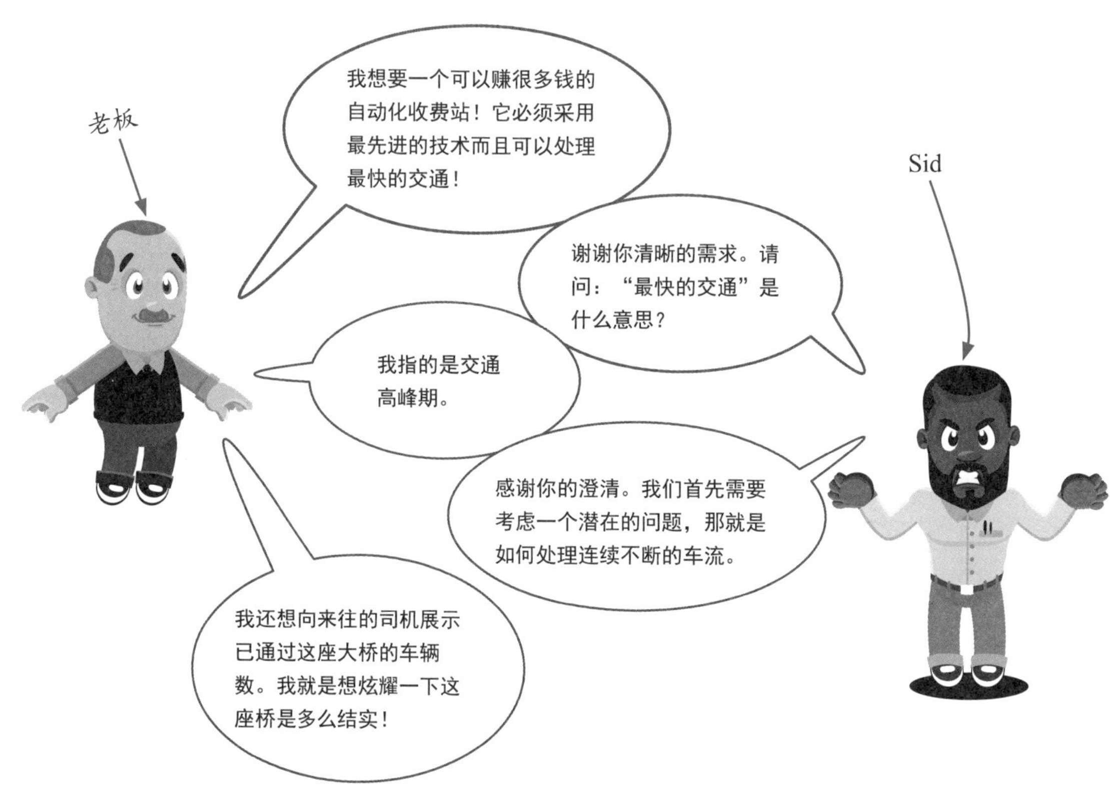

这名老板想要的高级自动化收费站如图 2.1 所示。

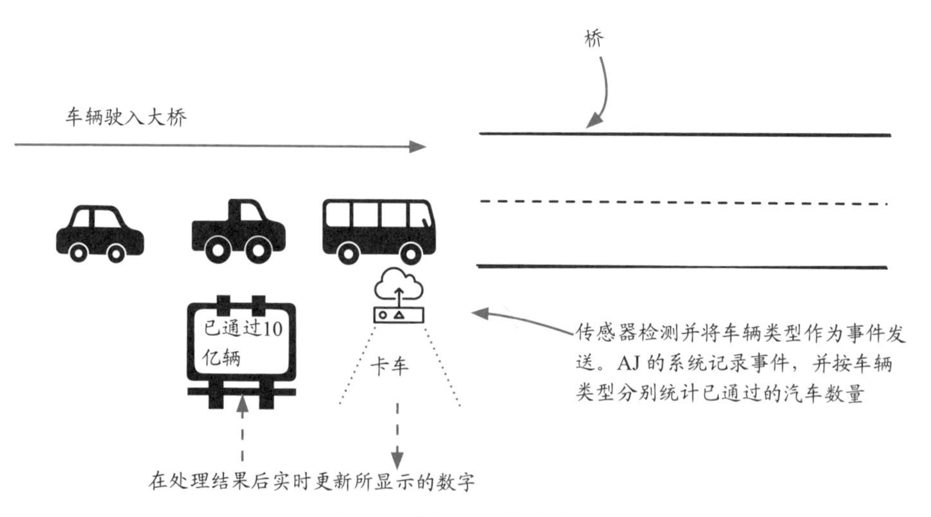

图 2.1 高级收费站示意图

2.2 失败案例：使用HTTP请求实现服务

随着近年来技术的迅速发展，收费站的大部分人工组件已经被物联网 (Internet of Things, IoT) 设备所取代。当车辆进入桥梁时，系统会通过物联网传感器获取车辆类型。该系统的第一个版本是按类型 (轿车、厢式货车、卡车等) 计算过桥的车辆总数。老板希望结果是实时的，因此每当新车经过时，相应的计数应立即更新。

像往常一样，AJ、Miranda 和 Sid 首先考虑采用经典的后端服务设计，通过 HTTP 请求来传输数据，如图 2.2 所示。但是这次却失败了。

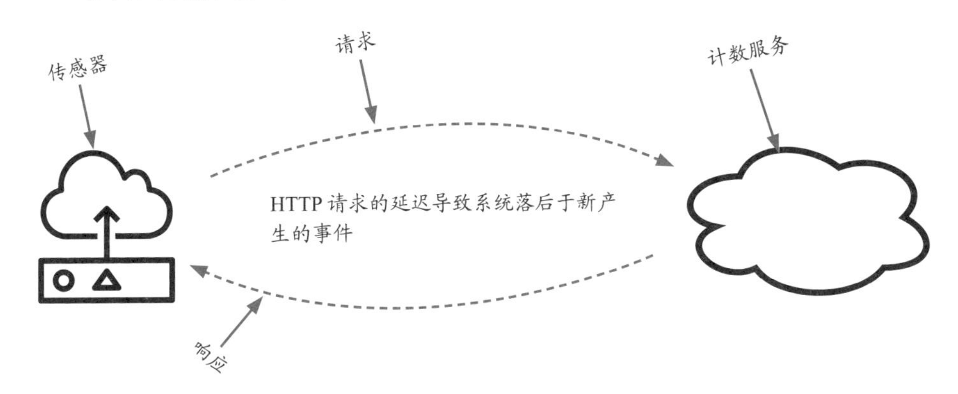

图 2.2 使用 HTTP 请求实现服务

在节假日，车流量增加了。系统无法承受那么大的负载。请求的延迟引发系统迟滞，导致老板得到的最新结果并不准确。对此，AJ 和 Miranda 也深感头痛。

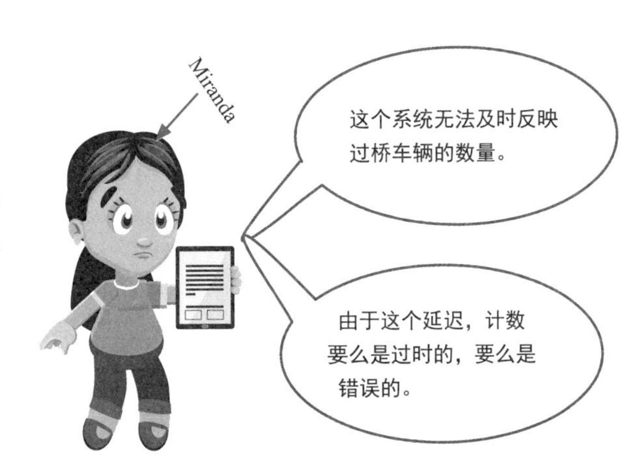

2.3 AJ 和 Miranda 对失败的反思

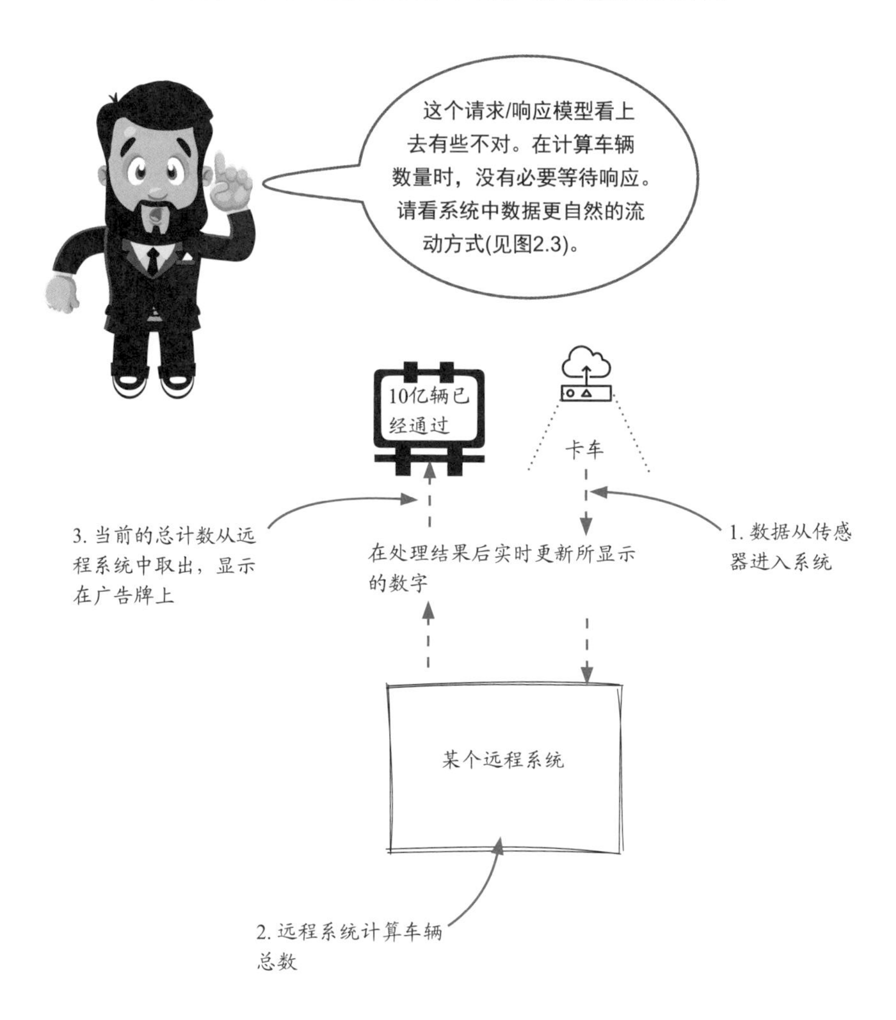

图 2.3　系统中数据的流动方式

2.4 AJ 对流系统的思考

先不深究网络和数据包交换的细节，流系统与使用 HTTP 后端服务架构的系统在通信方式上就是不同的。后端服务的设计中，客户端发送一个请求，等待服务进行一些计算，然后获得响应。而在流系统中，客户端会连续发送请求，而不是等上一个请求被处理后再发送下一个。由于不需要等待数据处理，系统可以更快地做出反应。

还不是特别明白？本章后续内容将逐步介绍更多的细节。

2.5 比较后端服务和流

2.5.1 后端服务：一个同步模型

图 2.4 展示了一个简单的同步模型。

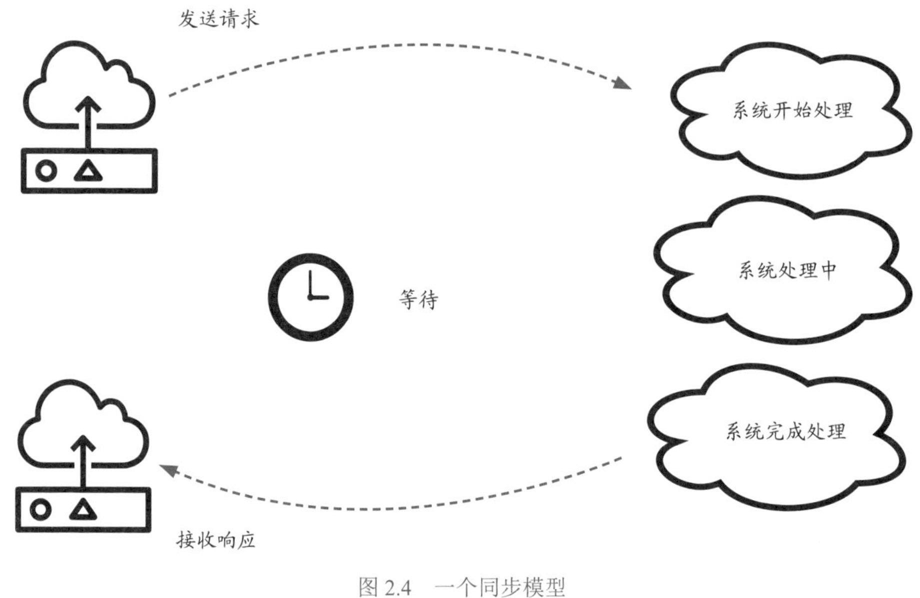

图 2.4 一个同步模型

2.5.2 流：异步模型

与后端服务不同，流采用异步模型，如图 2.5 所示。

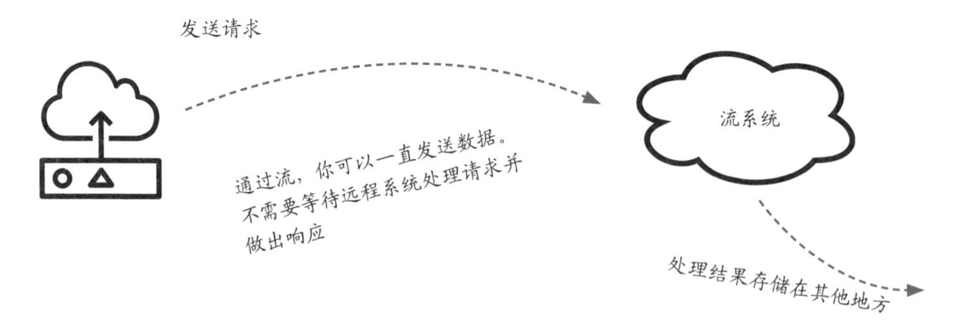

图 2.5 异步模型

2.6 流系统如何适用于当前场景

总体来说，AJ 放弃了请求/响应模型，并将流程分解为两个步骤。图 2.6 展示了流系统如何适用于计算过桥车辆的场景。本章的其余部分将讨论细节。

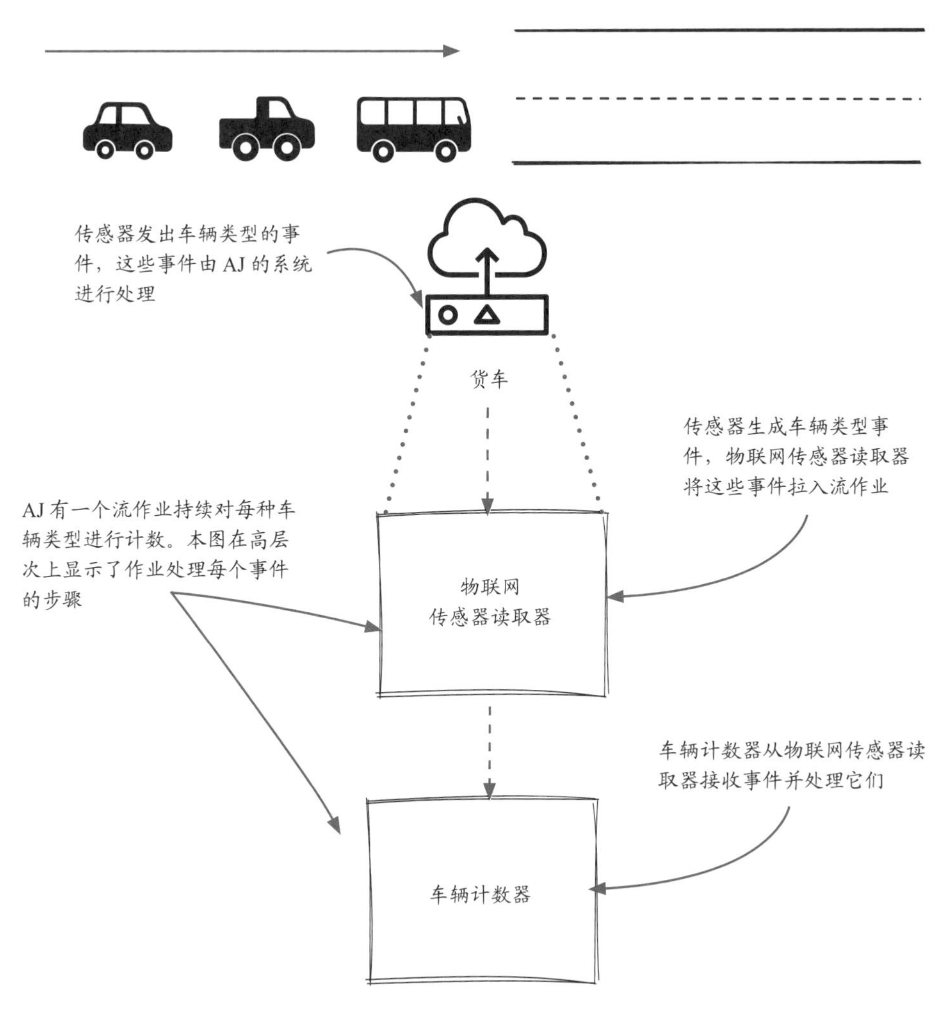

图 2.6　用于过桥车辆场景的流系统

2.7 基本概念：队列

往下叙述前，先来看一个数据结构：队列。如图 2.7 所示，它被广泛应用于所有的流系统中。

传统的分布式系统通常通过请求/响应模型 (也称为同步模型) 进行通信。但在流系统中并非如此，因为请求/响应模型在处理实时 (从技术上讲，近实时这一术语可能更准确，但流系统通常直接被认为是实时系统) 数据时引入了不必要的延迟。总体上，分布式流系统与整个系统的组件保持持久连接，以减少数据传输时间。这种持久运行的连接是为了不断传输数据，从而使流系统在事件发生时能够及时做出反应。

所有的分布式系统都有某种形式的后台进程来传输数据。在所有的选项中，队列对于简化流式用例的架构非常有用：

- 队列可以解耦系统中的模块，这样每个部分都可按照自己的速度运行，而不必担心依赖关系和同步问题。
- 队列可以帮助系统按顺序处理事件，因为它们是先进先出 (first in first out, FIFO) 的数据结构。

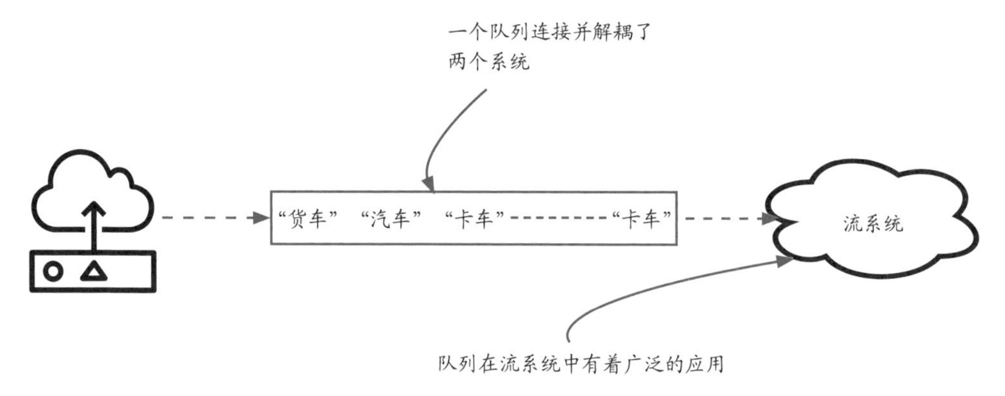

图 2.7 队列在流系统中的应用

然而，使用队列来订阅持续传输的数据时并不总是一帆风顺的。在确保数据按照希望的方式进行处理时，可能会遇到许多意想不到的陷阱。第 5 章将讨论这个话题。

2.8 通过队列传输数据

花一点时间来理解图 2.8。它显示了两个组件、它们之间的事件队列以及它们到上下游组件的队列。这种从一个组件到下一个组件的数据传输创造了流 (或者说持续的数据流) 的概念。

> *进程和线程*
>
> 在计算机中，进程(process)是一个程序的执行形式，而线程(thread)是进程中的执行实体。它们之间的主要区别在于，同一进程中的多个线程共享相同的内存空间，而进程各自拥有独立的内存空间。它们都可以用来执行图 2.8 中的数据操作进程。流系统可以根据不同的需求和考量选择其中一个 (或两者的组合)。为了避免混淆，本书将忽略实际的实现方式，除特别说明的情况，默认使用“进程”这一术语来表示独立的执行实体。

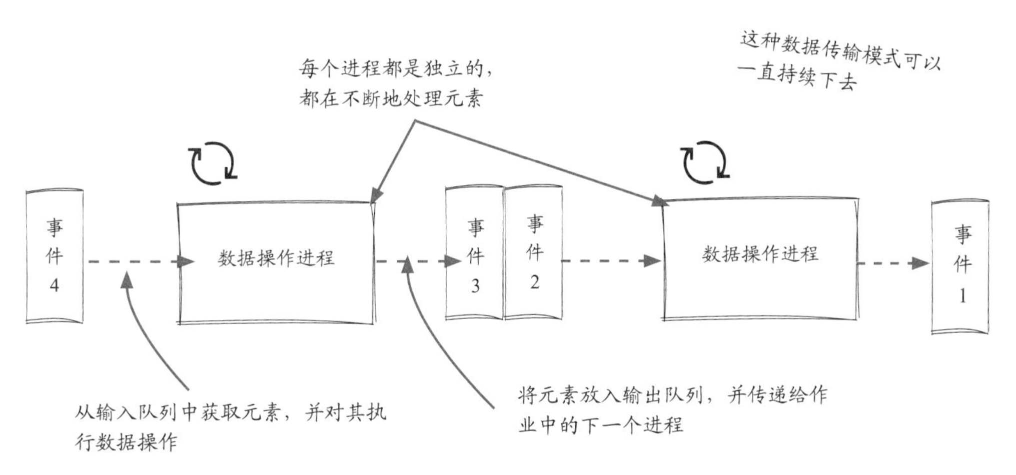

图 2.8　通过队列传输数据

2.9 初探流框架Streamwork

在撰写本书最初的计划阶段，我们就如何讲解流处理的概念而不与特定的流技术紧密耦合进行了几次讨论。毕竟技术每天都在进步，很难让本书跟上不断变化的技术。一个轻量级的框架 (我们创造性地称之为 Streamwork) 将有助于以一种与框架无关的方式介绍流系统的基本概念。

Streamwork 框架是一个极度简化的引擎，可以在笔记本电脑本地运行。它可以用来构建和运行简单的流式作业，以帮助你学习这些概念。与广泛使用的流框架 (如 Apache Heron、Apache Storm 或 Apache Flink) 相比，Streamwork 所支持的功能有限，这种限制主要在于无法在多台物理机器上实时传输数据，但这个框架更简单易懂。

使用计算机系统最有趣的一个方面在于，不可能用单个正确方法来解决所有的问题。就功能而言，流框架 (包括 Streamwork 框架) 彼此相似，因为它们享有共同的概念。但在内部，由于各自不同的考量和取舍，具体实现可能非常不同。

思考时间

从零开始构建流系统需要大量的工作。框架负责处理繁重的工作，所以我们可以专注于业务逻辑。然而，有时候有必要了解框架内部是如何工作的。

2.10 Streamwork 框架概述

一般来说，流计算框架有两个职责：

- 为用户提供一个应用程序编程接口 (API) 来组织用户逻辑并构建作业。
- 提供一个引擎来执行流作业。

本书稍后才会讨论 API。需要明确的是，本书的目的不是讲解如何使用 Streamwork API，而只是利用这一框架讲解流处理的基本原理。首先我们讨论引擎，图 2.9 是 Streamwork 框架中所有组件的概览。值得了解的是，会有一个独立进程来启动所有的执行器，每个执行器本身只会启动一个数据源或一个组件。也就是说，每个执行器都是独立的：不会启动其他执行器或使其停止。

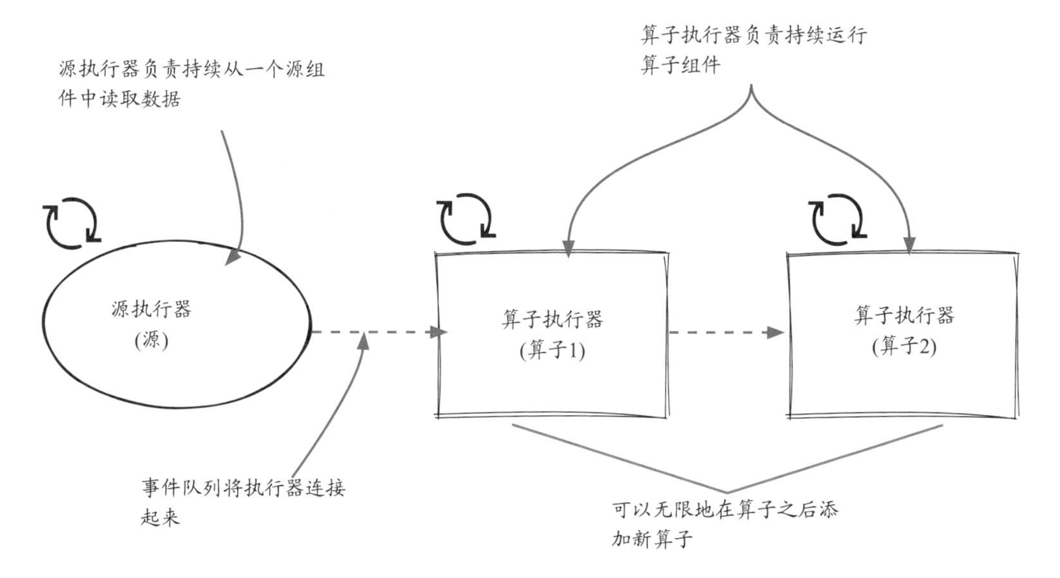

图 2.9 Streamwork 框架概览

本章中的 Streamwork 框架非常简单。然而，这里提到的组件都可以与真实流框架的组件类比。我们将在后面的章节中为框架增加功能。

2.11 深入 Streamwork 的引擎

如图 2.10 所示，我们将深入引擎内部以详细展示执行器是如何在事件上应用用户逻辑的。

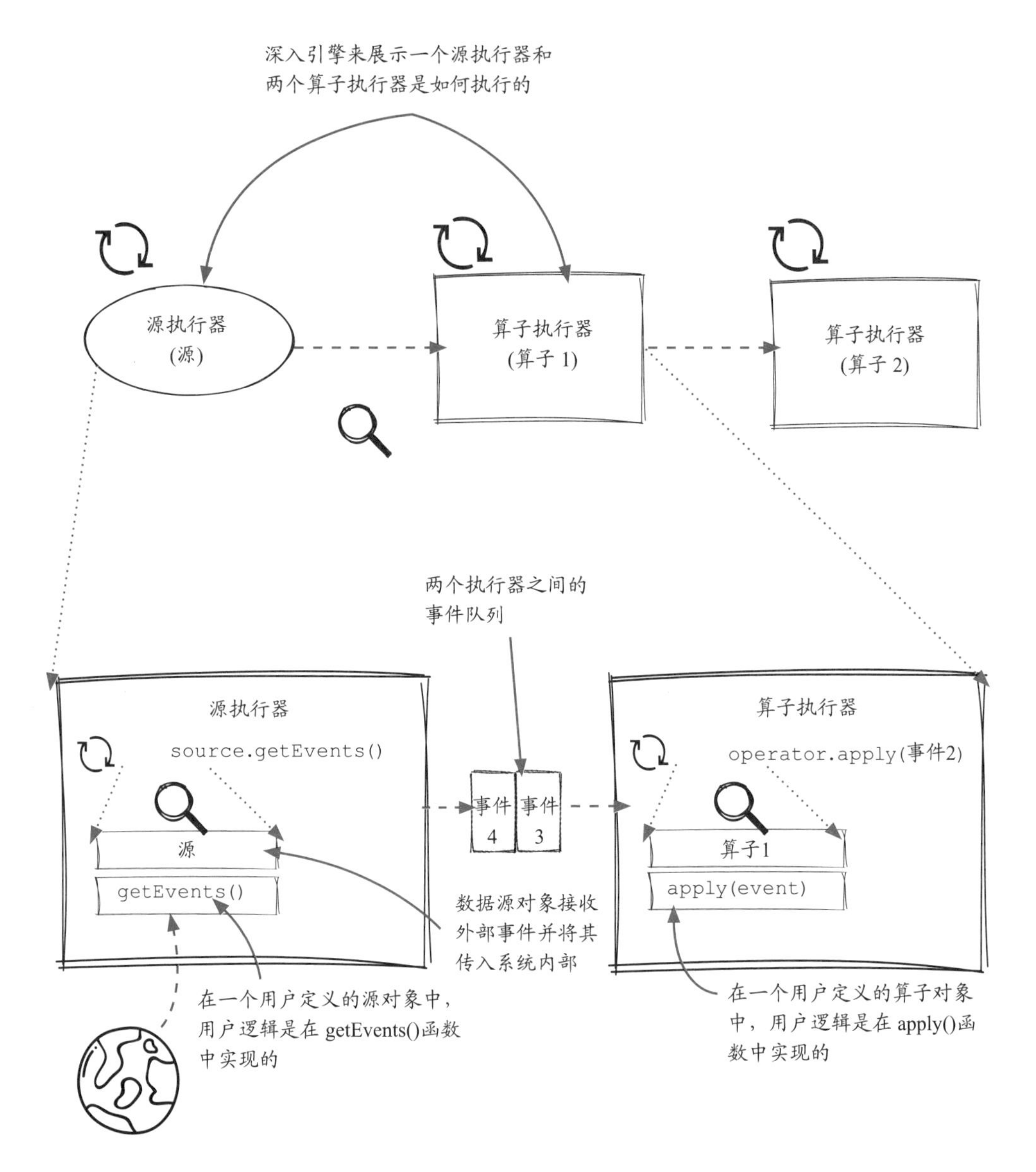

图 2.10 Streamwork 的引擎

2.12 流的核心概念

如图 2.11 所示，大多数流系统中有五个关键概念：事件、作业、源、算子和流。请记住，这些概念适用于大多数拥有一对一映射的流系统。

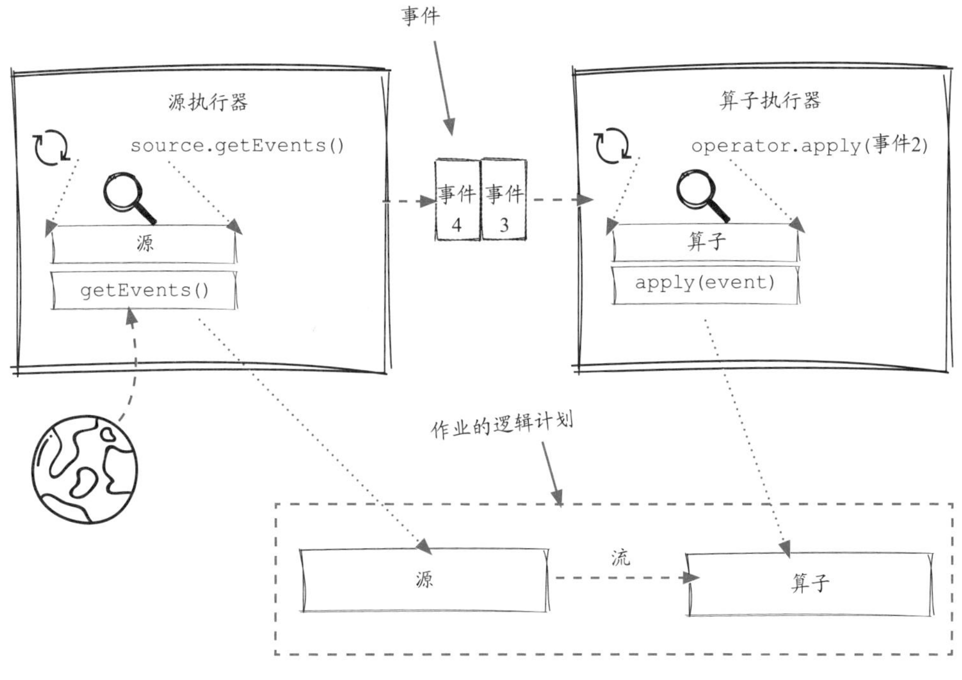

图 2.11 流的核心概念

如果忽略执行器，只关注用户定义的对象，将得到图 2.11 右下方那个新的示意图，它是流系统的一个更简洁也更抽象的视图，没有任何细节，称为逻辑计划 (logical plan)。这是一个高层级抽象，它展示了系统中的组件和结构，以及数据如何“在逻辑上”流过它们。从图 2.11 中，我们可以看到源对象和操作对象是如何通过流连接起来以形成一个流作业的。需要了解的是，流只不过是数据从一个组件到另一个组件的连续传输。

2.13 相关概念的更多细节

图 2.12 展示了五个关键概念 (事件、作业、源、算子和流) 的更多细节。

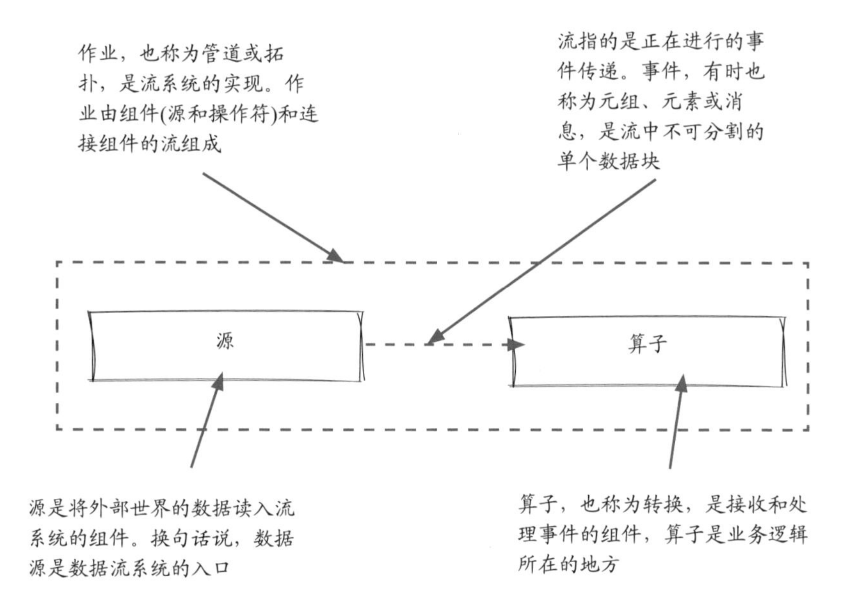

图 2.12　五个关键概念的更多细节

在探讨第一个流作业不同部分的过程中，你将逐步了解这些概念是如何应用在流系统中的。现在，请确保对这五个关键概念有清晰的理解。

2.14 流作业的执行流程

根据前面刚刚学到的概念，可将这个车辆计数的流作业视为两个组件和它们之间的一个流，看起来像图 2.13。

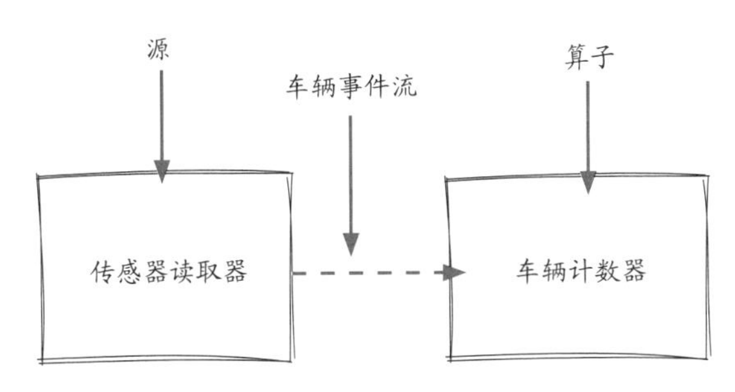

图 2.13 流作业示意图

- 传感器读取器从传感器读入数据，并将事件存储在一个队列中。它是数据源。
- 车辆计数器负责计算经过流的车辆数量，它是一个算子。
- 数据从源向算子的持续移动就是车辆事件的流。

传感器读取器是作业的开始，车辆计数器是作业的结束。连接传感器读取器 (源) 和车辆计数器 (算子) 的边表示两者之间的车辆类型 (事件) 流。

本章将深入研究上述系统。如图 2.14 所示，它将在本地计算机上运行并使用两个终端界面：一个 (左列) 接收用户输入，另一个 (右列) 显示作业的输出。

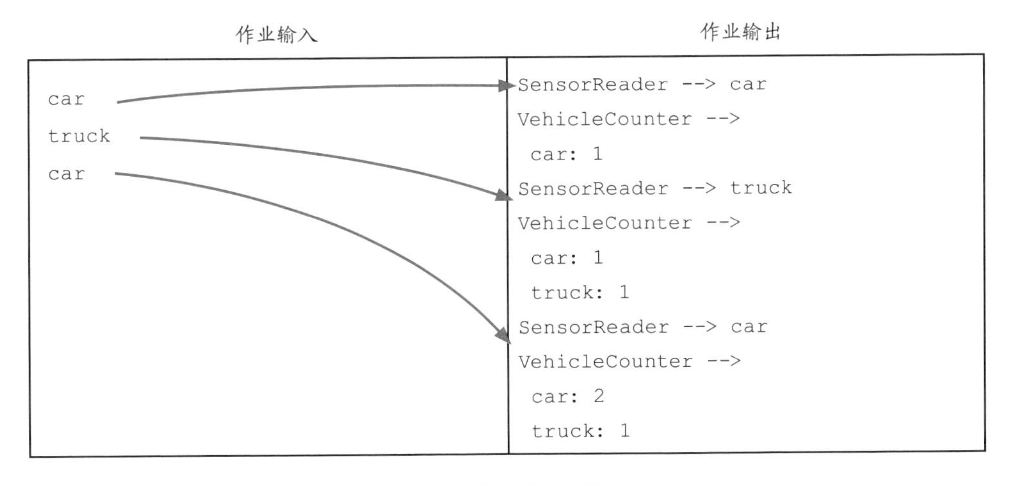

图 2.14 作业输入和输出

2.15 你的第一个流作业

使用 Streamwork API 创建流作业的过程非常简单，具体步骤如下：

1. 创建一个事件类。
2. 构建一个源。
3. 构建一个算子。
4. 连接组件。

2.15.1 你的第一个流作业：创建事件类

一个事件是流中由作业处理的一个单独的数据块。在 Streamwork 框架中，API 类 Event (事件) 负责存储或包装用户数据。其他流系统也有类似的概念。

在作业中，每个事件代表一种车辆类型。如下面的代码所示，为了让事情简单一些，每一种类型的车只是一个字符串，比如 car 和 truck。我们将 VehicleEvent 用作事件类的名称，它是从 API 中的 Event 类扩展而来的。每个 VehicleEvent 对象可以通过 getData() 函数获取车辆信息。

```
public class VehicleEvent extends Event {
  private final String vehicle;

  public VehicleEvent(String vehicle) {
    this.vehicle = vehicle;
  }

  @Override
  public String getData() {
    return vehicle;
  }
}
```

1. vehicle的内部字符串表示

2. 构造函数将 vehicle 作为字符串存储

3. 获取Event中存储的车辆数据

2.15.2 你的第一个流作业: 数据源

源 (source) 是将来自外部世界的数据读入流系统的组件。图 2.15 的地球图标是指作业外部的数据。在你的流作业中，传感器读取器读取来自本地端口的车辆类型数据并将其传入系统。

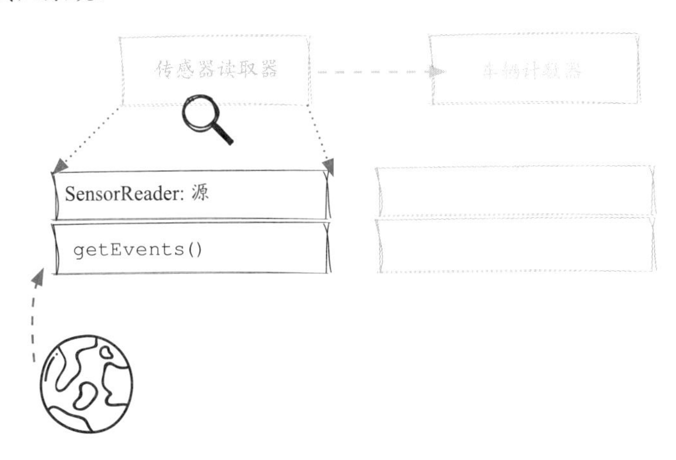

图 2.15 数据源

所有的流框架都有一个 API，让你可以实现你关心的逻辑。所有的数据源 API 都有某种类型的生命周期钩子 (lifecycle hook)。在读取外部世界的数据时，这些钩子会被调用，框架会在这些钩子中执行代码。

> ***什么是生命周期钩子***
>
> 软件框架中的生命周期钩子是一些方法，它们被所在的框架以某种类型的可复用的模式调用。通常，在构建应用程序时，开发人员可以利用这些钩子定义其应用程序在框架运行的生命周期不同阶段中的行为。在 Streamwork 框架中，我们有一个名为 getEvents() 的生命周期钩子 (或称为方法)。框架不断调用它，以从外部世界获取数据。生命周期钩子使得开发者只需要编写他们关心的逻辑，并让框架负责所有其他繁重的事务。

2.15.3 你的第一个流作业：数据源(续)

在你的作业中，传感器读取器将从传感器中读取事件。在这个练习中，你将自己创建事件并将它们发送到流作业所在机器上监听的端口，以模拟桥上的传感器(见图2.16)。你发送到端口的车辆类型将被传感器读取器获取并传入流作业(见图2.17)，以展示无限(或无界)事件流的处理方式。

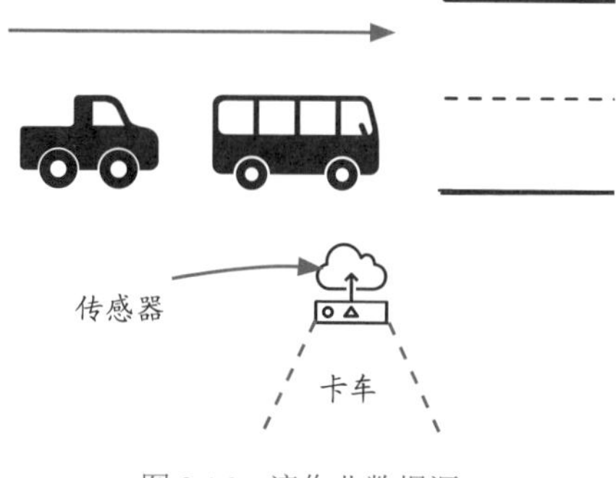

图 2.16 流作业数据源

图 2.17 传感器读取器

SensorReader 类的 Java 代码如下：

```
public class SensorReader extends Source {
  private final BufferedReader reader;
  public SensorReader(String name, int port) {
    super(name);
    reader = setupSocketReader(port);
  }

  @Override
  public void getEvents(List<Event> eventCollector) {
    String vehicle = reader.readLine();
    eventCollector.add(new VehicleEvent(vehicle));
    System.out.println("SensorReader --> " + vehicle);
  }
}
```

流系统的生命周期钩子执行用户定义的逻辑

从输入端读取一种车辆类型

将车辆类型字符串发送到事件收集器中

2.15.4 你的第一个流作业：算子

如图 2.18 所示，算子是用户处理逻辑发生的地方。它负责从上游接收事件并处理，最终生成输出事件，因此同时具有输入和输出。流系统中的所有数据处理逻辑通常都会进入算子组件。

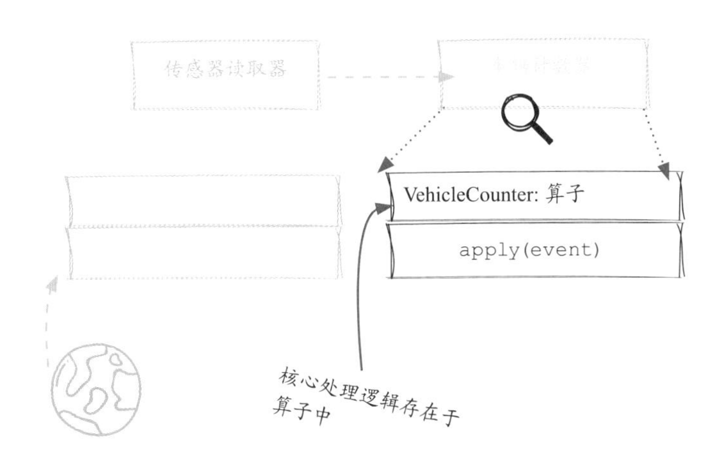

图 2.18 算子

为简单起见，这个作业只有一个源和一个算子。目前车辆计数器的实现只是对车辆进行计数并在系统中记录结果。一种更好的实现方法可能是让车辆计数器将车辆事件放到一个新的流中。然后，可以在车辆计数器之后的其他组件中记录结果。一般来说，一个组件在作业中应该只有一个职责。

顺便说一下，Sid 是首席技术官。他有时候有点守旧，但他很聪明，对各种新技术都很感兴趣。

2.15.5 你的第一个流作业：算子(续)

在 VehicleCounter 组件中，一个 <vehicle，count> 映射用于在内存中存储车辆类型的计数。每当接收到新事件时，它都会相应地更新 (见图 2.19)。

Key(Vehicle)	Value(Count)
car(轿车)	2
truck(卡车)	1
van(货车)	1

图 2.19 VehicleCounter

在这个流作业中，车辆计数器是计算车辆事件的算子。如图 2.20 所示，这个算子是作业的结束，它不会为下游算子创建任何输出。

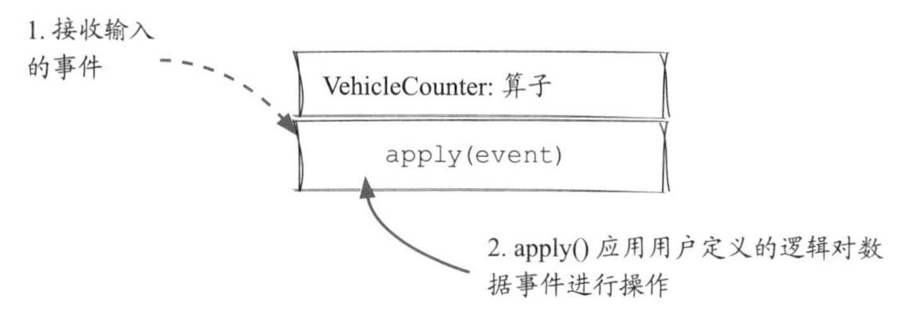

图 2.20 流作业算子

VehicleCounter 类的 Java 代码如下：

```
public class VehicleCounter extends Operator {
  private final Map<String, Integer> countMap =
    new HashMap<String, Integer>();

  public VehicleCounter(String name) {
    super(name);
  }

  @Override
  public void apply(Event event,List<Event> collector) {
    String vehicle = ((VehicleEvent)event).getData();
    Integer count = countMap.getOrDefault(vehicle, 0);
    count += 1;
    countMap.put(vehicle, count);
    System.out.println("VehicleCounter --> ");
    printCountMap();
  }
}
```

从map对象中获取计数

增加计数

把计数保存到map中

打印当前计数

2.15.6 你的第一个流作业：构建作业

如图 2.21 所示，为了构建流作业，需要添加 SensorReader 源和 VehicleCounter 算子并连接它们。Job 和 Stream 类中有几个钩子：

- Job.addSource() 用于向作业添加数据源。
- Stream.applyOperator() 用于向流中添加算子。

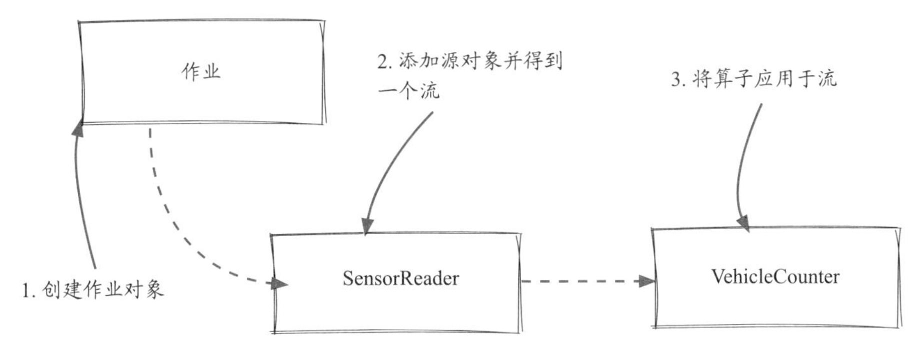

图 2.21 构建作业

下面的代码与图 2.21 中描述的步骤相匹配：

```
public static void main(String[] args) {
  Job job = new Job();  ◀—— 创建作业对象
  Stream bridgeOut=job.addSource(new SensorReader()); ◀—— 添加源对象并得到一个流

  bridgeOut.applyOperator(newVehicleCounter()); ◀—— 将算子应用于流

  JobStarter starter = new JobStarter(job);
  starter.start(); ◀—— 启动作业
}
```

2.16 执行作业

要执行作业，只需要一个运行 Mac、Linux 或 Windows 的计算机并且可以使用终端 (或Windows 上的命令提示符)。为了编译和运行代码，还需要一些工具：git、Java 开发工具包 (JDK)11、Apache Maven、Netcat (或 Windows 上的 Nmap)。在所有的工具都安装成功之后，可以通过下列命令获取代码并进行编译：

```
$ git clone https://github.com/nwangtw/GrokkingStreamingSystems.git
$ cd GrokkingStreamingSystems
$ mvn package
```

上面的 mvn 命令执行后应该生成文件 target/gss.jar。最后，要运行流作业，你需要两个终端 (见图 2.22)：一个用于运行作业，另一个用于发送作业要处理的数据。

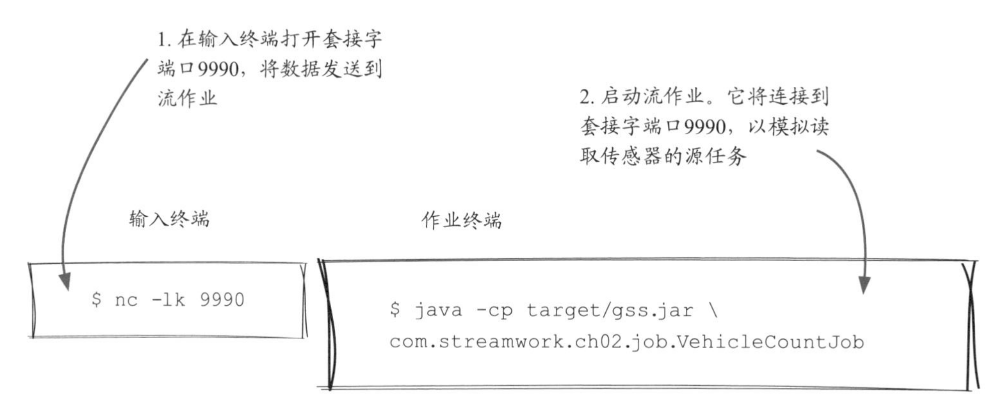

图 2.22 执行作业

打开一个新终端 (输入终端)，并运行以下命令。(注意，nc 是 Mac 和 Linux 上的命令，在 Windows 上请使用 ncat) 这将在端口 9990 上启动一个服务器，可以从其他应用程序连接到该服务器。该终端的所有用户输入都将被转发到该端口。

```
$ nc -lk 9990
```

然后，在一开始用于编译的终端 (作业终端) 中，使用以下命令运行作业：

```
$ java -cp target/gss.jar com.streamwork.ch02.job.VehicleCountJob
```

2.17 检查作业执行情况

作业启动后，在输入终端输入 car(如图 2.23 所示)，然后按回车键，计数就会在作业终端打印出来。

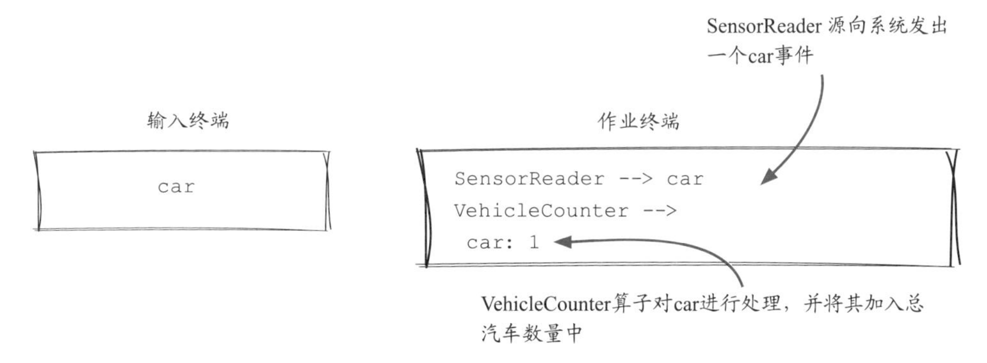

图 2.23 输入 car 以执行检查

现在，如果你继续在输入终端输入 truck 并按回车键，car 和 truck 的计数将在作业终端打印 (见图 2.24)。

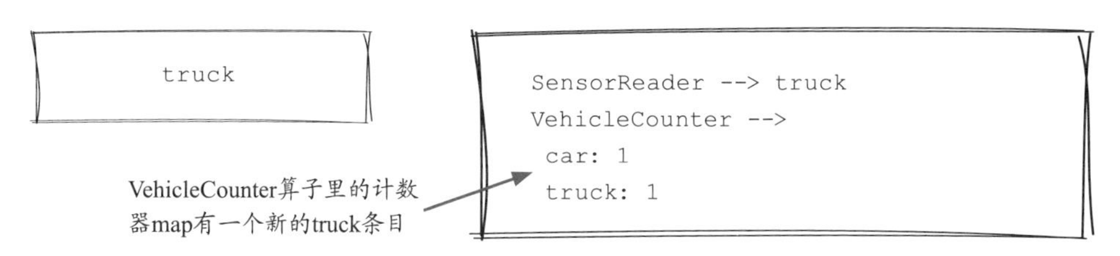

图 2.24 输入 truck 以执行检查

你可以继续键入不同类型的车辆 (为了使其更有趣，可以先在文本编辑器中准备一堆车辆，然后将它们复制/粘贴到输入终端)，如图 2.25 所示，作业将持续打印计数，直到你关闭作业。这证明了一旦数据进入系统，你的流作业就会毫不延迟地对其进行处理。

```
car
car
.
.
.
```

```
SensorReader --> car
VehicleCounter -->
 car: 2
 truck: 1
SensorReader --> car
VehicleCounter -->
 car: 3
 truck: 1
```

图 2.25 输入示例

2.18 深入了解处理引擎

你已经了解如何创建组件和作业，也亲眼见证了作业是如何在你的计算机上运行的。如图 2.26 所示，在运行作业期间，事件显然自动从传感器读取器对象移到了车辆计数器对象，而不需要你来实现任何额外的逻辑。

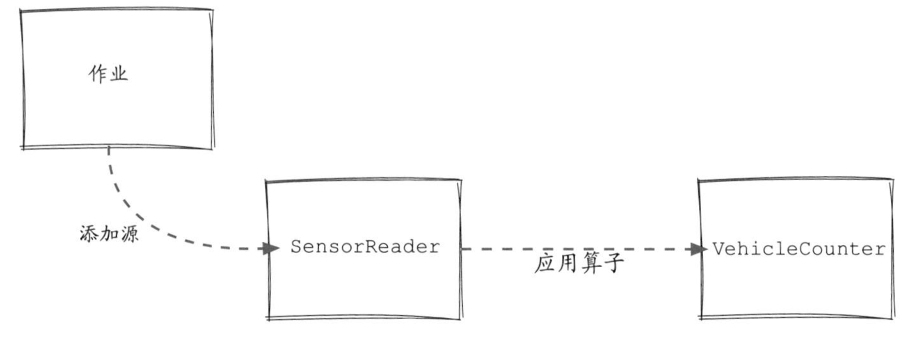

图 2.26 作业的运行

作业或组件并不会自动运行，它们都是由流计算引擎驱动的。下面来看看作业是如何被 Streamwork 引擎执行的。截至本章节，一共涉及三个部分：源执行器、算子执行器 (见图 2.27) 和作业启动器。我们将逐一研究它们。

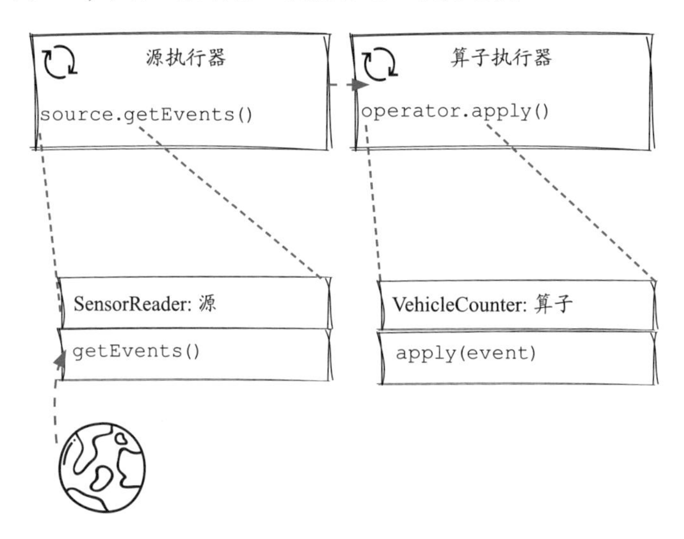

图 2.27 处理引擎

2.18.1 深入了解引擎：源执行器

在 Streamwork 中，源执行器通过执行无限循环来持续读取数据源，这些循环将从外部世界获取的数据放到自己在流作业中的输出队列中。如图 2.28 所示，即使其中存在一个退出逻辑的程序分支，源执行器的实际运行也是永不终止的。

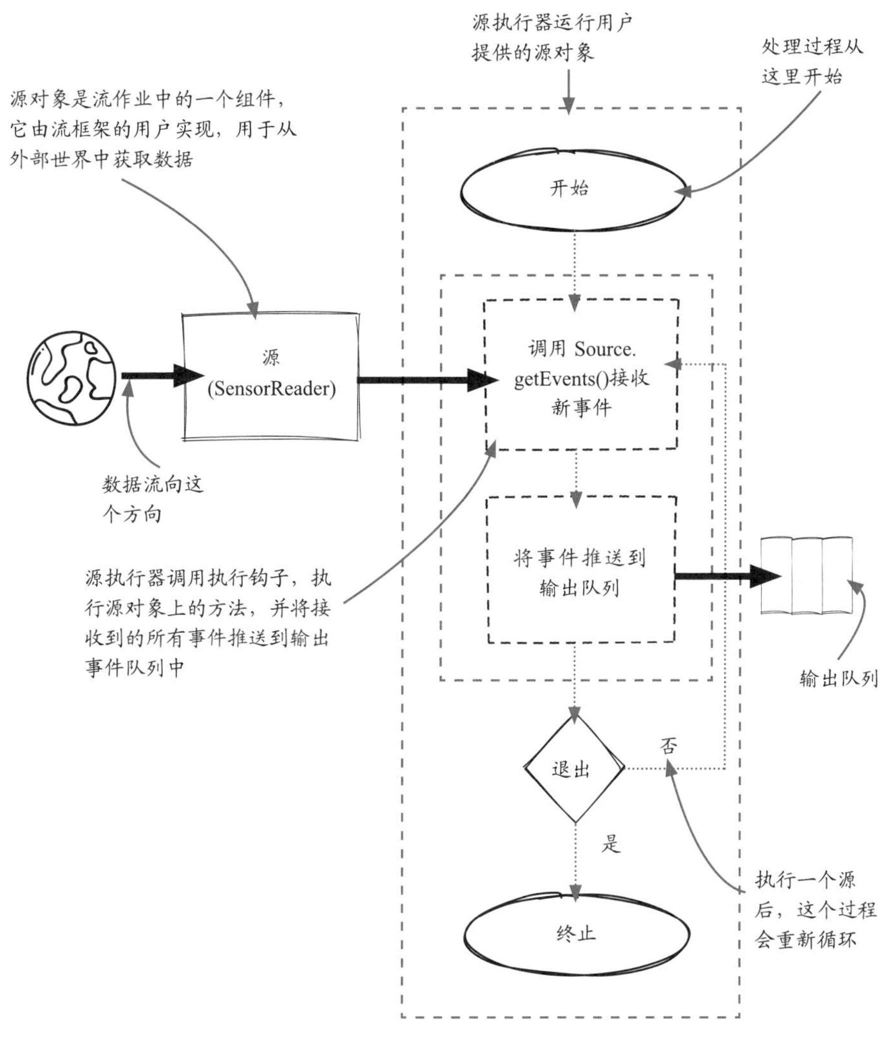

图 2.28 源执行器

2.18.2 深入了解引擎：算子执行器

在 Streamwork 中，算子执行器的工作方式与源执行器类似。唯一的区别是它需要管理一个输入事件队列。如图 2.29 所示，即使其中存在一个退出逻辑的程序分支，算子执行器的实际运行也是永不终止的。

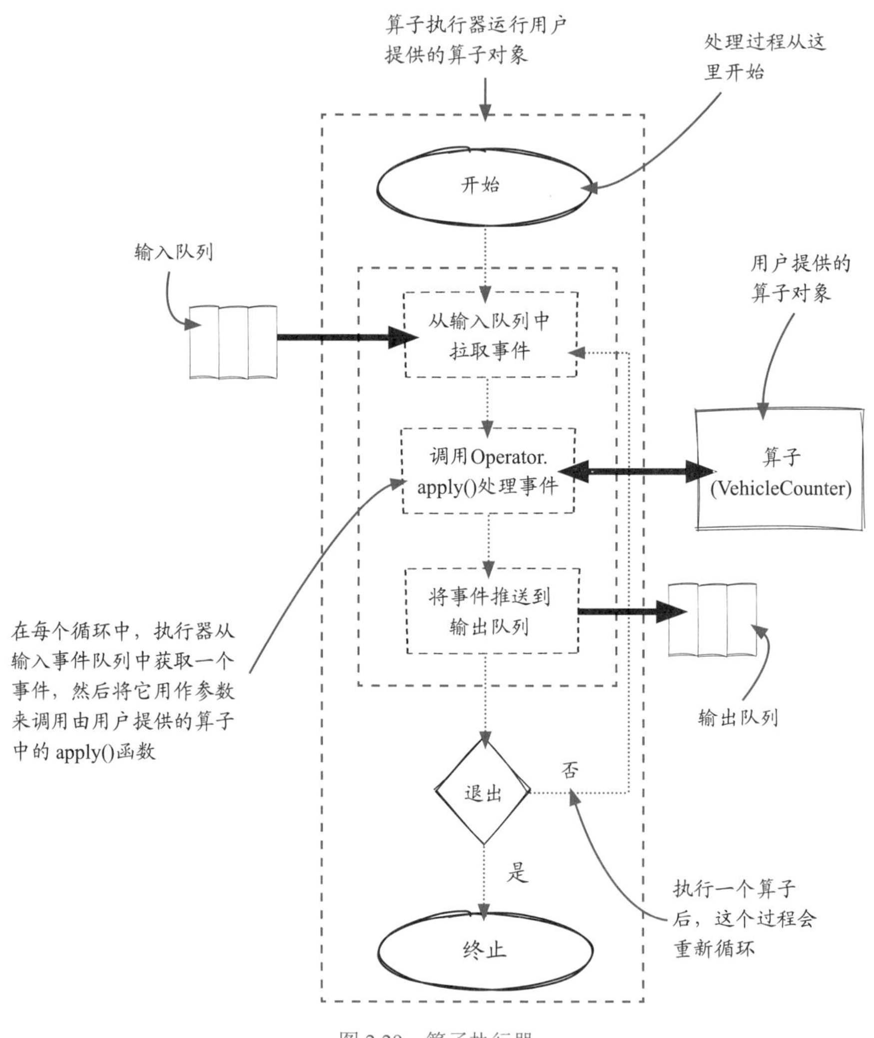

图 2.29 算子执行器

2.18.3 深入了解引擎：作业启动器

JobStarter 负责装配作业中的所有组件 (执行器) 并连接它们。最后，它将启动执行器 (见图 2.30) 来处理数据。在执行器启动之后，事件开始在组件间流动。

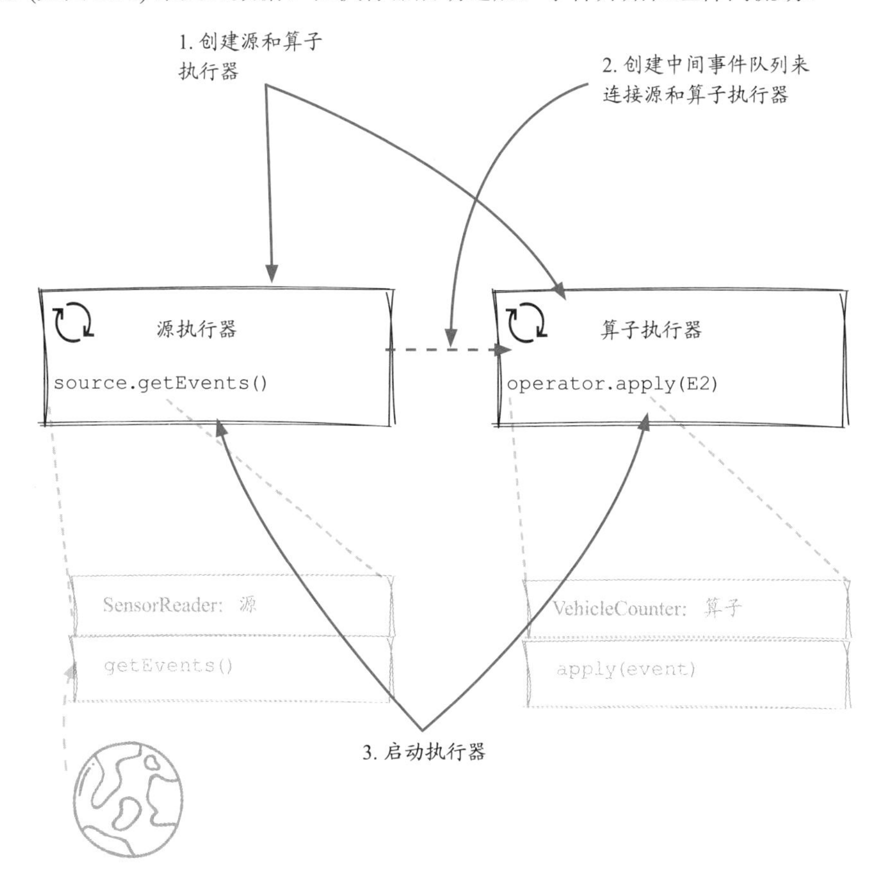

图 2.30 作业启动器

记住

请记住，这只是流计算引擎的一种典型架构，它试图在比较高的层次概括框架的工作方式。不同的流框架可能以不同的方式工作。

2.19 事件的流转

如图 2.31 所示，下面我们更加深入地理解整个引擎及其组件，包括实际作业中用户定义的组件。

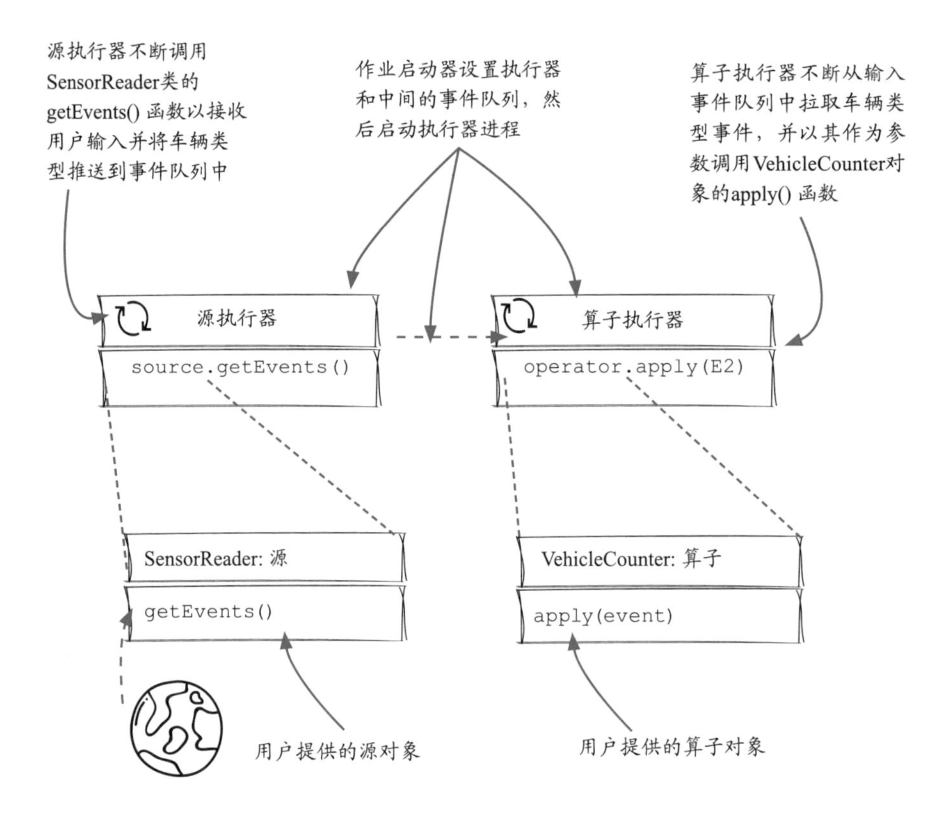

图 2.31 事件的流转

在作业启动之后，所有的执行器开始并发 (或者说同时) 运行！

2.20 数据元素的生命周期

本节讨论流系统的另一个方面——单个事件的生命周期。当输入 car 并按下输入终端的回车键时，事件将在流系统中流转，如图 2.32 所示。

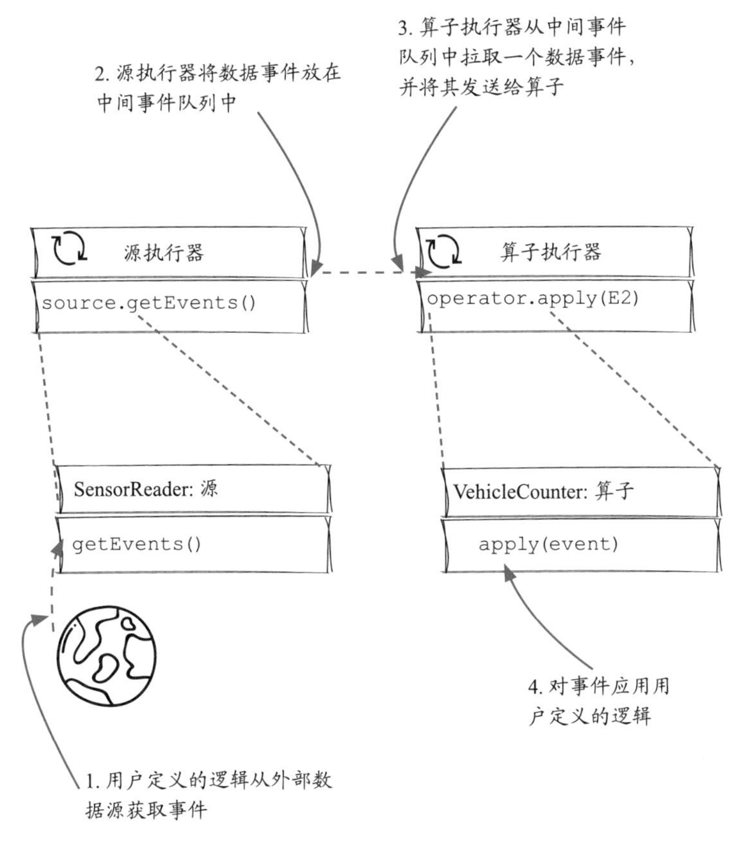

图 2.32 数据元素的生命周期

2.21 回顾流概念

恭喜你实现了第一个流作业！现在，请结合图 2.33 花几分钟回顾一下流系统的关键概念。

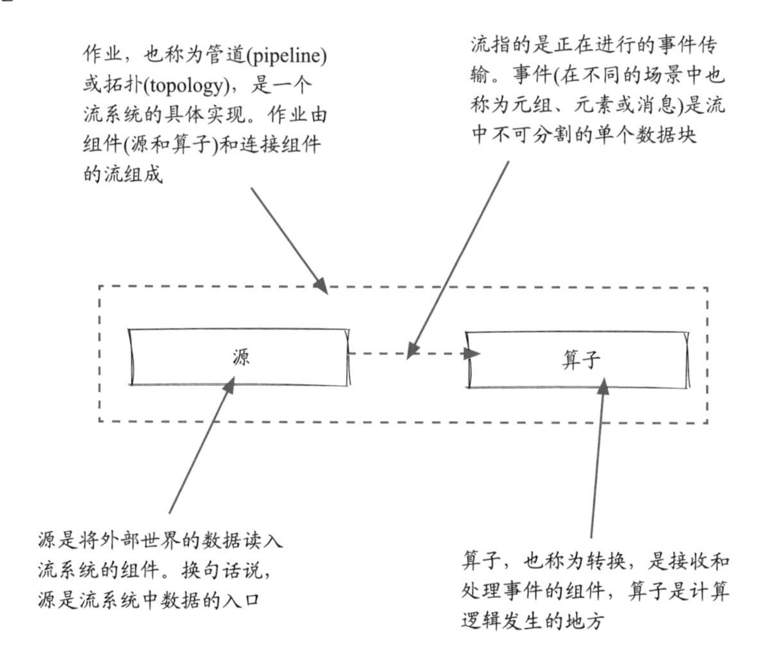

图 2.33 回顾流概念

2.22 小结

流作业是一个实时处理事件的系统。无论何时发生事件，作业都会将其读入系统并进行处理。在本章中，我们创建了一个简单的任务来统计进入桥梁的车辆数。本章涵盖如下概念：

- 流和事件
- 组件 (源和算子)
- 流作业

此外，我们还初步研究了这个简单的流计算引擎，以了解作业是如何真正执行的。虽然这个引擎过于简化，且它运行于你的计算机而不是分布式环境，但它展示了一个典型流计算引擎中的各个组件。

2.23 练习

1. 源和算子之间有什么区别？

2. 在现实生活中找到三个可以模拟为流系统的例子。(如果你把这些例子发给我们的话，它们甚至可能会被用在本书的下一版中！)

3. 下载源代码，修改 SensorReader 源代码，让它可以自动生成事件。

4. 修改 VehicleCounter 逻辑来实时计算收取的费用。你可以决定每种车辆类型的收费标准。

5. VehicleCounter 算子在第一个作业中有两个职责：计算车辆数量和打印结果，这并不理想。你能修改它的实现以将打印逻辑移到一个新的算子中吗？

第3章 并行化和数据分组

本章内容：

- 并行化
- 数据并行和任务并行
- 事件分组

> “九个人不可能在一个月内造出一个孩子。”
>
> ——Frederick P. Brooks

在前一章中，AJ 和 Miranda 使用流作业来实时统计桥上驶过的车辆。然而，这个系统在处理大交通流量方面的能力相当有限。如果在交通高峰期只有一条车道可供通过大桥和收费站，这样的场景你能想象吗？在本章中，我们将学习一种基础技术，它将帮助我们解决分布式系统的一个根本性的挑战：如何扩展系统以增加吞吐量，或者说，在更短的时间内处理更多的数据。

3.1 传感器正在生成更多的事件

在第 2 章中，AJ 使用流作业来实时统计驶过大桥的车辆数量 (见图 3.1)。用一个传感器产生流量事件以收集数据的做法是可以接受的。很自然地，老板想赚更多的钱，所以他在桥上建造了更多的车道 (见图 3.2)。从本质上讲，他希望流作业可以在同一时间处理更多的流量事件。

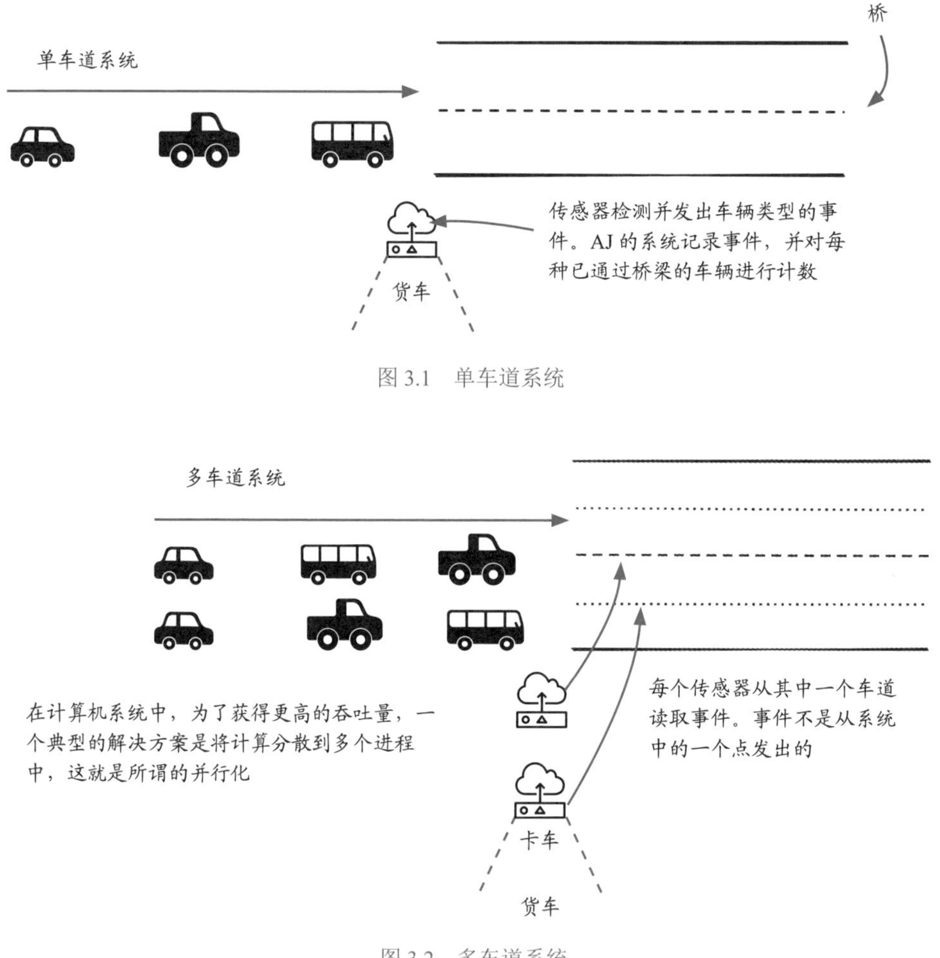

图 3.1 单车道系统

图 3.2 多车道系统

同样，在流系统中，计算可以分散到多个实例。可以想象，以我们的车辆计数系统为例，若在大桥上设置多条车道及多个收费亭，将非常有利于接受并处理更多车辆以及减少等候时间。

3.2 即使在流中，实时处理也很难

增加车道导致作业无法及时处理数据

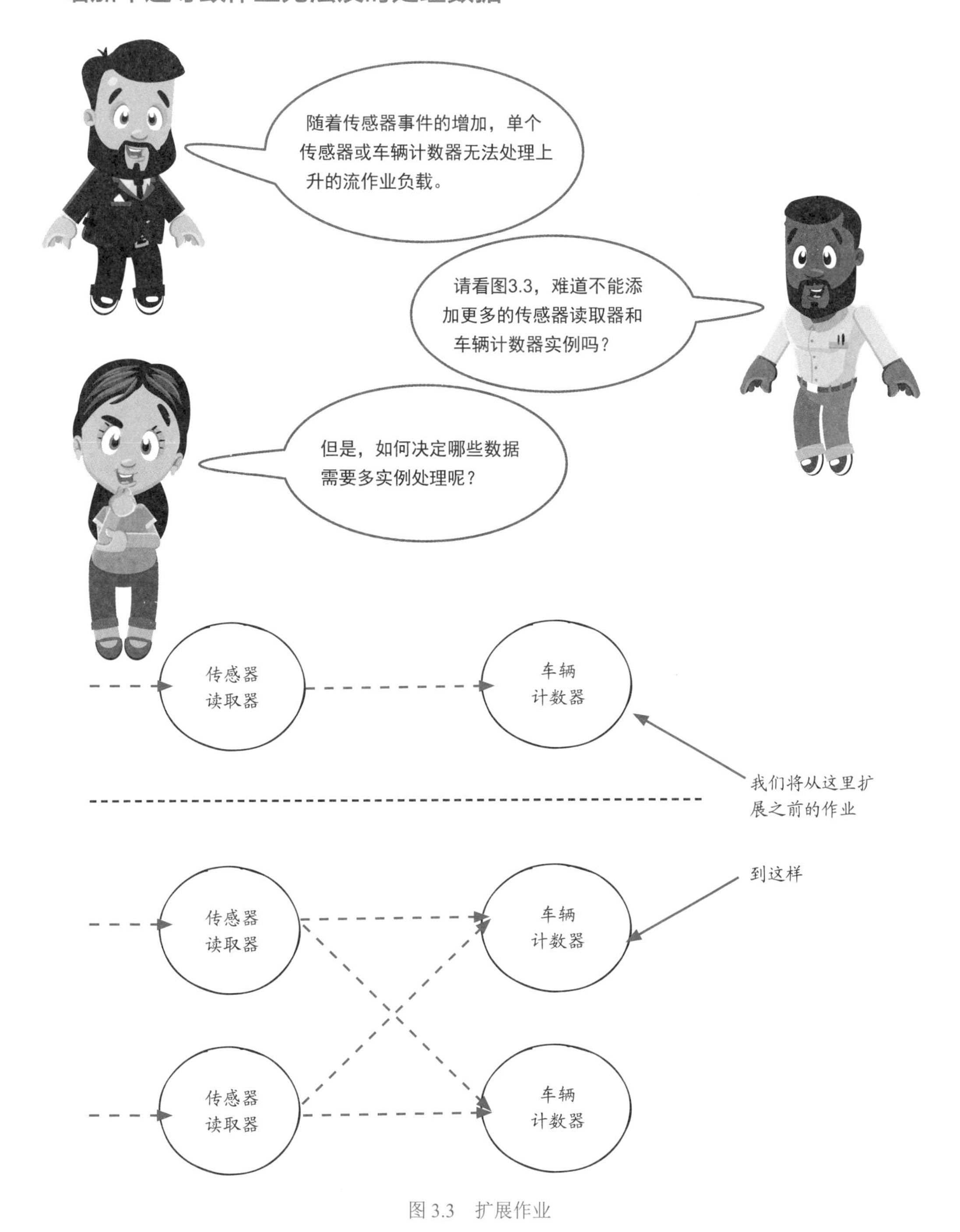

图 3.3 扩展作业

3.3 新概念：并行很重要

并行化是计算机系统中的常用技术。其理念在于，一个耗时的问题通常可以被分解成更小的子任务并同时执行。因此，可以让更多的计算机协同处理这个问题，从而大大减少总的执行时间。

为什么这很重要

以第 2 章中的流作业为例。如图 3.4 所示，如果队列中有 100 个车辆事件等待处理，单个车辆计数器将不得不逐个处理它们。在现实世界中，流系统每秒钟可以处理数百万个事件。许多情况下，逐个处理这些事件的方法是不可接受的，并行化对于解决大规模问题至关重要。

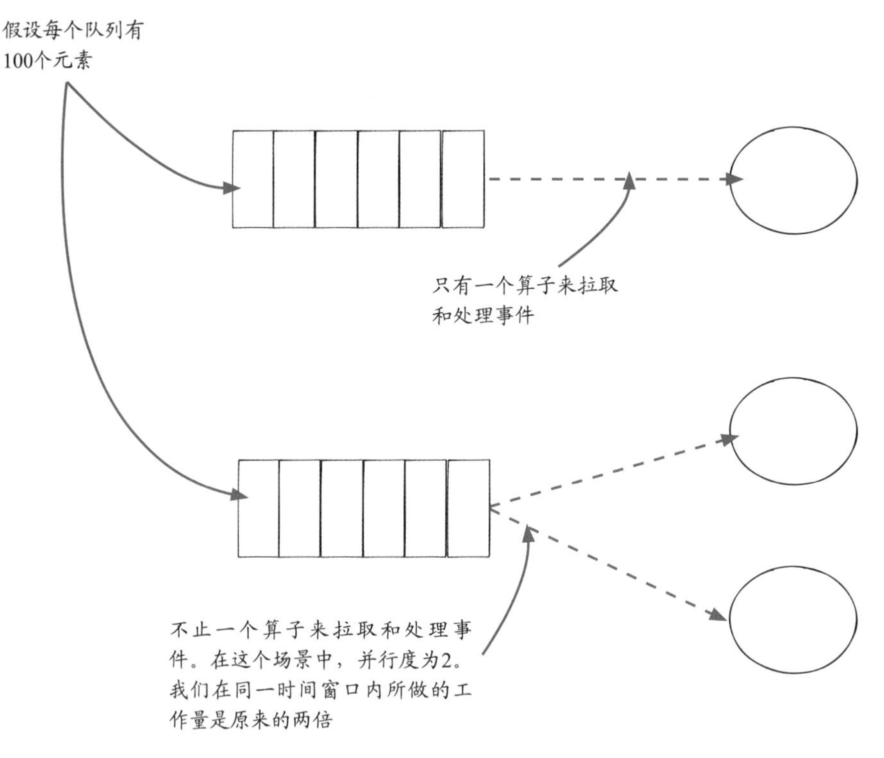

图 3.4 并行化示例

3.4 新概念：数据并行

用一台计算机解决计数问题的速度还不够快。幸运的是，老板手头总是有多台计算机，那么一个合理的想法是，将每个车辆事件分配给不同的计算机，这样所有的计算机都可以并行地进行计算 (见图 3.5)，进而有能力处理所有车辆，而不是逐个处理 100 次。换句话说，吞吐量是以前的 100 倍。当数据量更大时，可以使用更多的计算机 (而不是一台更大的计算机) 来更快地解决问题，这就是所谓的水平扩展。

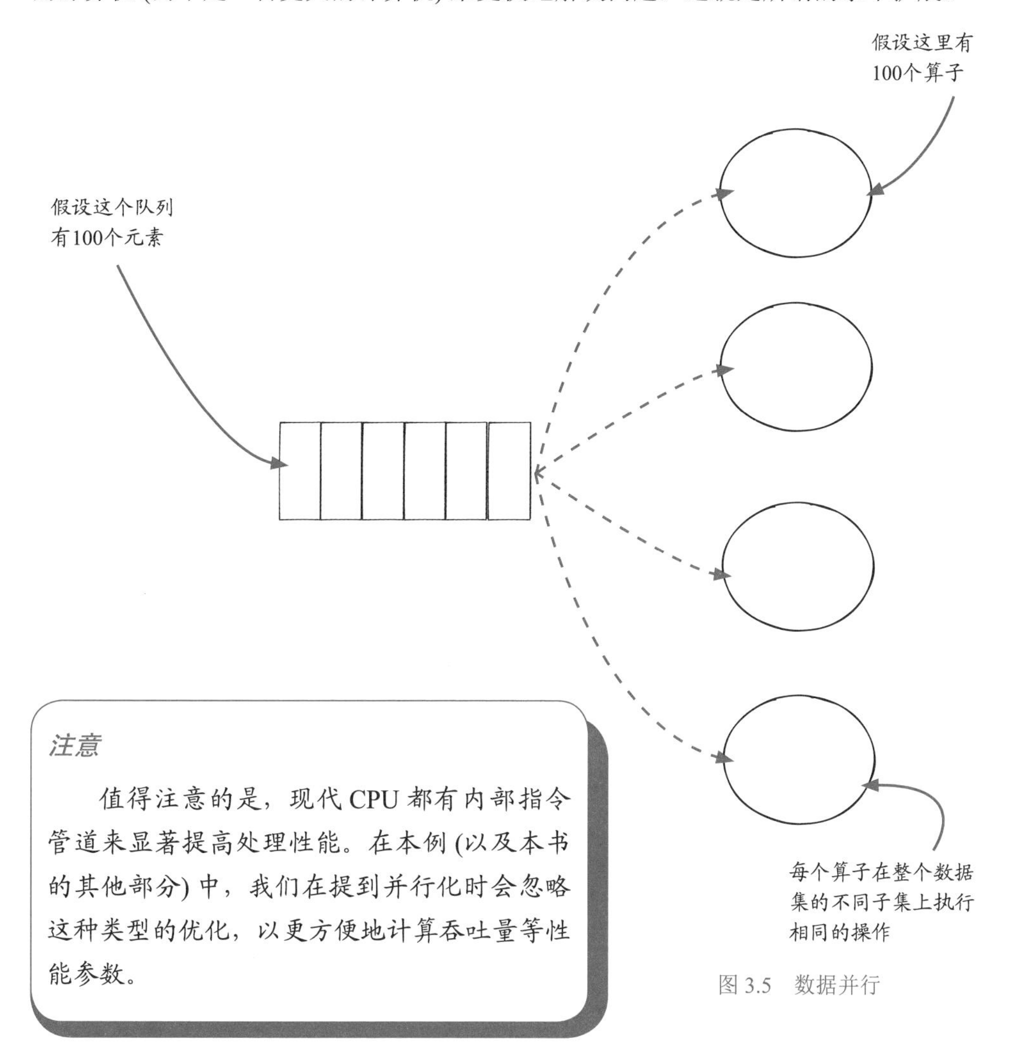

图 3.5 数据并行

> *注意*
>
> 值得注意的是，现代 CPU 都有内部指令管道来显著提高处理性能。在本例 (以及本书的其他部分) 中，我们在提到并行化时会忽略这种类型的优化，以更方便地计算吞吐量等性能参数。

3.5 新概念：数据执行的独立性

“数据执行的独立性”这个短语意味着什么呢？这是一个相当花哨的术语，但它并没有想象的那么复杂。

在流处理中，数据执行的独立性意味着无论在数据上执行计算的顺序如何，最终结果都是相同的。例如，如图 3.6 所示，将队列中的每个元素乘以 4，无论它们是同时完成还是一个接一个地完成，结果都是相同的。这种独立性是数据并行的前提。

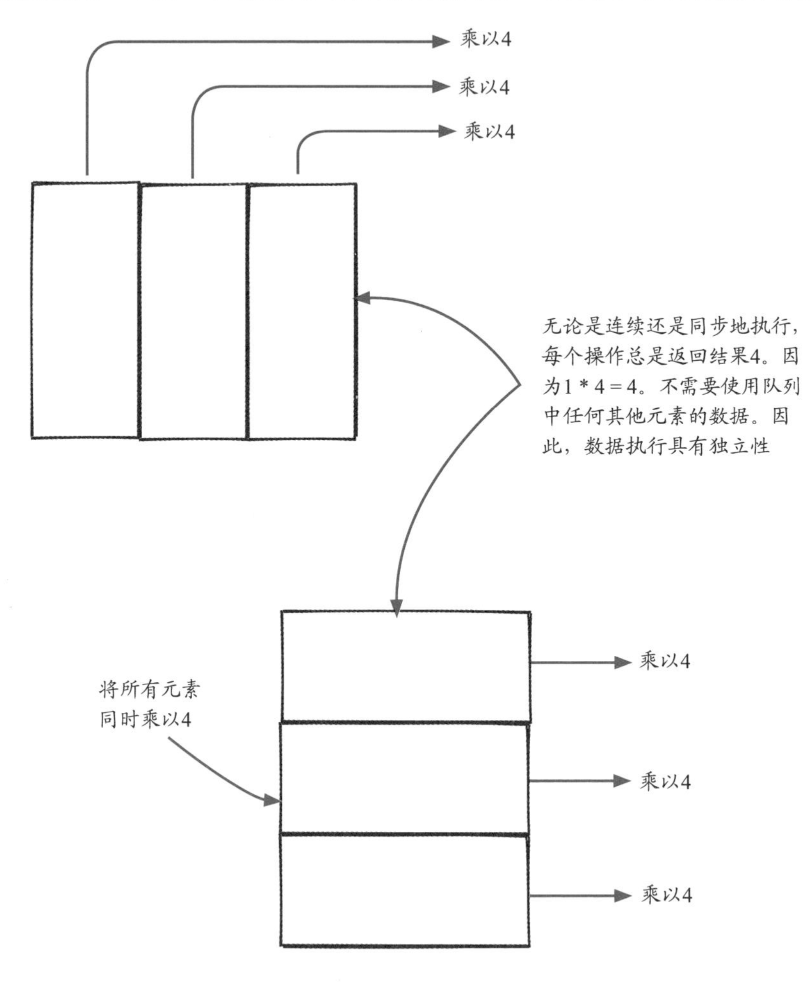

图 3.6 数据执行的独立性示例

3.6 新概念：任务并行

对于许多大型数据系统和通用分布式系统来说，数据并行是至关重要的，因为它允许开发者使用更多的计算机更高效地解决问题。除了数据并行，还有另一种并行：任务并行，也称为函数并行。不同于在不同数据上运行相同任务的数据并行，任务并行专注于在相同数据上运行不同的任务 (见图 3.7)。

为了理解任务并行，考虑在第 2 章中学到的流作业。传感器读取器和车辆计数器组件持续运行以处理输入事件。当车辆计数器组件处理一个事件 (对事件进行计数) 时，传感器读取器组件同时处理一个不同的新事件。换句话说，这两个不同的任务同时运行。即一个事件从传感器读取器发出，然后由车辆计数器组件处理。

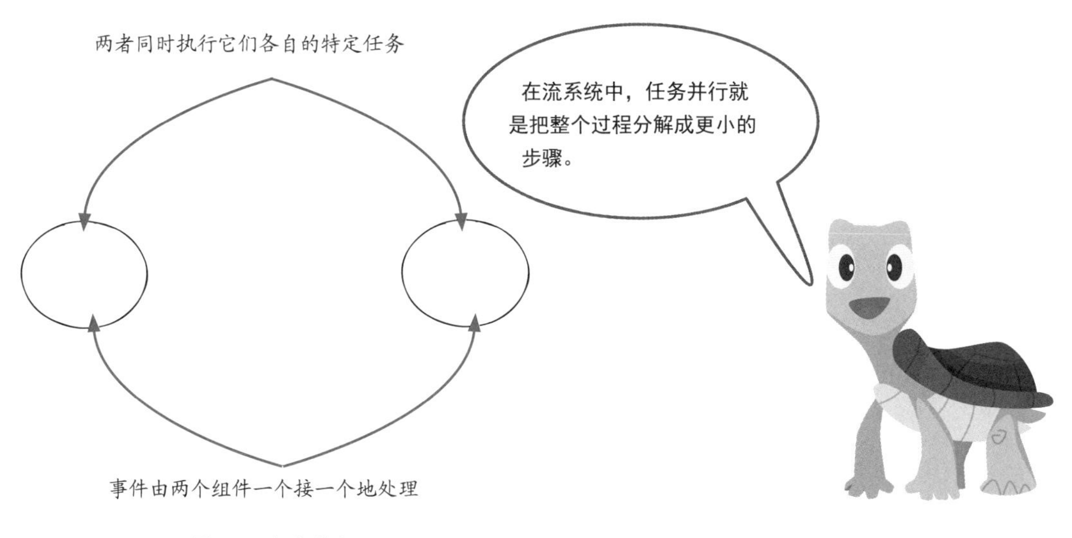

图 3.7 任务并行

3.7 数据并行与任务并行

回顾一下：

- 数据并行表示同一个任务同时在不同的事件集上执行。
- 任务并行表示不同的任务同时执行。

数据并行在分布式系统中有着广泛应用，以实现水平扩展。在这些系统中，较容易的做法是通过增加计算机来提高并行度。相反，对于任务并行，通常需要人工干预，将现有的进程分解成多个步骤来提高并行度。

如图 3.8 所示，流系统是数据并行和任务并行的结合。在流系统中，数据并行指的是为每个组件创建多个实例，而任务并行指的是将整个流程分解成不同的组件来解决问题。在前面的章节中，我们应用了任务并行技术，把整个系统分成了两个部分。在本章中，我们将学习如何应用数据并行技术，并为每个组件创建多个实例。

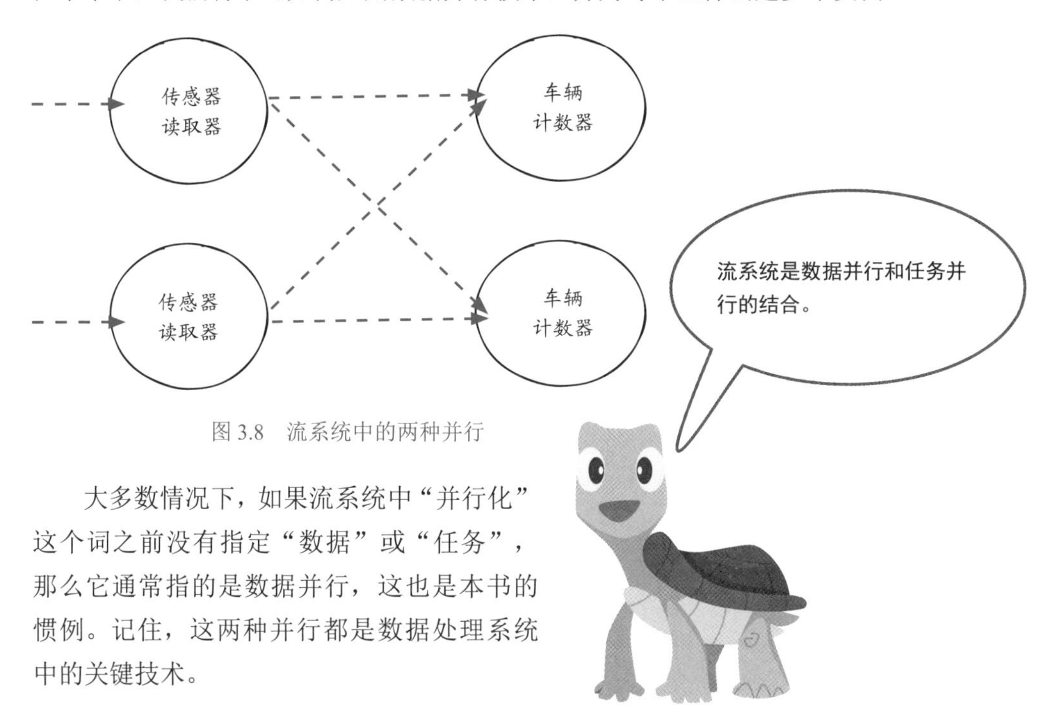

图 3.8 流系统中的两种并行

大多数情况下，如果流系统中“并行化”这个词之前没有指定“数据”或“任务”，那么它通常指的是数据并行，这也是本书的惯例。记住，这两种并行都是数据处理系统中的关键技术。

3.8 并行与并发

是否有区别

本节很容易引起技术方面的争议，正如在代码中应使用制表符还是使用空格缩进，这种争议极易出现。在本书的策划阶段，这些概念出现了好几次。通常，这些对话总是以问我们自己该用哪个术语告终。

并行 (parallelization) 是我们在解释如何修改流作业以提高性能和扩展性时决定使用的术语。在本书中，并行度 (parallelism) 指的是一个特定组件的实例数量，或者说为完成同一任务而运行的实例数量。另一方面，并发 (concurrency) 是一个通用词，指的是同时发生的两件或多件事情。

应该注意的是，我们的流框架使用线程来执行不同的任务，但是在实际的流作业中，通常会通过运行多个服务器来运行作业。你可以称这种情况为并行计算。一些读者可能会质疑，当我们仅仅谈及在一台机器上运行的代码时，“并行”是不是一个准确的词。这也是我们问自己的另一个问题：是否应该在本书中讨论这个问题？我们最终决定避免详细讨论这个问题。毕竟，本书的目标是让读者在看完后可以顺畅地讨论流处理的话题。总而言之，你得知道并行是流系统的一个重要组成部分，且能流畅地讨论概念并在心中了解它们的差异。

3.9 作业的并行化

回顾一下前面展示的流作业。这是一个包含两个组件的交通事件作业：一个传感器读取器和一个车辆计数器。回顾一下，这个作业可以用图 3.9 表示。

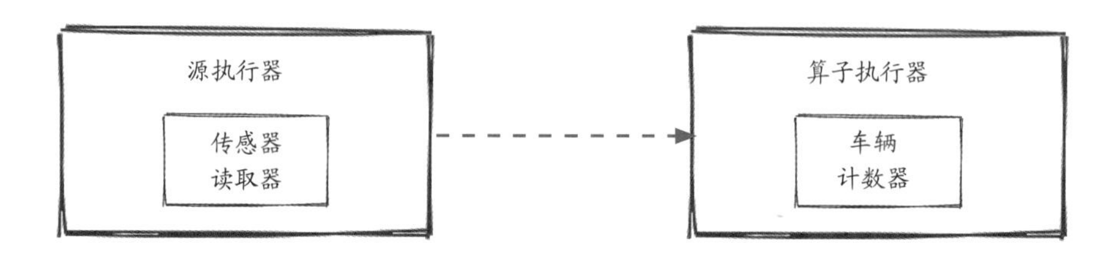

图 3.9 流作业示例

在第 2 章中，这个实现已可以顺利工作。而现在，我们将引入一个称为事件分发器 (event dispatcher) 的新组件。通过它，可以将数据路由到一个并行组件的不同实例。添加 eventDispatcher 后，第 2 章的作业结构将如图 3.10 所示。此图是本章内容的最终架构图。在本章的最后，每个组件都会有两个实例，我们将了解系统如何向每个实例发送数据。

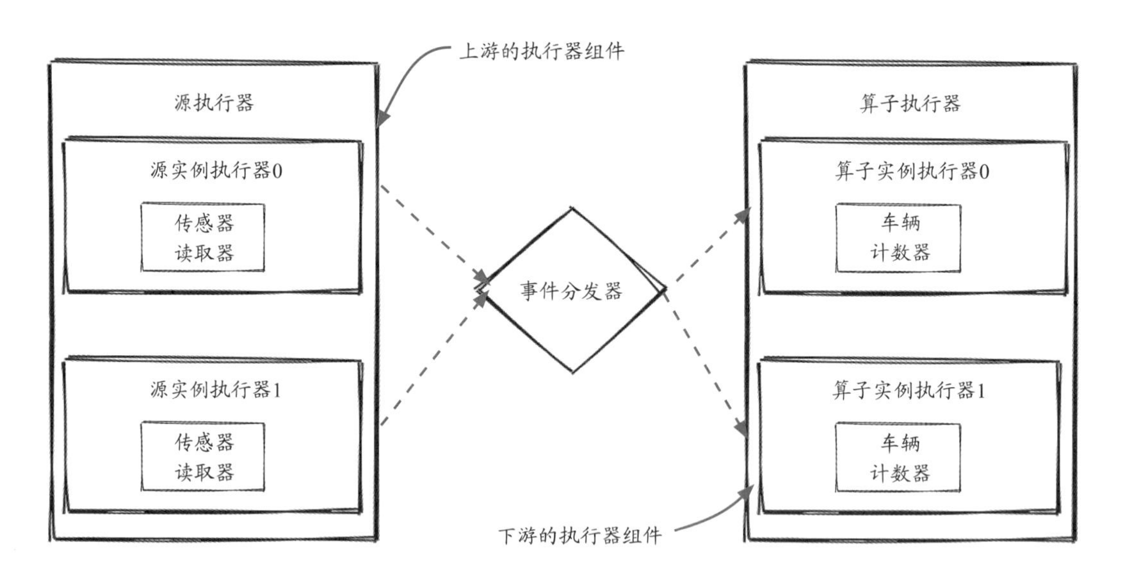

图 3.10 作业的并行化

3.10 组件的并行化

图 3.11 展示了在流作业中将组件并行化的最终结果。事件分发器将在下游实例之间分配负载。

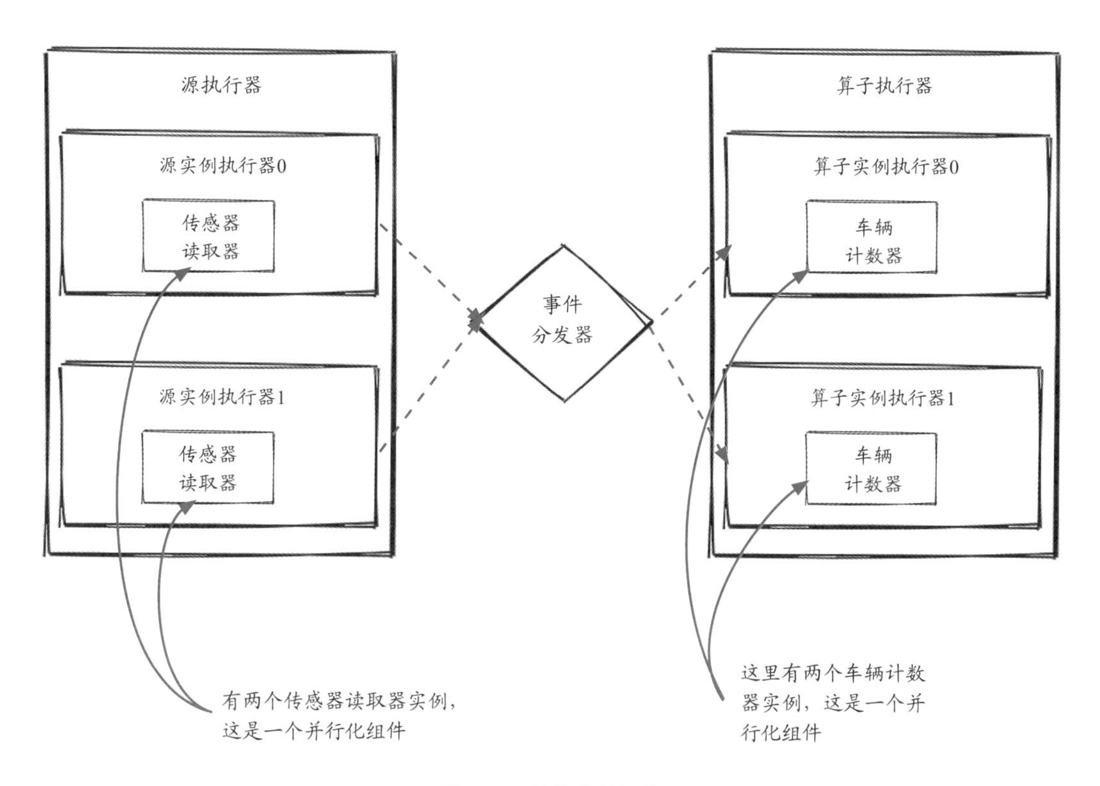

图 3.11 组件的并行化

3.11 数据源的并行化

首先，我们仅把流作业中的数据源从一个分成两个。如图 3.12 所示，为了模拟一个并行化数据源，这个新任务需要监听两个不同的端口来接受输入，此处使用的端口是 9990 和 9991。我们已经更新了引擎来支持并行化，并且作业代码的改动也很简单：

```
Stream bridgeStream = job.addSource(
    new SensorReader("sensor-reader", 2, 9990)
);
```

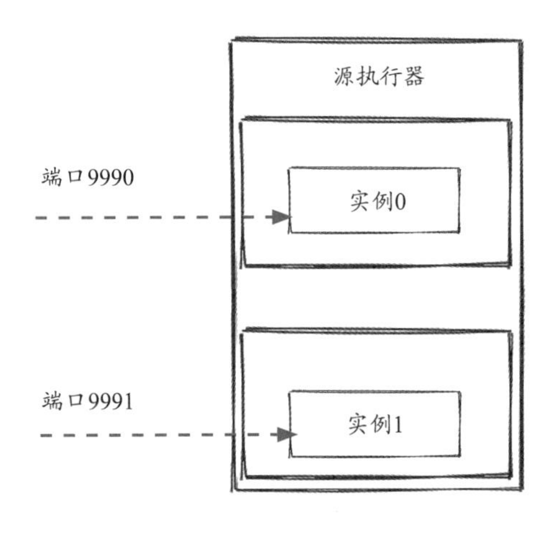

图 3.12 并行化数据源

要运行该作业，首先需要打开两个输入终端 (见图 3.13)，然后使用不同的端口号执行命令。

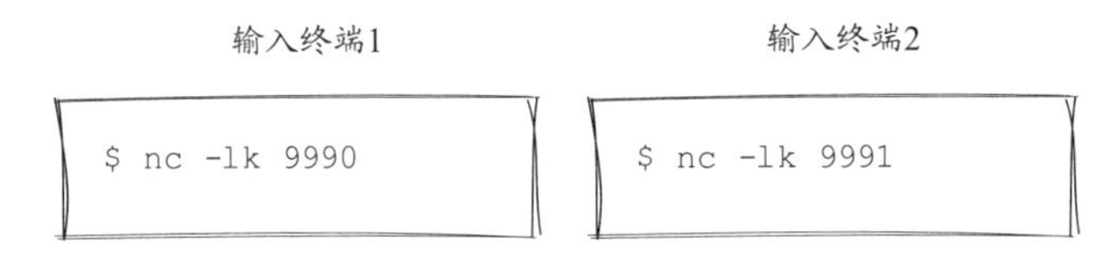

图 3.13 两个输入终端

接着在一个单独的作业终端中编译并执行示例代码：

```
$ mvn package
$ java -cp target/gss.jar \
  com.streamwork.ch03.job.ParallelizedVehicleCountJob1
```

现在应该启动了三个终端来运行作业：输入终端 1、输入终端 2、作业终端。输入终端 1 和输入终端 2 是输入车辆事件的地方，这些事件将被流作业读取。下一节将展示一些输出示例。

> *网络限制*
>
> 由于网络的限制，我们不能使用多个进程、线程或计算实例来监听同一个端口。出于学习的目的，我们在同一台机器上运行两个相同的源，因此我们必须在不同的端口上运行新增的源实例。

3.12 查看作业输出

现在结合图3.14和图3.15，了解如何查看作业输出。

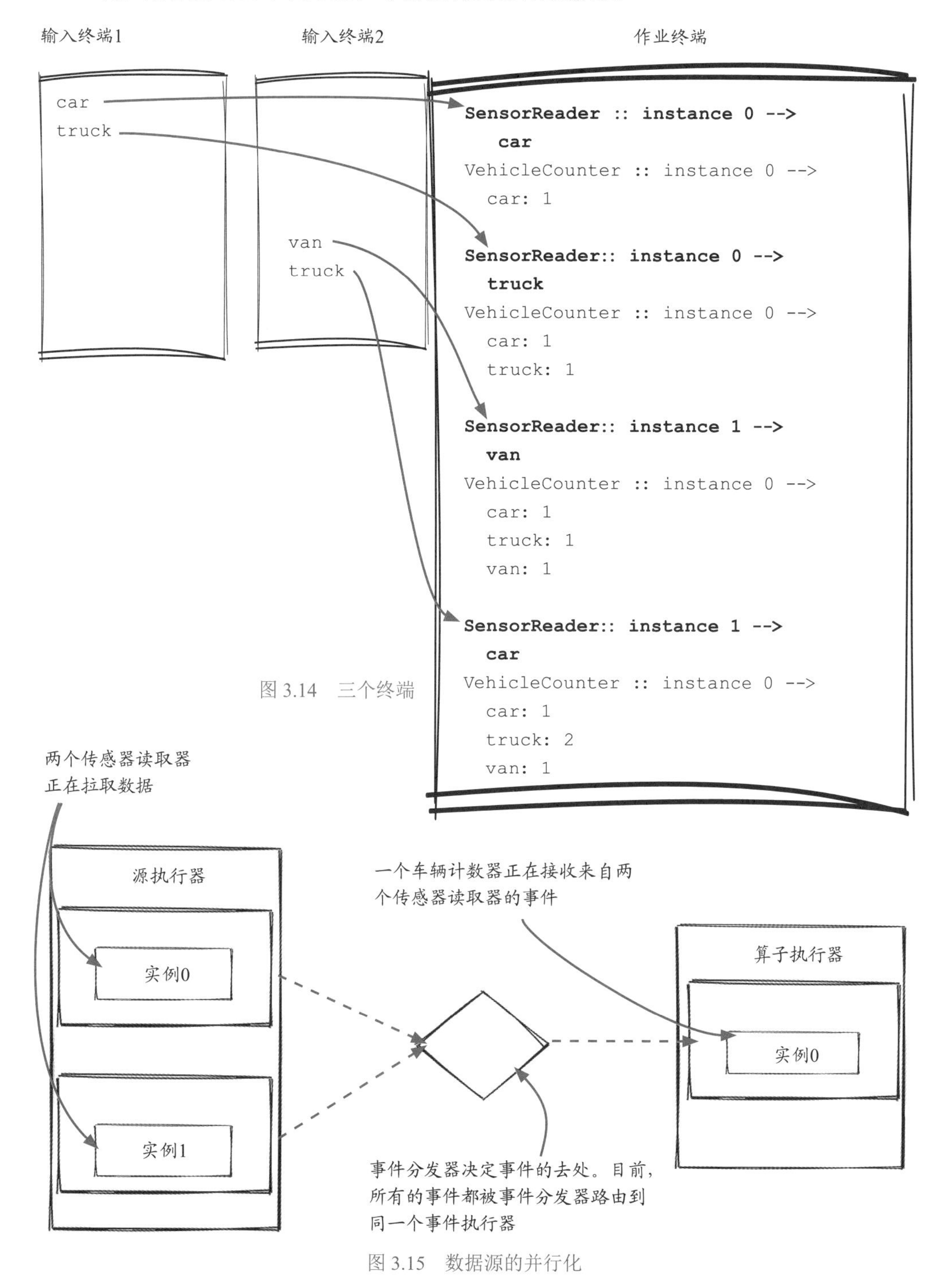

图3.14　三个终端

图3.15　数据源的并行化

3.13 算子并行化

运行新作业

现在并行化 VehicleCounter 算子：

```
bridgeStream.applyOperator(
  new VehicleCounter("vehicle-counter", 2));
```

注意此处使用的是两个并行的源，因此需要像以前那样在两个独立的终端上执行相同的 netcat 命令。复习一下，图 3.16 中的命令的含义是让 Netcat 监听命令中指定端口的连接。

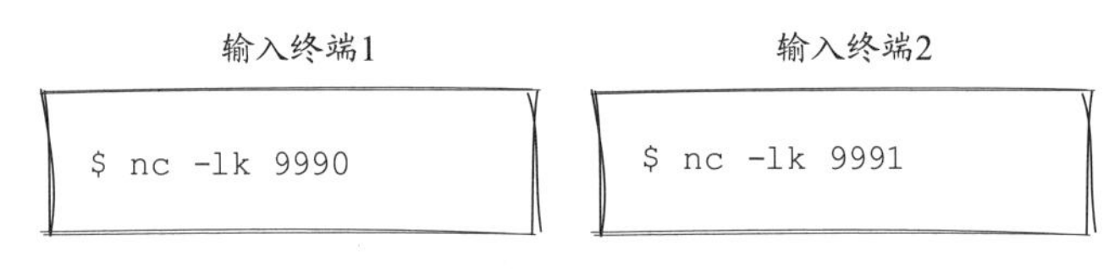

图 3.16 两个输入终端的命令

然后，可以在第三个单独的作业终端中编译并执行示例代码：

```
$ mvn package
$ java -cp gss.jar \
  com.streamwork.ch03.job.ParallelizedVehicleCountJob2
```

运行起来的作业将有两个源和两个算子，如图 3.17 所示。下一节将展示一些输出例子。

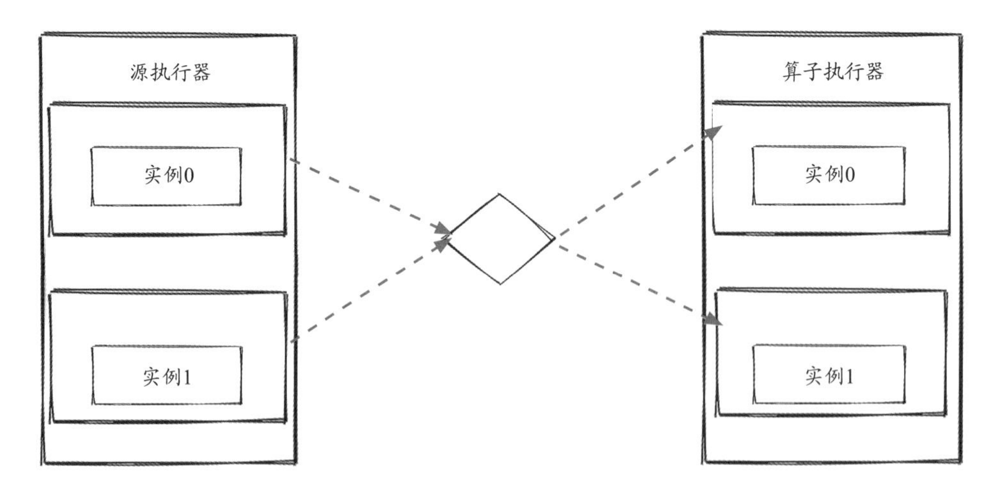

图 3.17 并行化算子

3.14 再次查看作业输出

现在，结合图 3.18 和图 3.19，再次查看作业输出。

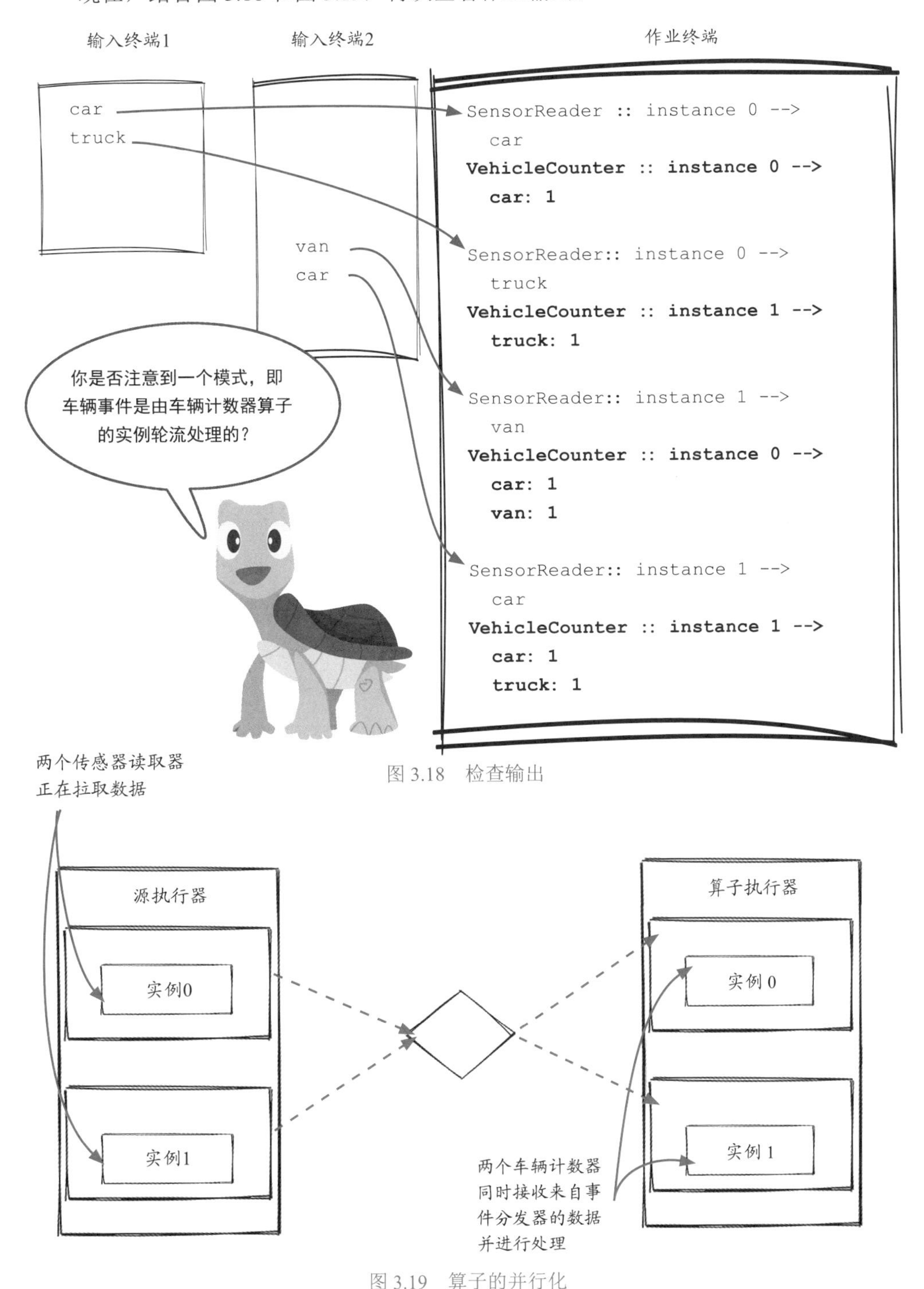

图 3.18 检查输出

图 3.19 算子的并行化

3.15 事件和实例

现在，仔细查看以下代码：

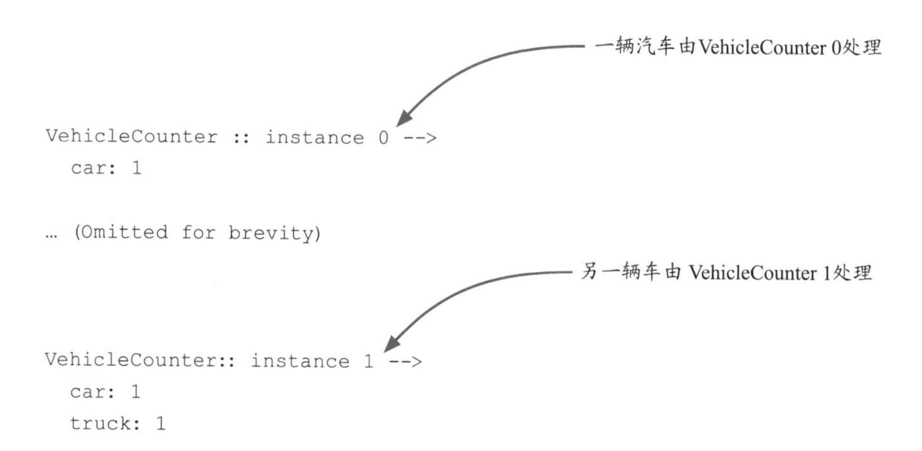

如果你仔细查看车辆计数器实例的结果，将看到它们都接收到了不同的车辆事件。系统的运行机制确定了如何处理事件，而当前的行为可能并不符合流作业的需求。稍后将研究事件分组 (event grouping) 这个新概念，以了解这个概念的行为并学习如何改进系统。此刻，只需要知道任何车辆都由两个收费站实例中的一个来处理。

另一个需要理解的重要概念是事件顺序。事件在流中有它们的顺序——毕竟，它们驻留在队列中。那怎么确定一个事件是否会在另一个事件之前被处理？一般来说，有两条规则：

- 在单个实例中，处理顺序保证与原始顺序 (即输入队列中的顺序) 相同。
- 在不同的实例中，不保证事件处理顺序。如果这两个事件由不同的实例所处理，则较晚的事件可能会比早到达的另一个事件更早处理与 (或) 完成。

下一节将介绍一个更具体的例子。

3.16 事件顺序

图 3.20 展示了一个有关事件顺序的具体示例。

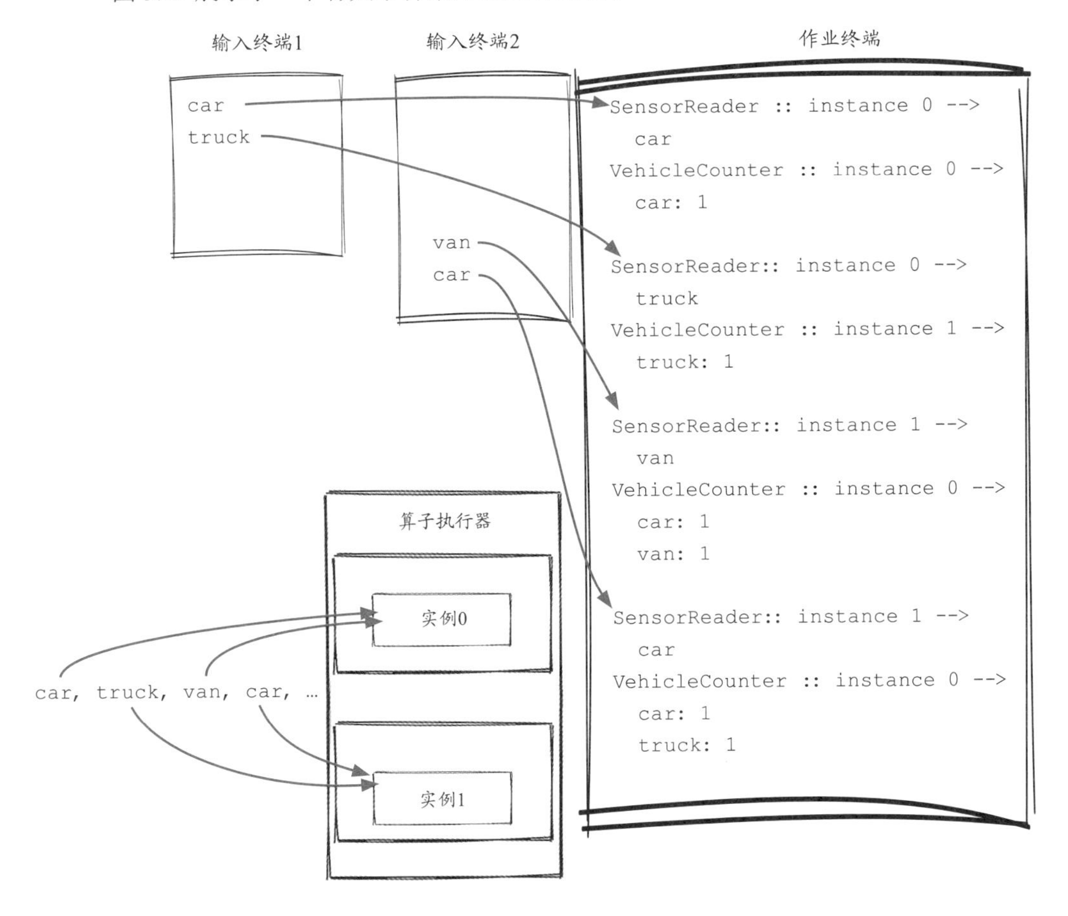

图 3.20　事件顺序示例

观察输入终端中输入的四个车辆事件。第一个和第三个事件分别是 car 和 van，它们被发送到 VehicleCounter 实例 0，而第二个和第四个事件分别是 truck 和 car，它们则被路由至 VehicleCounter 实例 1。

在 Streamwork 引擎中，这两个算子实例是独立执行的。流引擎通常保证第一个和第三个车辆事件按照它们的输入顺序进行处理，因为它们属于同一个实例。但是，不能保证第一个事件 car 在第二个事件 truck 之前被处理，或者第二个事件 truck 在第三个事件 van 之前被处理，因为两个算子相互独立地处理事件。

3.17 事件分组

到目前为止，并行流作业中的事件都被随机地 (其实是伪随机) 路由给车辆计数器实例。

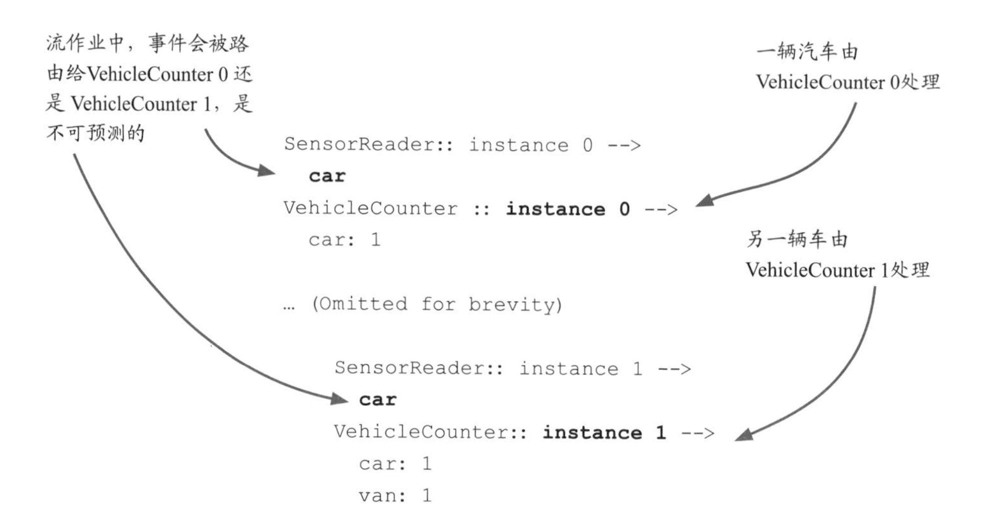

这种伪随机路由在许多情况下是可以接受的，但是有时你可能更想用可预测的方式将事件路由到一个特定的下游实例。这种将事件定向路由到实例的概念称为事件分组 (event grouping)。分组可能听起来不是很直观，它的含义是将所有的事件分到不同的组，每个组会分配到一个特定的实例来处理。有几种事件分组策略，最常用的两种如下所示：

- 随机分组 (shuffle grouping)——事件伪随机地路由到下游组件。
- 字段分组 (fields grouping)——事件根据其指定字段的值可预测地路由到相同的下游实例。

通常情况下，事件分组是内置在流框架中供开发者重用的一种功能。后面几节将更深入地说明这两种不同的分组策略是如何工作的。

3.18 随机分组

随机分组指的是数据元素从一个组件随机分发到下游算子，可以相对均匀地将负载分配给下游算子。

轮转法 (round robin) 是在许多框架中实现随机分组的方式。在这种分组策略中，按照相同的概率，循环地选择下游实例 (也就是输入队列)。与基于随机数的随机分组相比，轮转的分布更均匀，且计算效率更高。它的实现见图 3.21，注意，图中的两辆卡车是由两个不同的 VehicleCounter 实例进行计数的。

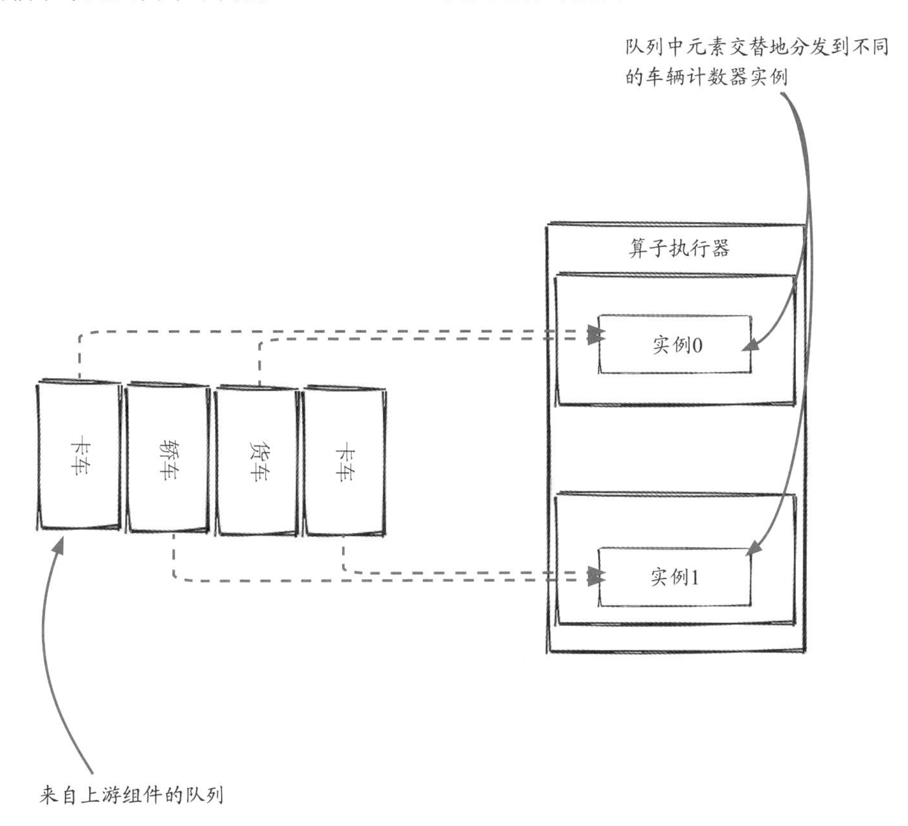

图 3.21 轮转法的实现

3.19 随机分组原理

为了确保事件被均匀地路由到不同的实例，大多数流系统使用轮转法 (见图 3.22) 来选择事件的下一个目的地。

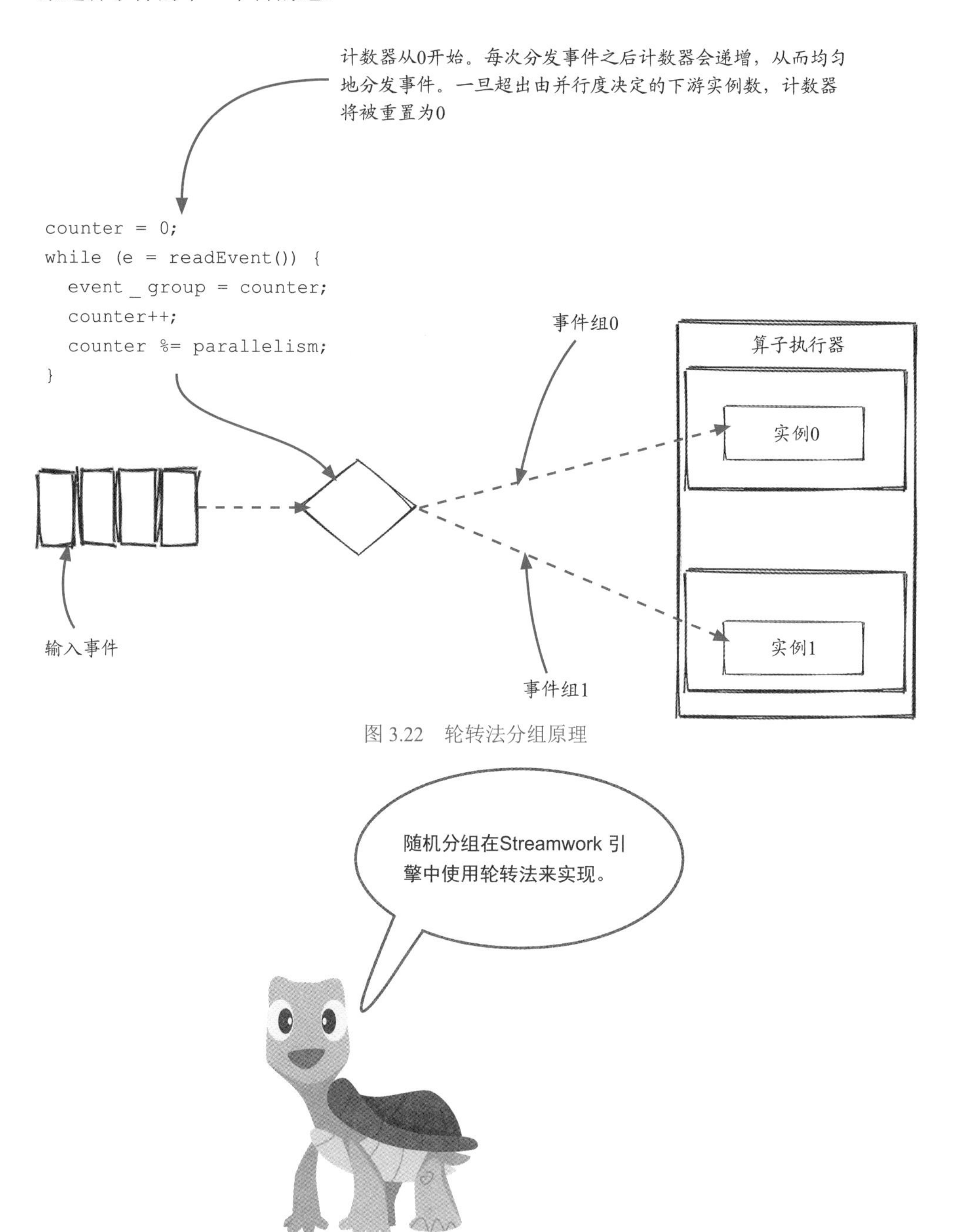

图 3.22 轮转法分组原理

3.20 字段分组

随机分组在许多场景中都很有效。然而，如果你需要可预测的元素分发，那么随机分组将不适用。如图 3.23 所示，字段分组可以实现可预测的路由模式以满足数据处理需求。它的工作原理是根据流事件元素 (通常由开发者指定) 中的字段来决定将数据路由到哪里。字段分组在许多场景中也被称为分组 (group by) 或按键分组 (group by key)。

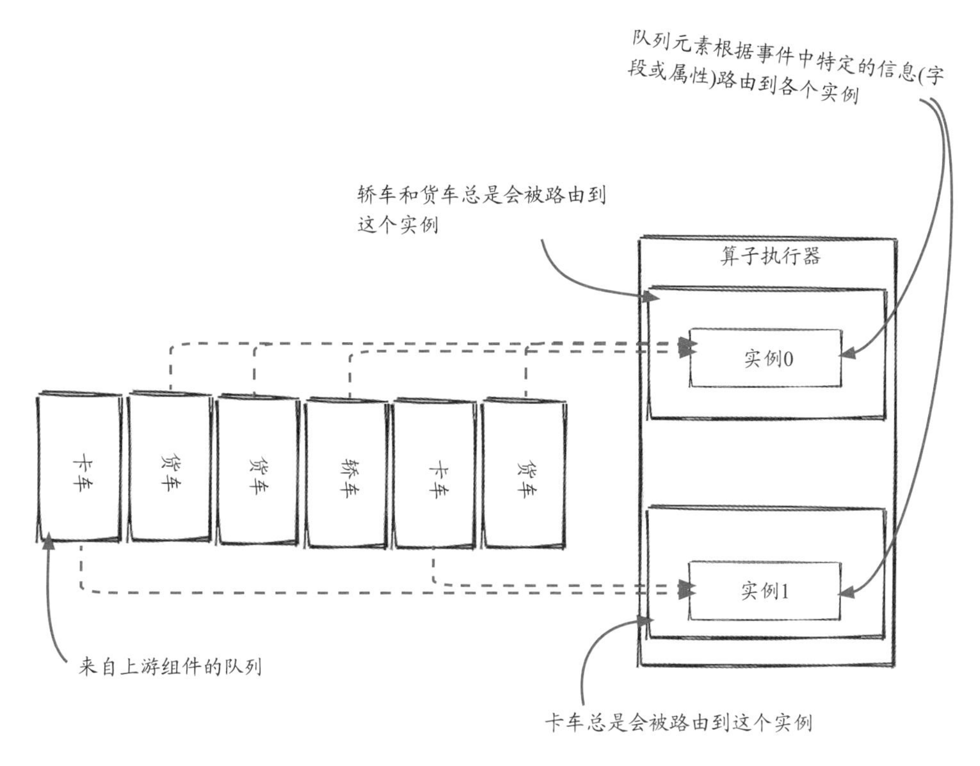

图 3.23 字段分组示例

在本章的流作业中，我们根据车辆类型将驶入桥上的每辆车发送到车辆计数器 0 或车辆计数器 1，因此相同类型的车辆总是被路由到相同的车辆计数器实例。通过这种做法，我们可以在单实例上计算单个车辆类型的数量。

3.21 字段分组原理

为了确保总是将相同的车辆事件分配给相同的组 (路由到相同的实例)，通常使用一种称为哈希 (Hash) 的技术。如图 3.24 所示，这是一种常用的计算，它接受大范围的值 (如字符串)，并将它们映射到较小范围的值 (如整数) 的集合上。

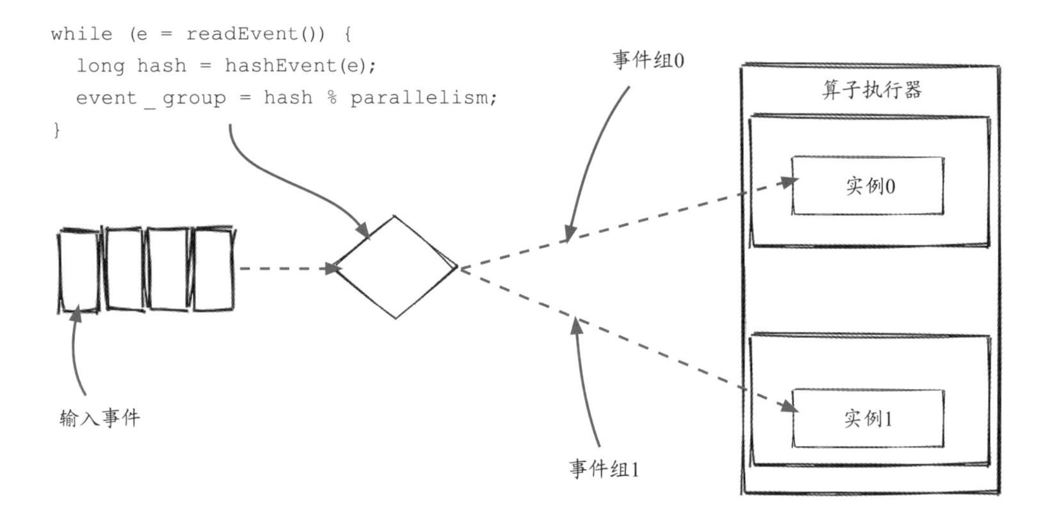

图 3.24 字段分组原理

哈希最重要的特性是，对于相同的输入，结果总是相同的。在得到哈希结果 (称作键，通常是一些大整数，如 98216) 之后，进行取模计算：

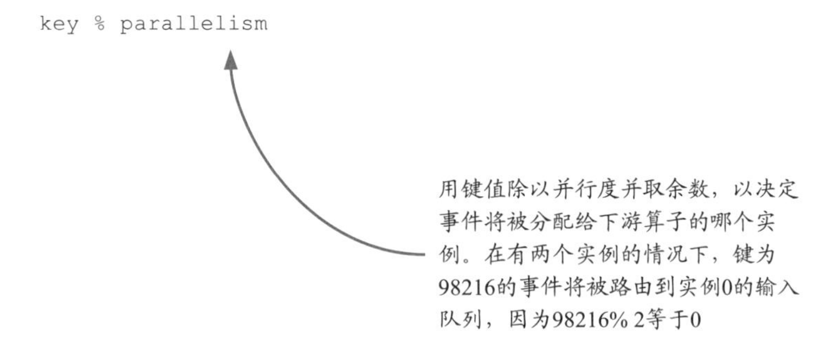

3.22 事件的分组执行

如图 3.25 所示，在流系统中，事件分发器位于执行器之间，执行事件分组处理任务。它不断地从指定的输入队列中获取事件，并根据分组策略返回的键将它们放置在指定的输出队列中。记住，所有的流系统都有自己的工作方式，上面的陈述只针对 Streamwork 框架。

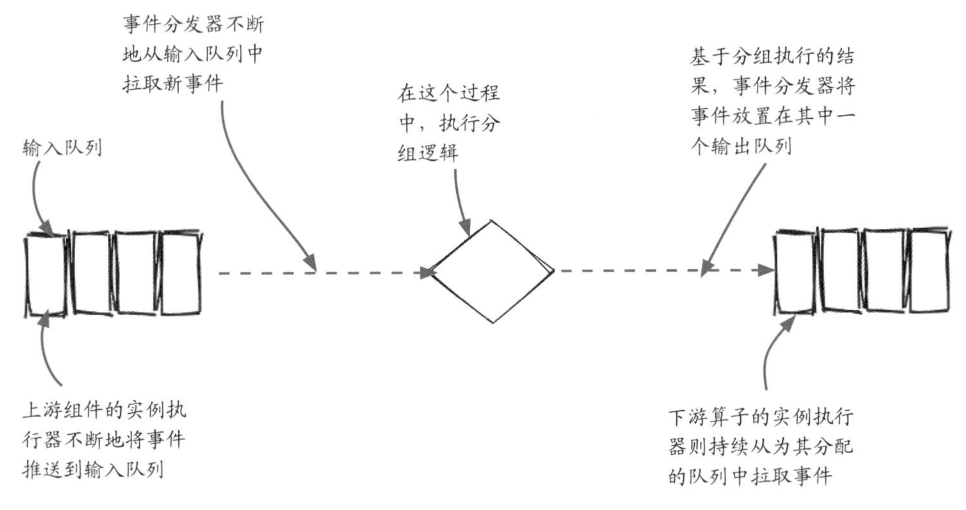

图 3.25 事件的分组执行

3.23 深入了解引擎：事件分发器

如图 3.26 所示，事件分发器负责接受来自上游组件执行器的事件，并采用分组策略将事件发送到下游组件。

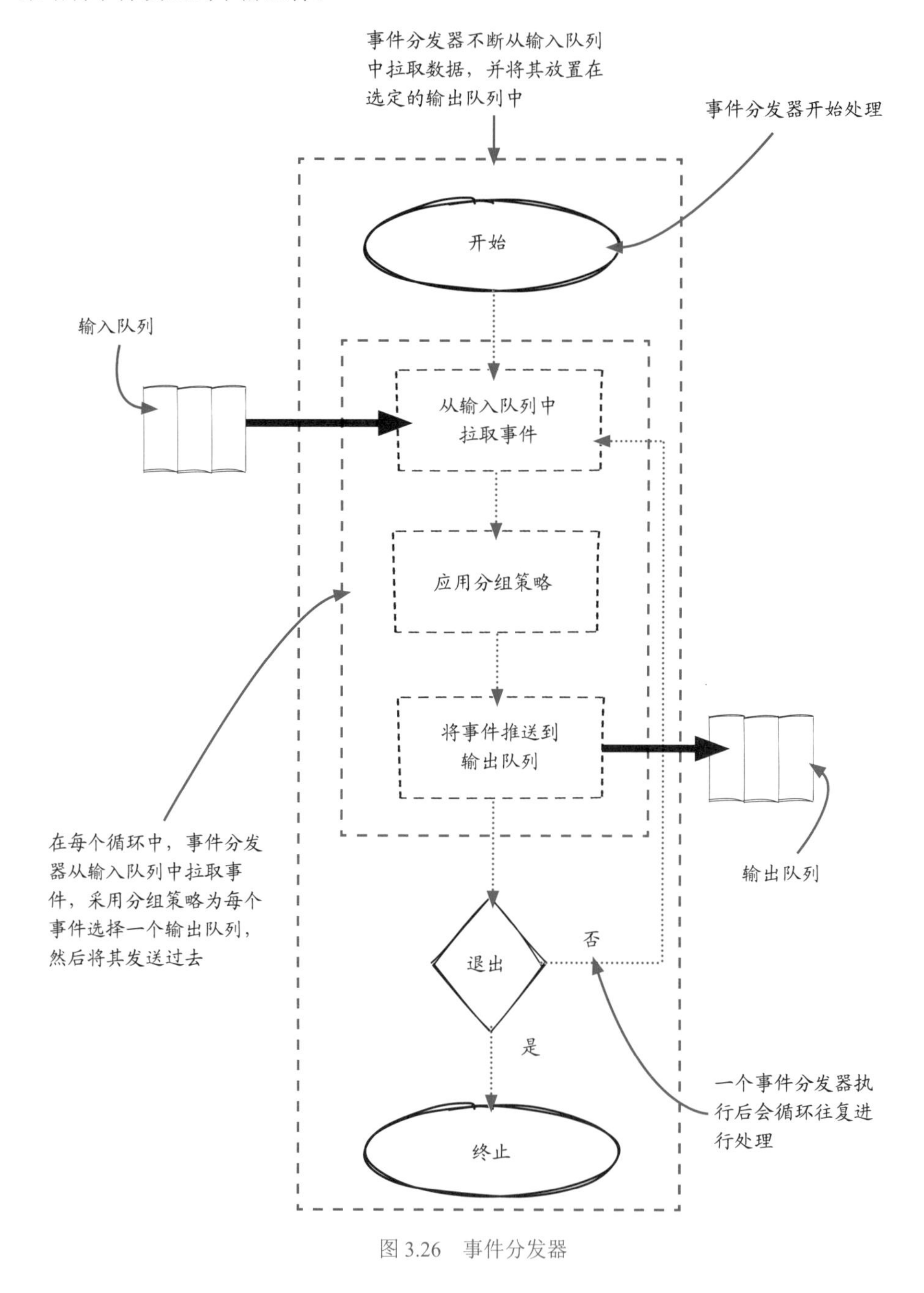

图 3.26　事件分发器

3.24 在作业中采用字段分组

通过在作业中采用字段分组，可以更容易地汇总不同车辆类型的数量，因为每种车辆类型总是被路由到相同的实例。使用 Streamwork API，可以很容易地实现字段分组：

```
bridgeStream.applyOperator(
  new VehicleCounter("vehicle-counter", 2, new FieldsGrouping())
);
```

采用字段分组

你只需要在调用 applyOperator() 函数时添加一个额外的参数，而 Streamwork 引擎将处理其余的参数。记住，流框架可以帮助你专注于业务逻辑，使你不必担心引擎实现的细节。不同的引擎可能有不同的方式来应用字段分组。通常，可以在不同的引擎中找到名为 groupBy() 或 { operation } ByKey() 的函数。

依旧用之前的方式运行示例代码。首先，需要有两个输入终端 (见图 3.27)，运行如下命令后便可输入车辆类型，随后进行编译。

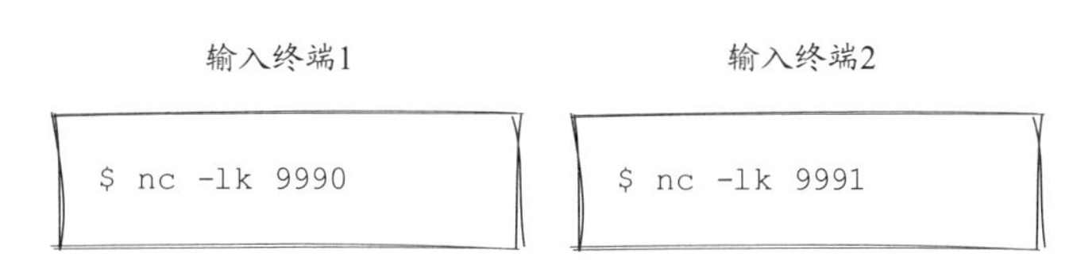

图 3.27　输入终端命令

然后在第三个单独的作业终端中执行示例代码：

```
$ mvn package
$ java -cp target/gss.jar \
  com.streamwork.ch03.job.ParallelizedVehicleCountJob3
```

3.25 查看事件顺序

如果运行上述命令，作业终端将输出类似于图 3.28 的内容。

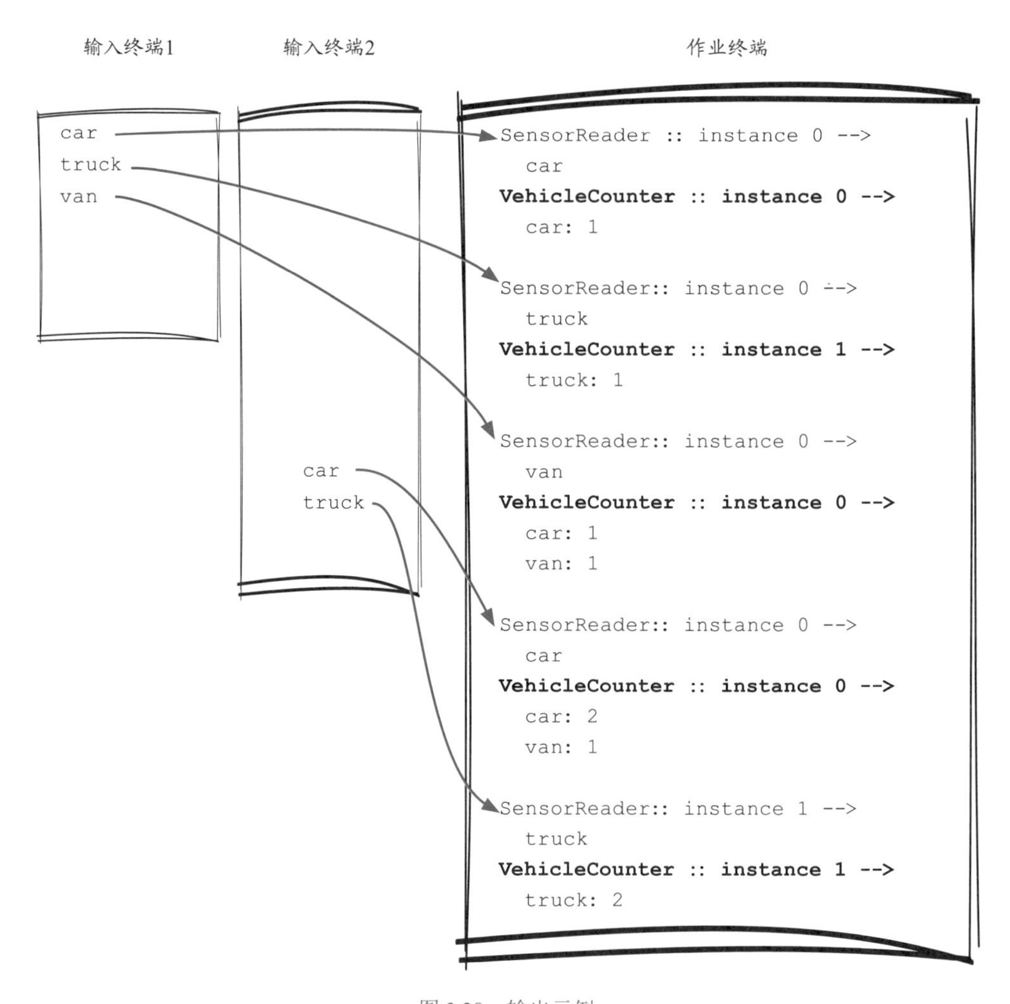

图 3.28 输出示例

3.26 比较分组行为

现在将随机分组和字段分组的作业输出并排放置，并用相同的作业输入查看二者在行为上的差异(见图 3.29)。输入来自哪个终端并不重要，所以我们将它们合并为一个终端。试找出每个作业输出的不同之处。

作业输入: car truck van car truck …

随机分组的作业输出

```
SensorReader :: instance 0 ->
  car
VehicleCounter :: instance 0 ->
  car: 1

SensorReader:: instance 0 ->
  truck
VehicleCounter :: instance 1 ->
  truck: 1

SensorReader:: instance 0 ->
  van
VehicleCounter :: instance 0 ->
  car: 1
  van: 1

SensorReader:: instance 0 ->
  car
VehicleCounter :: instance 1 ->
  car: 1
  truck: 1

SensorReader:: instance 1 ->
  truck
VehicleCounter:: instance 0 ->
  car: 1
  truck: 1
  van: 1
```

字段分组的作业输出

```
SensorReader :: instance 0 ->
  car
VehicleCounter :: instance 0 ->
  car: 1

SensorReader:: instance 0 ->
  truck
VehicleCounter :: instance 1 ->
  truck: 1

SensorReader:: instance 0 ->
  van
VehicleCounter :: instance 0 ->
  car: 1
  van: 1

SensorReader:: instance 0 ->
  Car
VehicleCounter :: instance 0 ->
  car: 2
  van: 1

SensorReader:: instance 1 ->
  truck
VehicleCounter:: instance 1 ->
  truck: 2
```

图 3.29 随机分组和字段分组的作业输出

3.27 小结

在本章中，我们了解了流作业实现可扩展性的基本原理。可扩展性是所有分布式系统的主要挑战之一，并行化是其中的基本技术。我们学习了流作业中的组件并行化，以及数据并行与任务并行的概念。在流系统中，如果术语“并行”并没有特指数据和任务，那么它通常指的是数据并行。

为了将组件并行执行，还需要知道如何通过事件分组策略来控制或预测事件的路由，以获得期望的结果。可以通过随机分组或字段分组来实现这种可预测性。此外，我们还研究了 Streamwork 流引擎的实现，从概念的角度看并行化和事件分组是如何处理的，以便为探索后续章节和了解现实世界的流系统做准备。

并行和事件分组至关重要，因为它们对于解决所有分布式系统中的一个关键挑战——吞吐量非常有用。如果可在流系统中识别出有瓶颈的组件，就可通过提升其并行度来对它进行水平扩展，这样系统才能以更快的速度处理事件。

3.28 练习

1. 为什么并行很重要？

2. 你能想到其他分组策略吗？如果能，可以在 Streamwork 中实现它吗？

3. 示例中的字段分组使用的是字符串的哈希。你能实现一个基于首个字符的字段分组吗？这种新的分组策略的优缺点是什么？

第4章 流中的图

本章内容：

- 流的扇出
- 流的扇入
- 图和 DAG (有向无环图)

> “糟糕的程序员担心代码，优秀的程序员担心数据结构和它们之间的关系。”
>
> ——Linus Torvalds

在前面的章节中，AJ 构建了一个流作业，然后对其进行了扩展。它可以很好地监控桥上的车辆。然而，这个作业的结构相当简单，基本上只是一串算子。在本章中，我们将学习构建更复杂的流系统来解决现实世界中的其他问题。

4.1 信用卡欺诈检测系统

Sid 对 AJ 建立的车辆计数系统印象深刻，现在他正在考虑用流处理技术解决新的问题。他最感兴趣的是一个欺诈检测问题，但他有个顾虑：新系统将更加复杂，需要非常低的延迟。能用流系统解决这个问题吗？

前两章中构建的流作业能力有限。每个进入作业的数据元素都需要以固定的顺序通过两个组件：传感器读取器和车辆计数器。对于边界情况或者流系统中可能发生的错误，没有条件来路由数据。如图 4.1 所示，数据元素的路径可被视为一条直线。

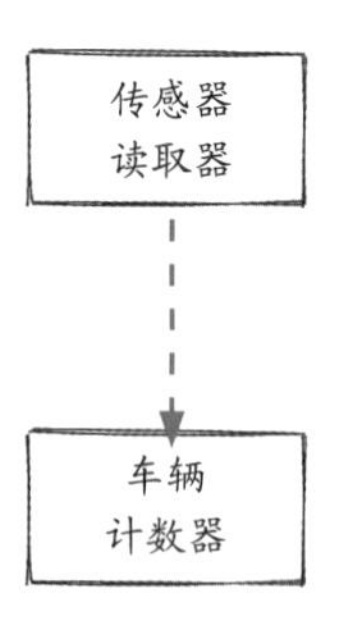

图 4.1 数据元素的路径

4.2 信用卡欺诈检测系统的更多细节

在本章中，我们将建立一个信用卡欺诈检测系统。这将比之前的收费站问题更加复杂。

如果我对需求理解正确的话，我们的系统需要包含多个基于规则的分析器算子，这些算子可以评估交易并对风险进行评分。最后，我们将需要一个分类器，它可以对所有分析器的评分进行综合分析与决策。

在过去，所有作业都是按顺序执行的，这在高负载下可能成为瓶颈。怎样才能更有效地执行欺诈检测操作呢？

分析器应用规则来评估交易的风险。所有的风险评分在最后被合并为一个结果。我们可以从几个简单的规则开始。

4.3 欺诈检测业务流程

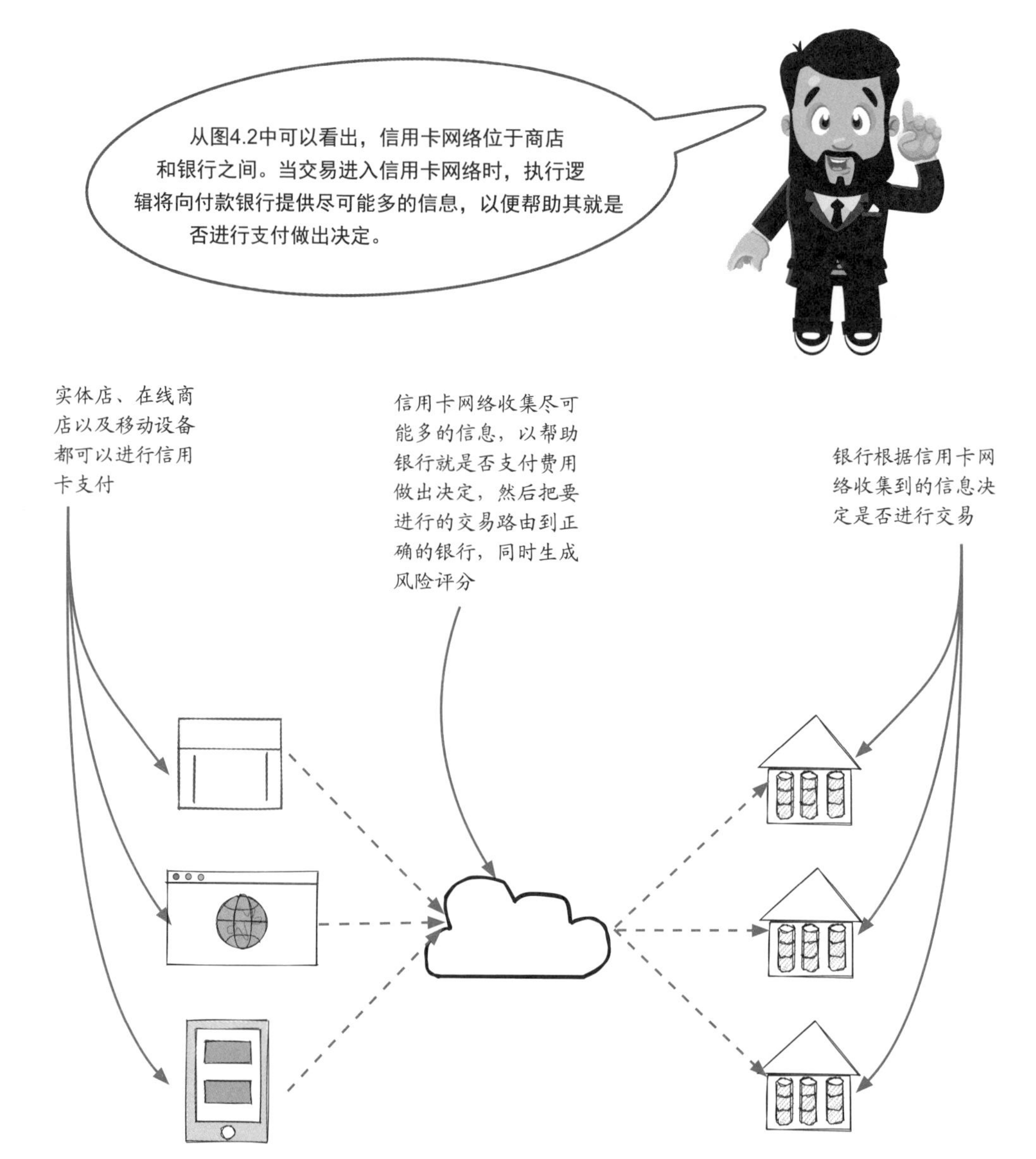

图 4.2 欺诈检测业务流程示意图

4.4 流并不总是一条直线

我们可以像构建收费站系统那样构建这个系统。如图 4.3 所示，首先，交易源组件负责接收来自外部系统的交易事件。然后，逐个运用分析器将风险评分添加到事件中。最后，评分聚合器根据评分做出最终决定。

这个方案可行但并不理想。如果未来添加新的分析器，那么这个链路会增长，且端到端的延迟会增加。另外，当分析器很多的时候，作业可能会变得难以维护。

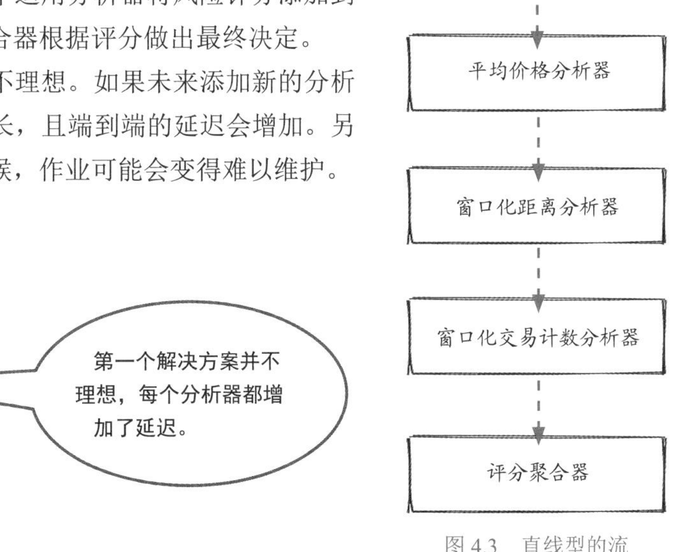

图 4.3 直线型的流

另一个选择是构建如图 4.4 所示的系统。所有分析器都连接到交易源并独立运行。评分聚合器从它们那里收集结果，然后聚合评分来做出最终决定。在这个解决方案中，当添加分析器时，端到端的延迟不会增加。

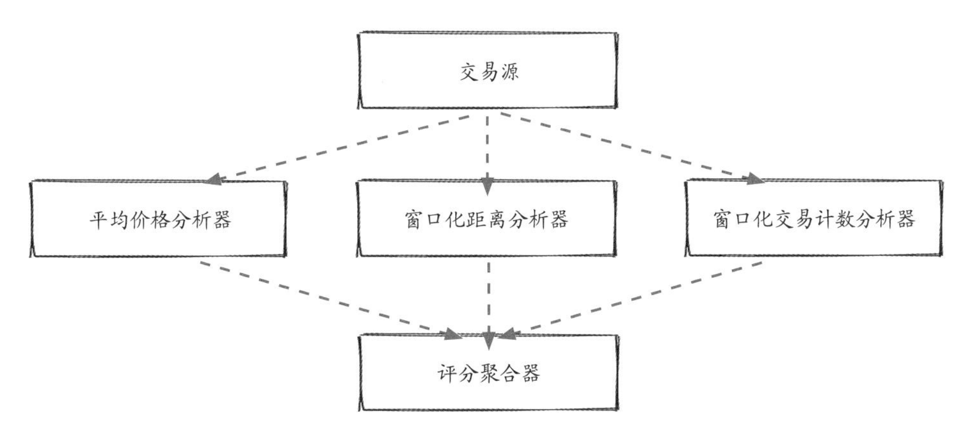

图 4.4 非直线型的流

4.5 系统内部分析

现在仔细查看图 4.5，深入分析系统内部。

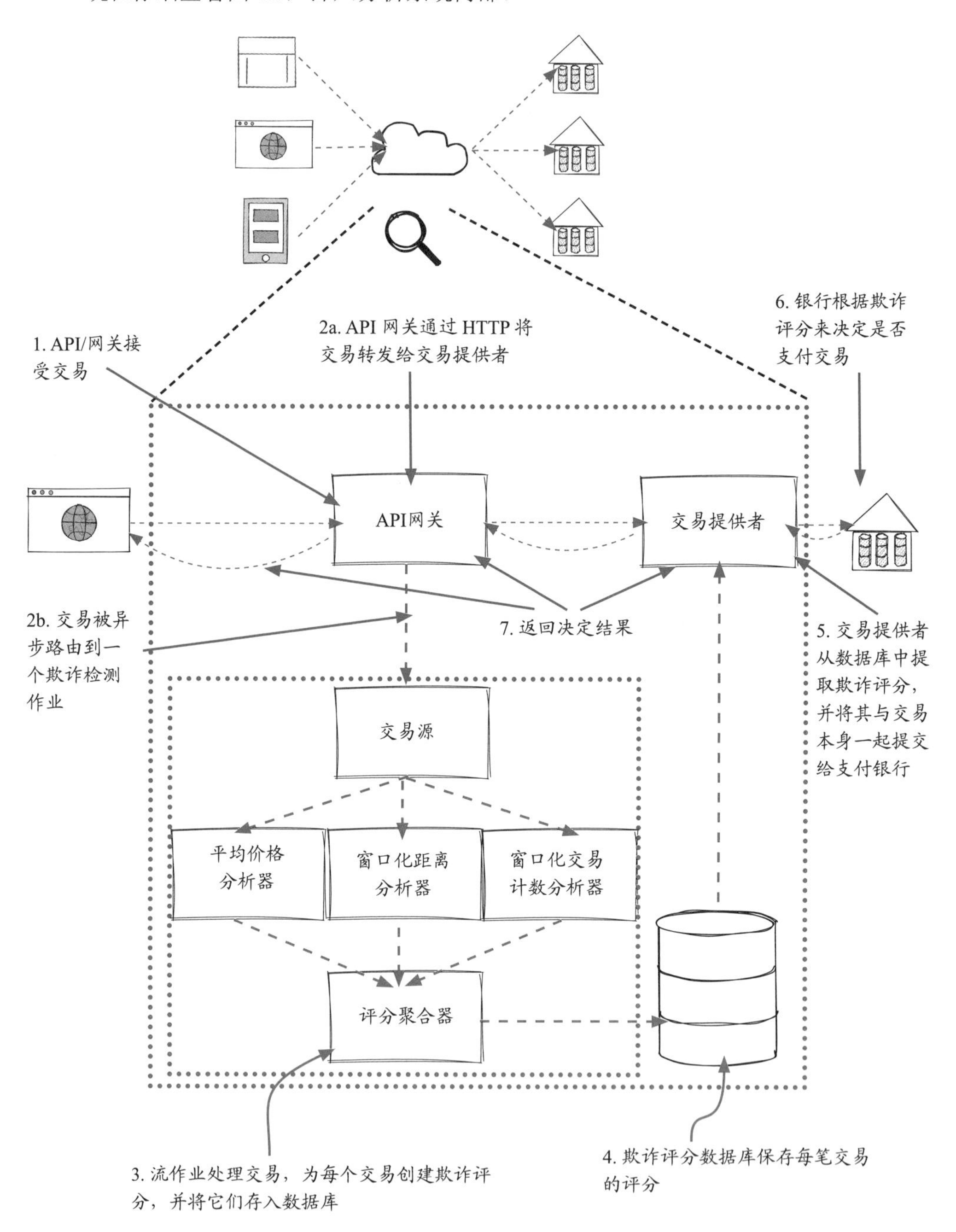

图 4.5　系统内部分析

4.6 欺诈检测作业的细节

下面更深入地研究一下欺诈检测作业，并了解每个组件的职责 (见图 4.6)。

如何判断一笔交易是不是潜在的欺诈交易

欺诈评分从 0 到 3 不等。0 分表示任何分析器都没有发现欺诈，3 分表示所有分析器都发现欺诈。每个分析器都可以在评分上加 1 分。我们可以认为一个得分为 2 或更高的交易可能具有欺诈性。

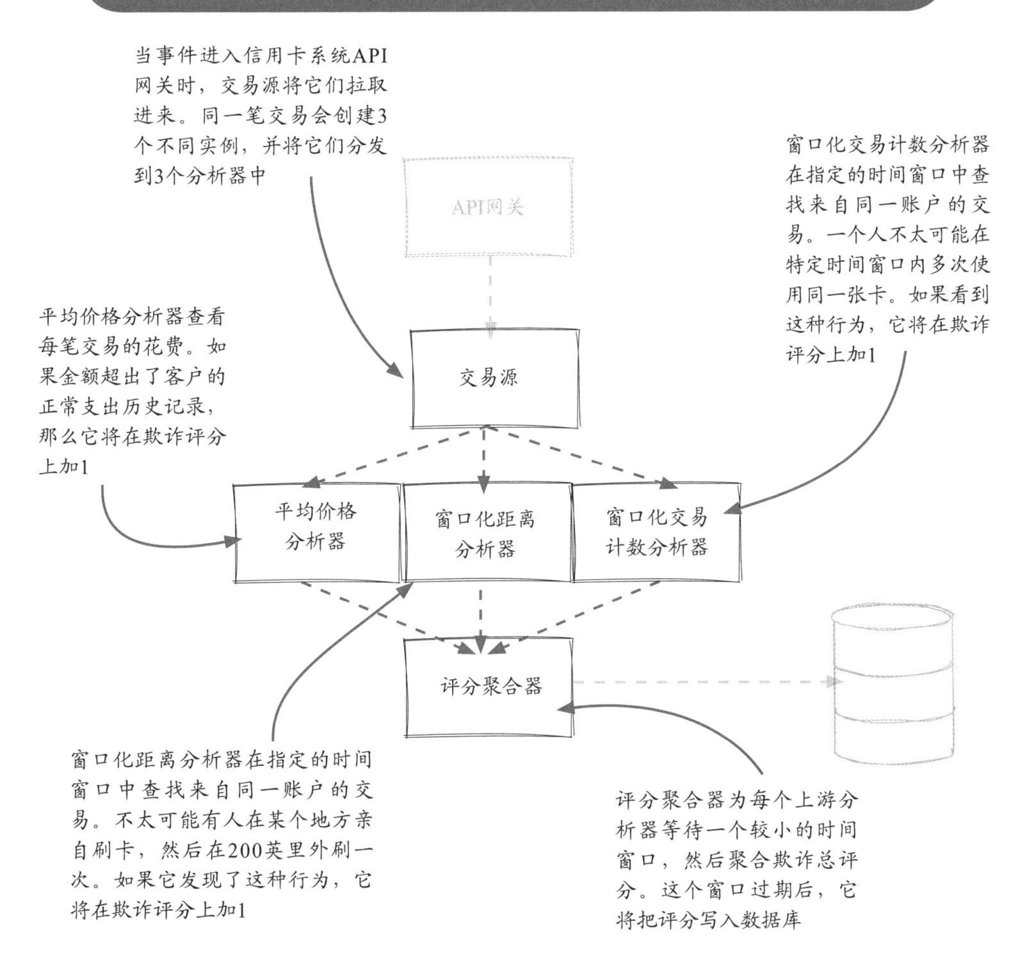

图 4.6 欺诈检测作业的细节

4.7 新概念

第 2 章介绍了流系统中的一些组件：数据源、算子以及它们的连接。我们也看到了底层引擎是如何处理它们的。这些都是非常重要的概念，我们将在整本书中继续使用。

本章将介绍更加复杂的流作业。新的组件图 (见图 4.7) 看起来比旧的直线图更复杂。

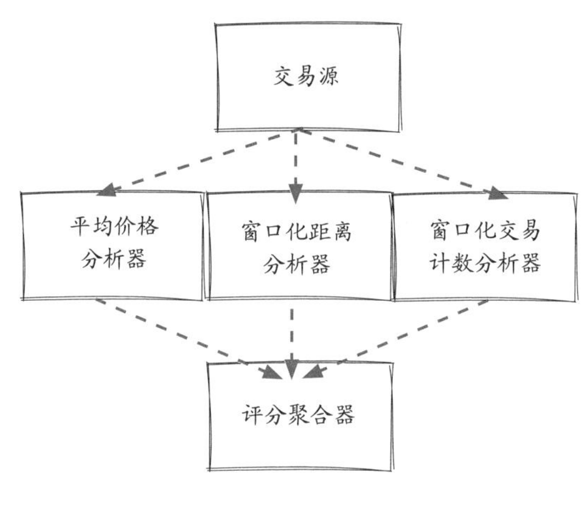

图 4.7 新的组件图

在继续介绍前，先查看我们可以从这个新组件图中学到的一些新概念：

- 上游或下游组件
- 流扇出
- 流扇入
- 图和有向无环图 (DAG)

有了这些新概念，我们可以构造更复杂的流系统来解决更普遍的问题。

4.8 上下游组件

让我们从两个新概念开始介绍：上游组件和下游组件。

总体而言，一个流作业就像一系列流过组件的事件。对于每个组件，在其前面的一个或多个组件是它的上游组件，而在其后面的组件是它的下游组件。事件从上游组件流向下游组件。再看一下我们在前一章中构建的流作业图 (见图 4.8)，事件从传感器读取器流到车辆计数器。因此，传感器读取器是上游组件，而车辆计数器是下游组件。

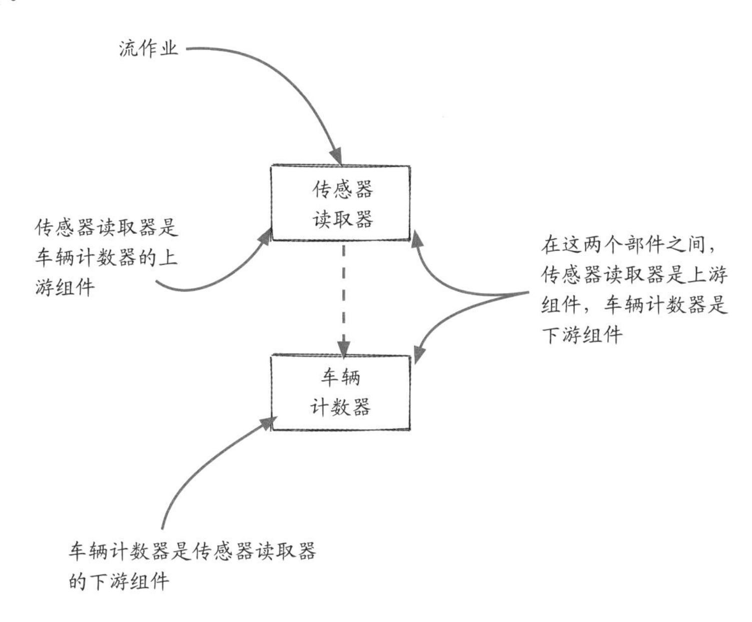

图 4.8　上下游组件示例

4.9 流的扇出和扇入

现在，让我们看看 AJ 提出的新组件图。从整体上看，它和之前的作业有很大的不同。主要区别在于，一个组件可能包含多个上下游组件。

如图 4.9 所示，交易源组件有三个与它连接的下游组件。这就是所谓的流扇出 (fan-out)。同样，评分聚合器有三个上游组件 (也可以说这三个分析器有相同的下游组件)，这就是所谓的流扇入 (fan-in)。

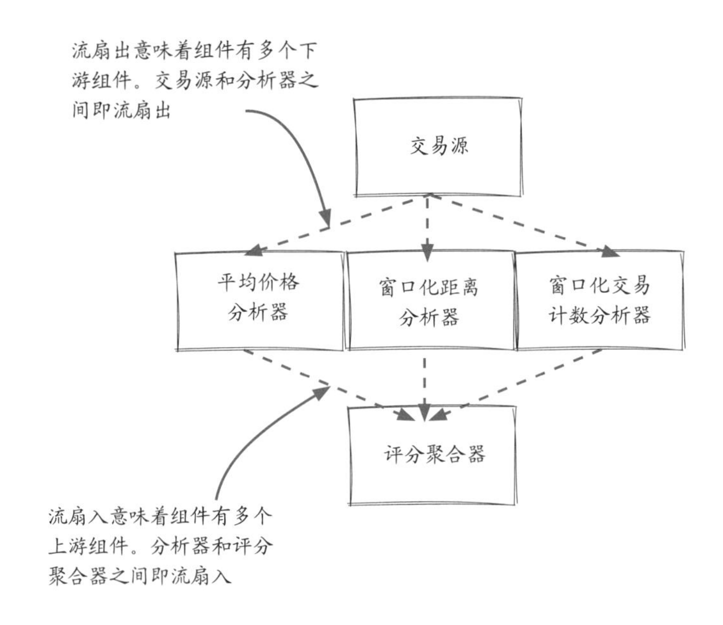

图 4.9 流的扇出和扇入示例

4.10 图、有向图以及有向无环图

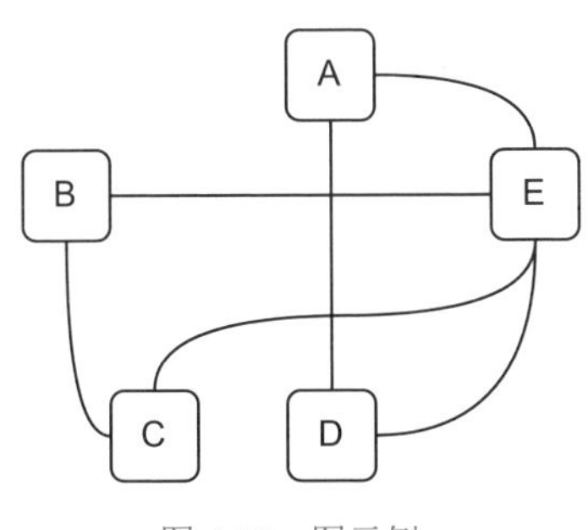

图 4.10 图示例

本章中涉及的最后三个概念是图、有向图和有向无环图 (DAG)。首先，如图 4.10 所示，图是一种数据结构，它由一组顶点 (或节点) 和连接顶点对的边 (也称为连接或线) 组成。开发者使用的树和链表这两种数据结构就是图的例子。

如果图中的每条边都有一个方向 (从一个顶点到另一个顶点)，那么可称这个图为有向图。图 4.11 是一个有五个顶点和七条有向边的有向图的例子。

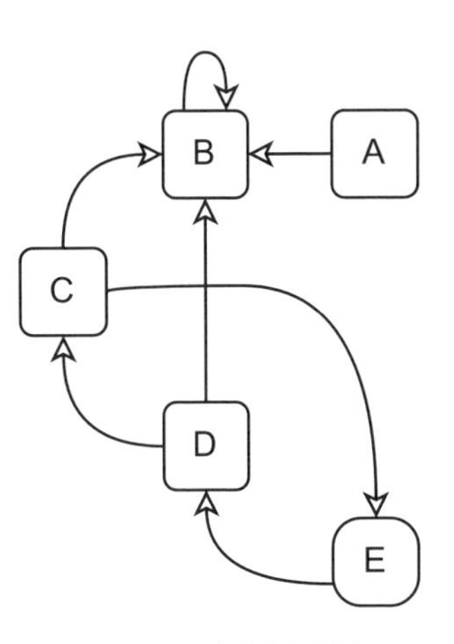

图 4.11 有向图示例

有向图的一种特殊类型是有向无环图。DAG 是一个无有向环的有向图，这意味着在这种类型的图中，无法从一个顶点出发，沿着有向边绕回到该顶点。

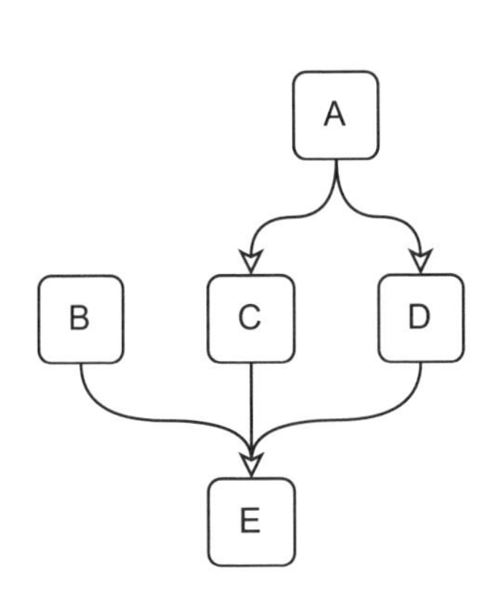

图 4.12 有向无环图示例

图 4.12 是一个 DAG，因为从任何顶点出发都找不到回到自身的路径。在图 4.11 中，顶点 C、D 和 E 构成一个环，因此这个图不是 DAG。注意，顶点 B 上还有一个环，因为它有一条直接回到自己的边。

4.11 流处理系统中的 DAG

DAG 是计算机科学和流处理系统中的重要数据结构。这里不会涉及太多的数学细节，但是你得知道 DAG 是流世界中的一个常用术语。

利用有向图，可以很方便地表示事件在系统中的流动。有向图中的循环意味着事件可以在同一个组件中循环并重复处理。由于额外的复杂性和风险，这需要非常小心地处理。虽然循环并不常见，但是在某些情况下它可能是必要的。大多数流处理系统没有循环，因此，它们可以表示为 DAG，图 4.13 就是一个例子。

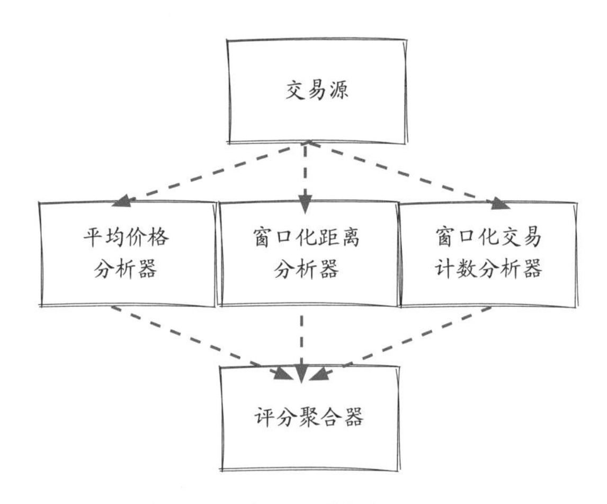

图 4.13 流处理系统中的 DAG

注意，从本章开始，我们会用 DAG 来表示流作业。其中并不包含引擎对象 (除非它们是必需的)，只包含作业的逻辑组件，如执行器和事件分发器，如图 4.13 所示，这样我们可以专注于业务逻辑，而不必担心引擎层中的细节。并行度也不包括在内，因为它与业务逻辑无关。

4.12 新概念概览

本章讨论了相当多的概念。图 4.14 把它们放在一起，这样就更容易区分它们之间的关系。

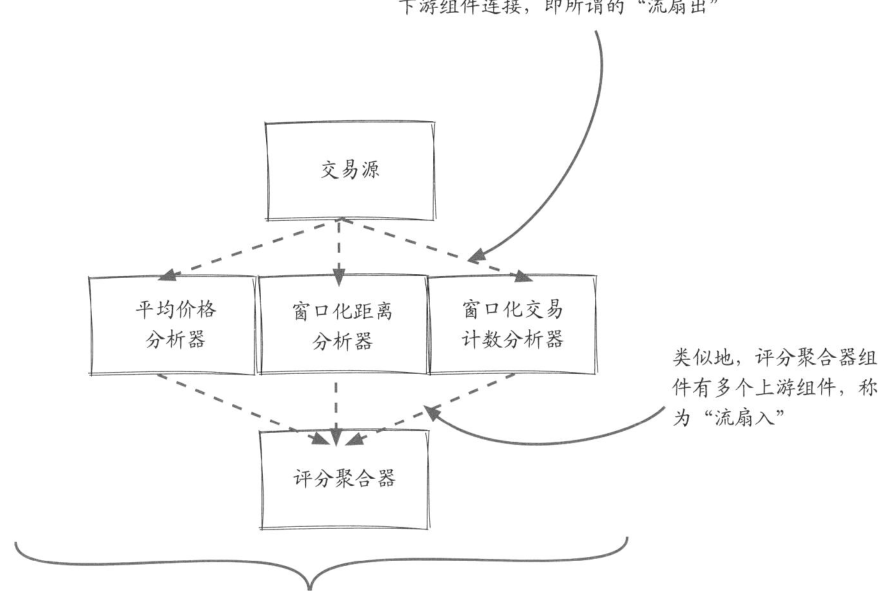

图 4.14 新概念概览

4.13 从流扇出到分析器

让我们从流扇出部分开始深入我们的系统。欺诈检测系统中的流扇出 (见图 4.15) 在源组件和分析器算子之间。有了 Streamwork API，就可以直接将来自源组件的信息流与分析器联系起来，如下面的代码所示。

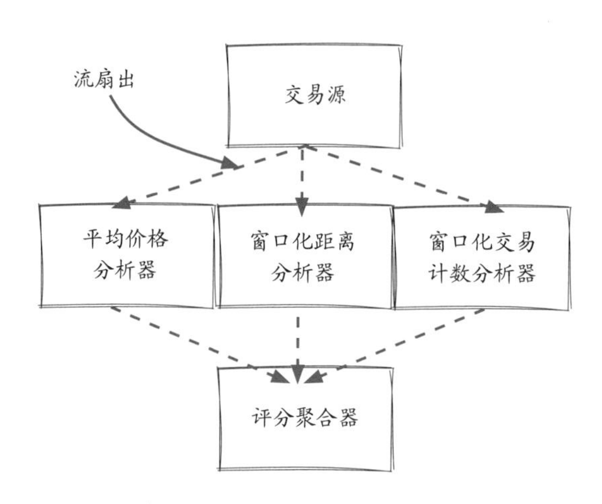

图 4.15 欺诈检测系统中的流扇出

```
  Job job = new Job();
  Stream transactionOut = job.addSource(new TransactionSource());
  Stream evalResults1 = transactionOut.applyOperator(new
AvgTicketAnalyzer());
  Stream evalResults2 = transactionOut.applyOperator(new
WindowedProximityAnalyzer());
  Stream evalResults3 = transactionOut.applyOperator(new
WindowedTransactionAnalyzer());
```

多个算子应用于同一个流

通常，多个算子 (本例中为分析器) 可被应用于来自源组件的同一交易流。在运行时，源组件发出的每个事件都会被复制三次，然后发送给三个分析器。

流扇出是指一个组件连接多个下游组件。

4.14 深入了解引擎

真正的处理发生在引擎内部(见图 4.16)。在 Streamwork 引擎中，当一个新的算子连接到流上时，会在算子的事件分发器和生成流组件的实例执行器之间创建一个新队列。换句话说，一个实例执行器可以将事件推送到多个输出队列中。

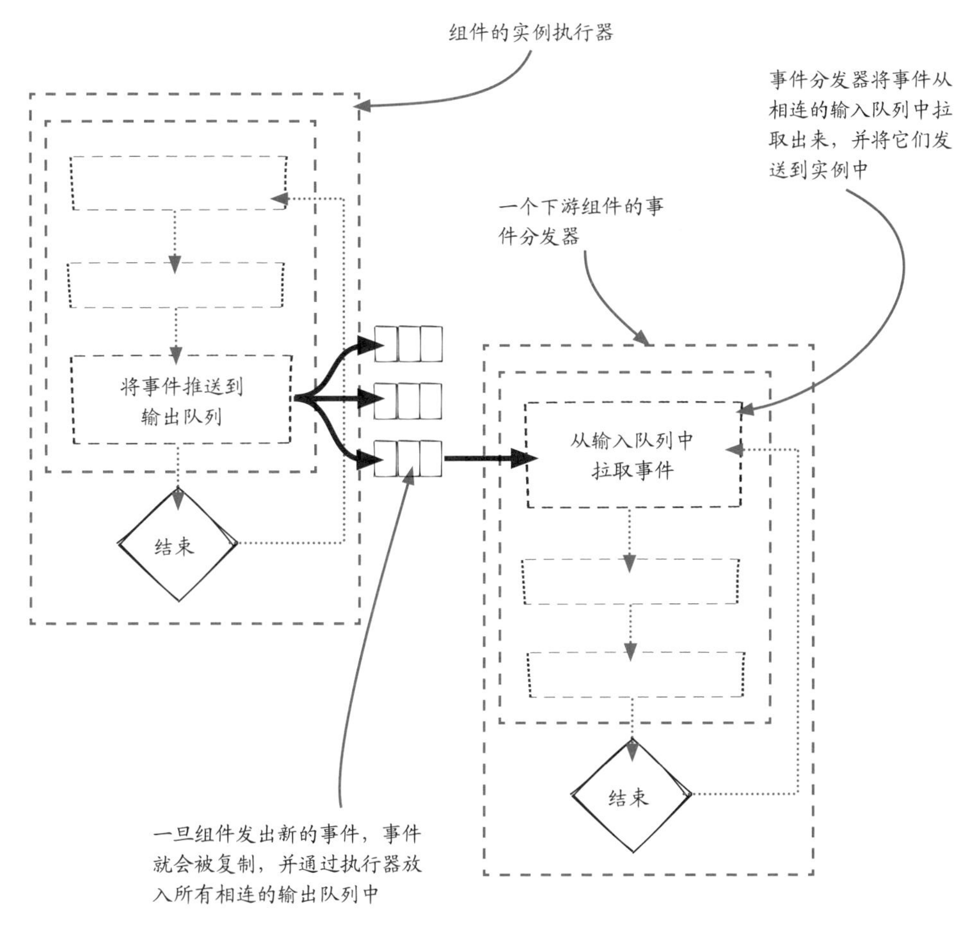

图 4.16 引擎内部

4.15 有一个问题: 效率

现在，每个分析器都应该有一个交易事件的副本，并可以对这个事件应用计算逻辑。然而，这个解决方案并不是很高效。

内存使用量似乎太高了，我怎样才能提高它的效率？

每个事件都是一条交易记录，包含有关交易的许多信息，如商品 ID、交易 ID、交易时间、金额、账户、商品类别、客户位置等。因此，事件相对较大：

```
class TransactionEvent extends Event {
  long transactionId;
  float amount;
  Date transactionTime;
  long merchandiseId;
  long userAccount;
  ……
}
```

在当前的解决方案中，每个事件都会被复制多次以推送到不同的队列中。多个队列使得不同的分析器能够异步处理每个事件。这些较大事件通过网络传输，并由分析器加载和处理。另外，一些分析器不需要或不能处理一些事件，但是这些事件仍然会被传输给它。因此，内存和网络资源的使用效率并不高，这是相当值得改进的地方，尤其在事件流量高的时候。

4.16 不同流的扇出

在流的扇出中，不同的输出队列并不需要彼此相同。如图 4.17 所示，“不同”在这里有两个意思：

- 发出的事件可以只被推送到某些输出队列中，而跳过其他队列。
- 此外，不同的下游组件所承接的不同输出队列中的事件可能拥有不同的数据结构。

因此，只有带有必要字段的必要事件才会被发送给每个分析器。

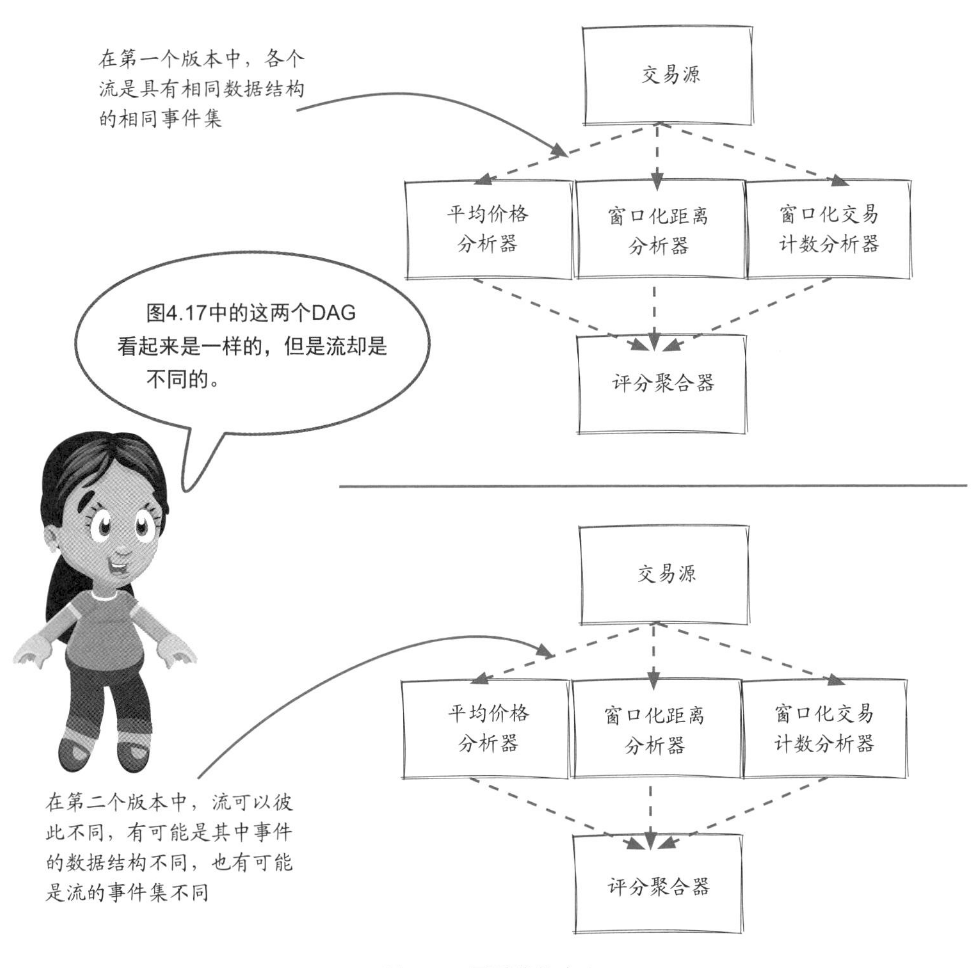

图 4.17　不同流的扇出

4.17 再次深入了解引擎

我们已经知道，一个组件执行器可以有多个输出队列。以前，执行器只是将同一个事件推送到下游事件分发器的所有输出队列中。现在，为了支持多个流，执行器需要把每个组件发出的事件放到正确的输出队列中 (见图 4.18)。

组件对象通过通道提供这些信息。不同的事件被发送到不同的通道，下游组件可以选择从哪个通道接收事件。

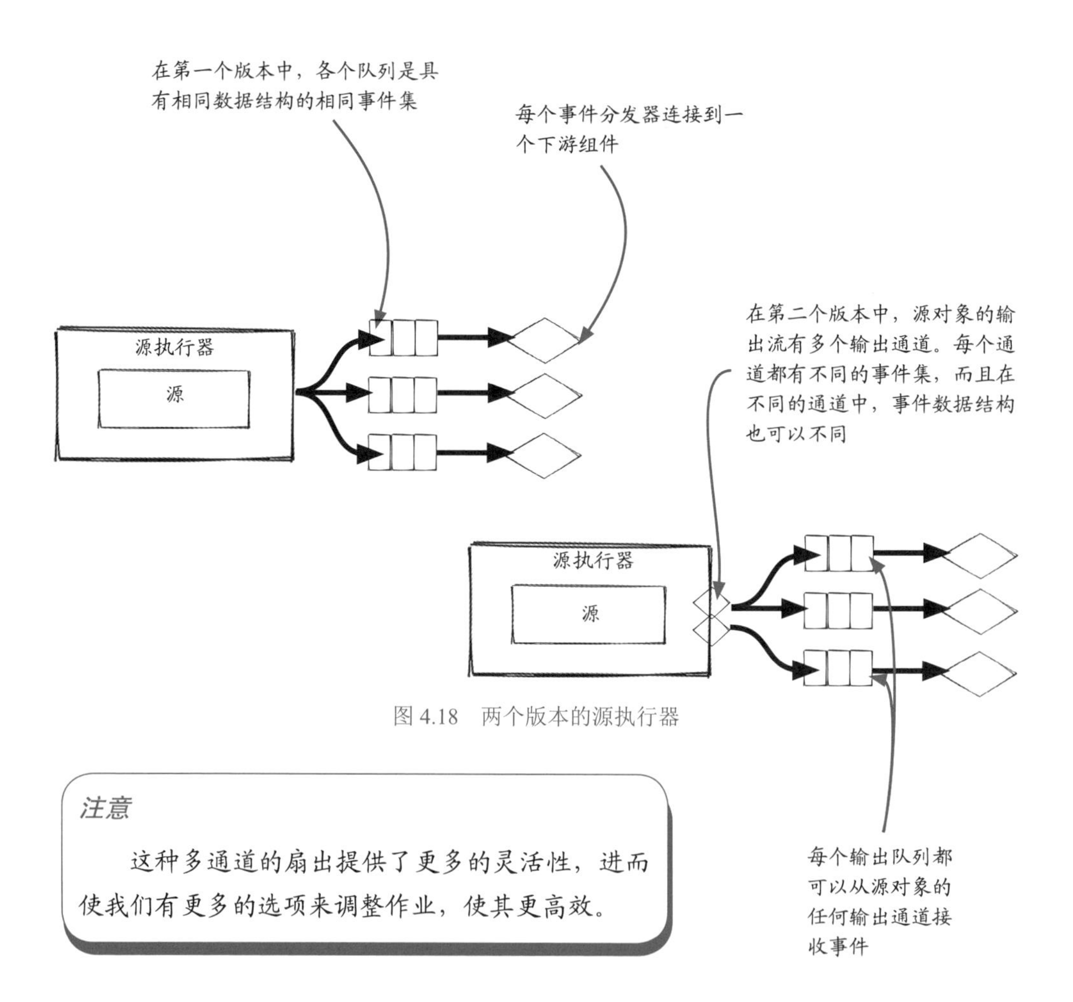

图 4.18 两个版本的源执行器

注意

这种多通道的扇出提供了更多的灵活性，进而使我们有更多的选项来调整作业，使其更高效。

4.18 使用通道实现组件间通信

为了支持这种新型的流扇出，组件和执行器需要更新（见图 4.19）：

- 组件需要能够将事件发送到不同的通道。
- 执行器需要从每个通道获取事件，并将它们推送到正确的输出队列中。
- 最后一点是，下游组件应当能够通过 applyOperator() 连接到一个特定的通道。

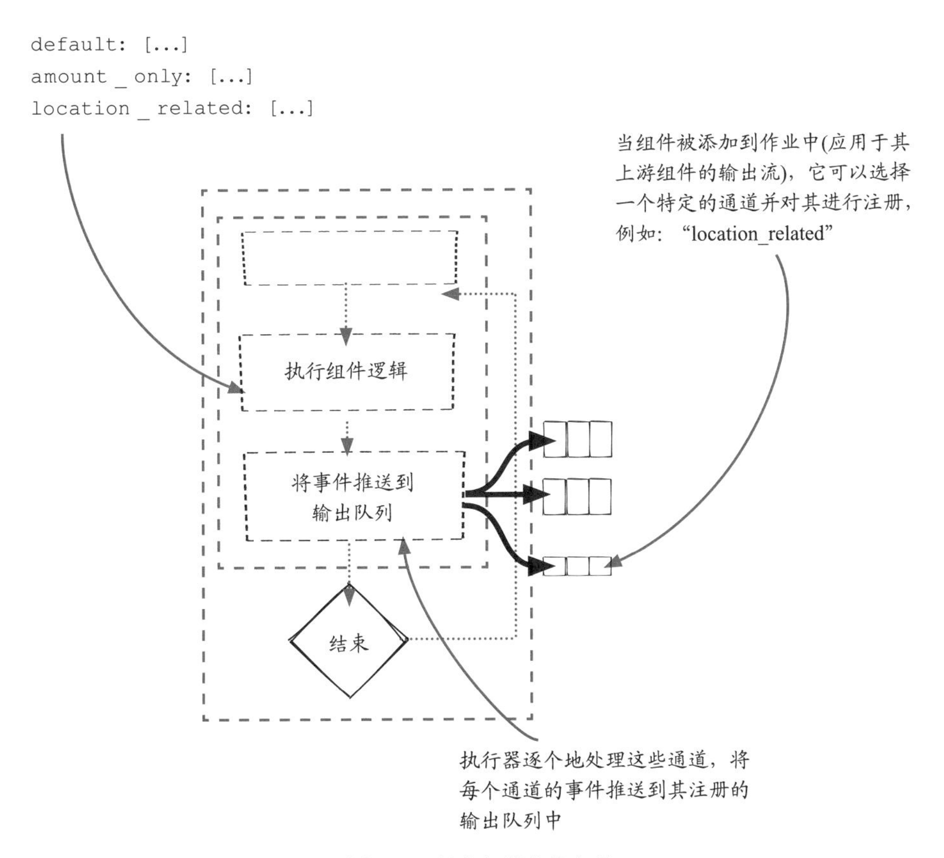

图 4.19　组件间通信的实现

4.19 多个通道

在多通道（见图 4.20）支持下，可对欺诈检测系统中的扇出进行修改，使其只向评估器发送事件中必要的字段。首先，在 TransactionSource 类中，可以在事件发出时指定对应通道。注意，相同的输入事件可以在不同的通道中转换成不同的事件。

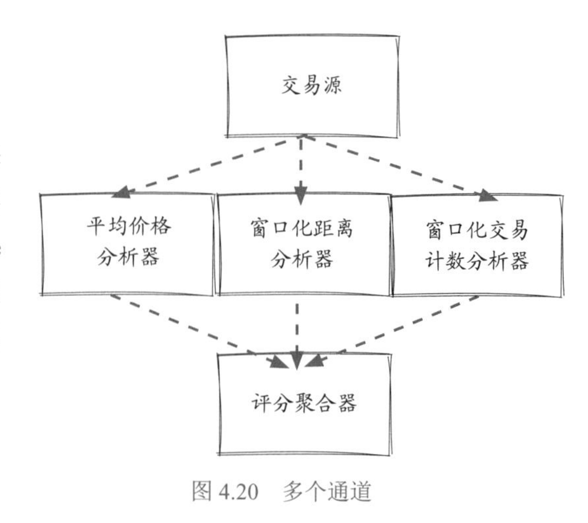

图 4.20 多个通道

```
eventCollector.add(new DefaultEvent(transactionEvent));
eventCollector.add("location _ based",
                   new LocationalEvent(transactionEvent);
```

然后，当分析器通过 applyOperator() 函数添加到流作业中时，可以先指定一个通道。

```
Job job = new Job();
Stream transactionOut = job.addSource(new TransactionSource());
```

当没有选择应用算子的通道时，使用默认通道

```
Stream evalScores1 = transactionOut
    .applyOperator(new AvgTicketAnalyzer());
Stream evalScores2 = transactionOut
    .selectChannel("location _ based")
    .applyOperator(new WindowedProximityAnalyzer());
Stream evalScores3 = transactionOut
    .applyOperator(new WindowedTransactionAnalyzer());
```

选择一个特定的通道来应用算子

4.20 流扇入至评分聚合器

评估器接收交易事件并执行它们自己的评估逻辑。每个分析器的输出是每笔交易的风险评分。在我们的系统中，每笔交易的风险评分被发送到评分聚合器组件来做出决策。如果检测到欺诈，则向欺诈交易数据库写入一个警报。

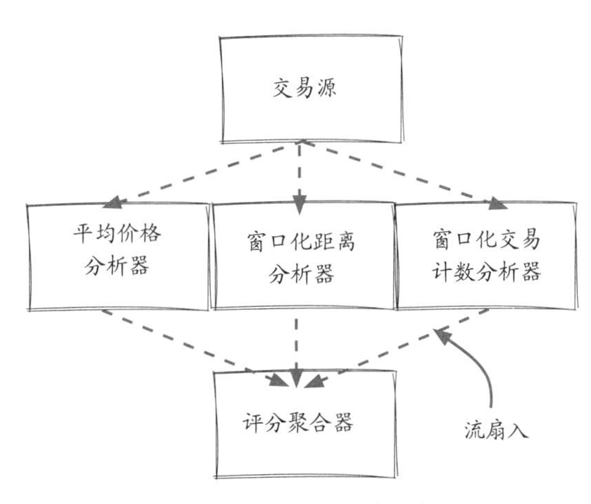

图 4.21 流扇入至评分聚合器

从图 4.21 中可以看到，评分聚合器算子接受来自多个上游组件(分析器) 的输入。也可以用另一种方式来考虑它：分析器的输出流被合并，它们中的所有事件都以相同的方式发送到评分聚合器算子，这是一个流扇入。

值得一提的是，在评分聚合操作中，来自不同流的事件以相同的方式处理。另一种情况是，不同输入流中的事件可能有不同的数据，需要使用不同的方式来处理。第二种情况是一个更复杂的流扇入，这需要更深入的分析。现在，我们只关注一个简单的情景。

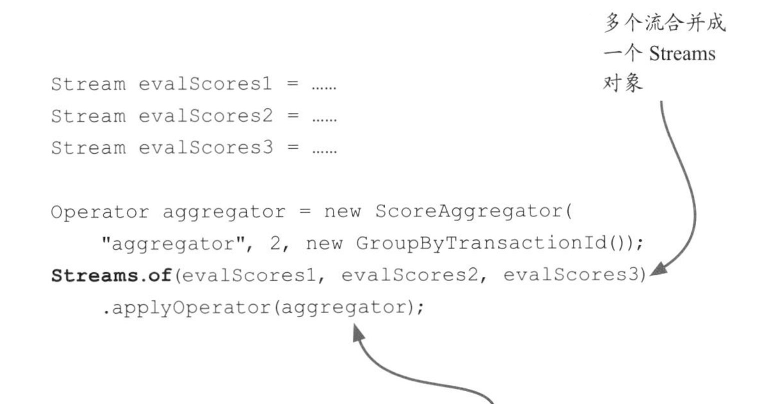

```
Stream evalScores1 = ……
Stream evalScores2 = ……
Stream evalScores3 = ……

Operator aggregator = new ScoreAggregator(
    "aggregator", 2, new GroupByTransactionId());
Streams.of(evalScores1, evalScores2, evalScores3)
    .applyOperator(aggregator);
```

4.21 引擎中的流扇入

Streamwork 引擎中的流扇入非常简单。如图 4.22 所示，一个组件的输入队列 (连接到它的事件分发器) 可以被多个上游组件使用。当任何上游组件 (实际上是该组件的一个实例) 发出事件时，该事件将被放入队列中。下游组件从队列中拉取事件并处理它们。它不区分谁将事件推入了队列。

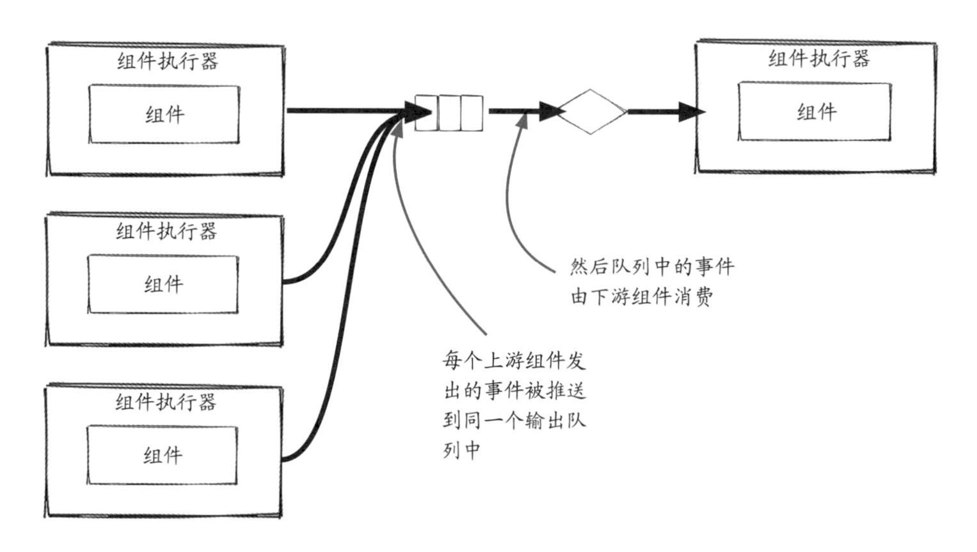

图 4.22 引擎中的流扇入

正如我们之前所讨论的，队列将上游或下游组件解耦。

4.22 对另一个流扇入的简单介绍：Join

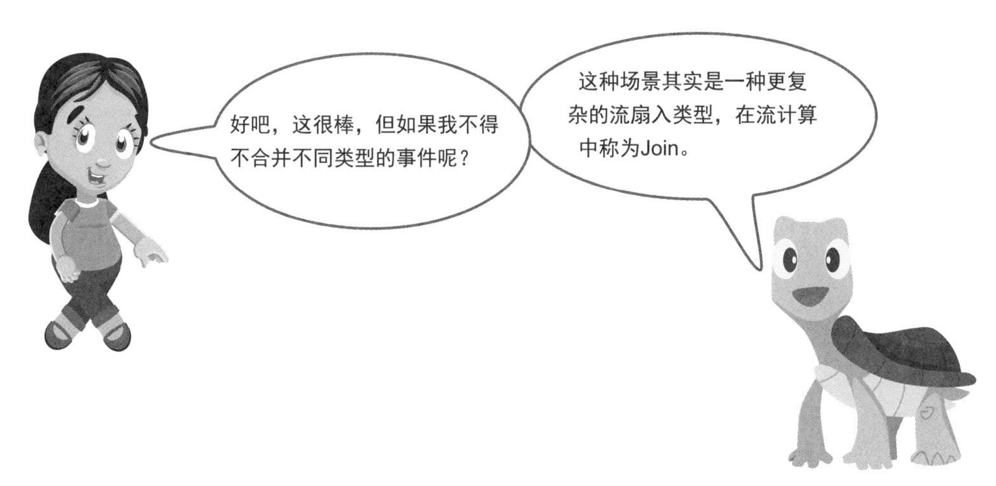

除了在示例作业中使用的流扇入，还有一种更复杂的扇入类型。我们将对此进行简要介绍，以便你对所有类型的扇入和扇出都有更好的了解。

在简单的流扇入中，所有输入的事件都有相同的数据结构，并以相同的方式处理。换句话说，输入的数据流是相同的。如果输入的数据流彼此不同，需要组合在一起，该怎么办呢？如果你使用过任何数据库，你应该对多个表 Join 操作的概念并不陌生。如果你并不了解或已经遗忘了这个概念，也不必担心，这不会影响后续阅读。

在数据库中，Join 操作用于组合来自多个表的列。如图 4.23 所示，通过匹配两个原始表中的 user_id 列，可将一个包含 user_id 和 name 的表以及另一个包含 user_id 和 phone_number 的表连接起来，创建一个包含 user_id、name 和 phone_number 的新表。在流世界中，Join 操作的基本目的是相似的：连接来自多个数据源的字段。

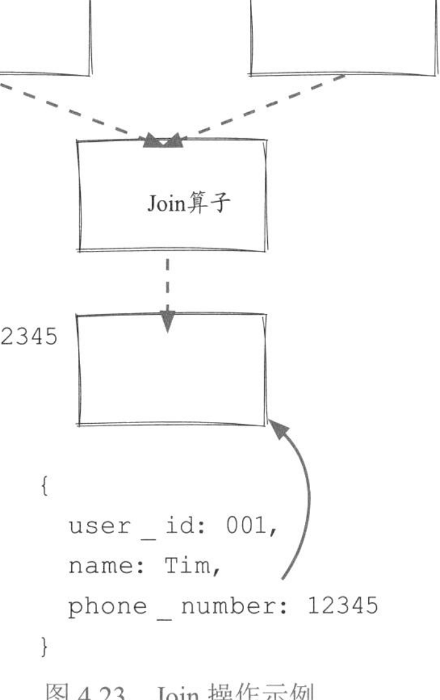

图 4.23 Join 操作示例

然而，相对于数据库表，流中的数据更加动态。数据被连续地获取和处理，匹配来自多个连续数据源的字段时需要更多的考虑。在此，我们暂时停留在 Join 的基本概念，把对这个主题的进一步探索留给单独的章节。

4.23 回顾整个系统

前面的章节已经逐一讨论了流的扇出和扇入，现在让我们将它们放在一起，从整体视角再来审视此系统。从高层次来看，作业可以用图 4.24 来表示，有时我们称之为逻辑计划 (logical plan)，它表示作业的逻辑结构 (组件及其连接)。

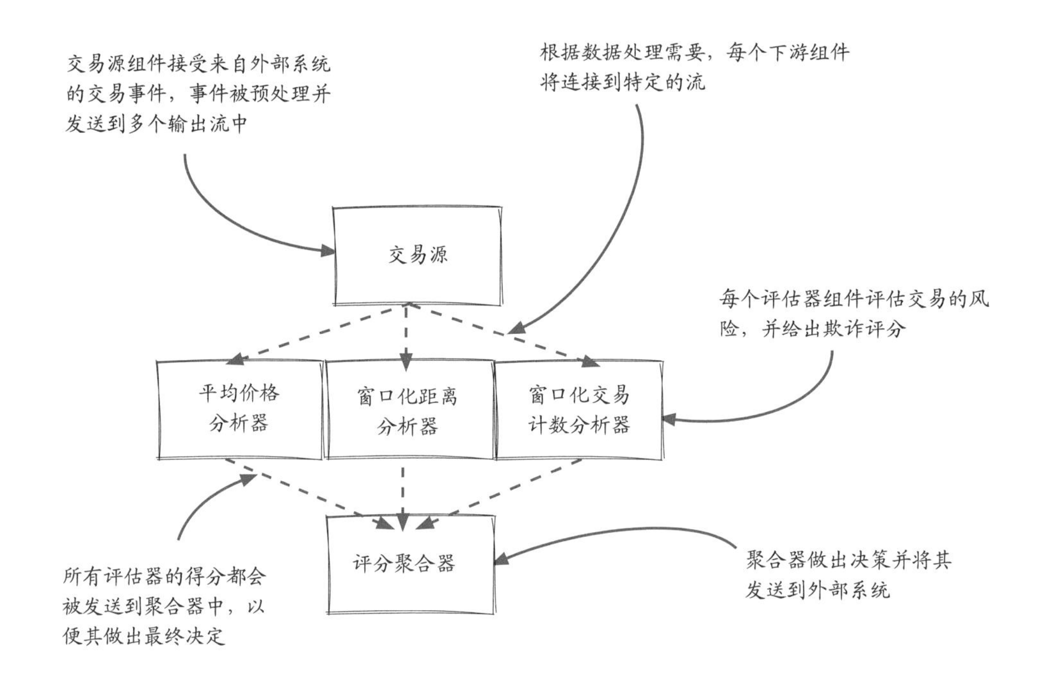

图 4.24 欺诈检测系统概览

在现实世界中，欺诈检测系统将不断发展，并不时引入新的评估器。使用 Streamwork 框架或其他流处理框架，添加、删除和替换评估器的过程将变得非常简单、直观。

4.24 图和流作业

在流扇出和流扇入的支持下，我们可以在更复杂和通用的图结构中构建流系统。这是一个非常重要的进步，因为有了这个新的结构，将可以覆盖现实世界的更多问题。

图 4.25 是两个流系统的例子。你能想象它们可能是什么样的系统吗？

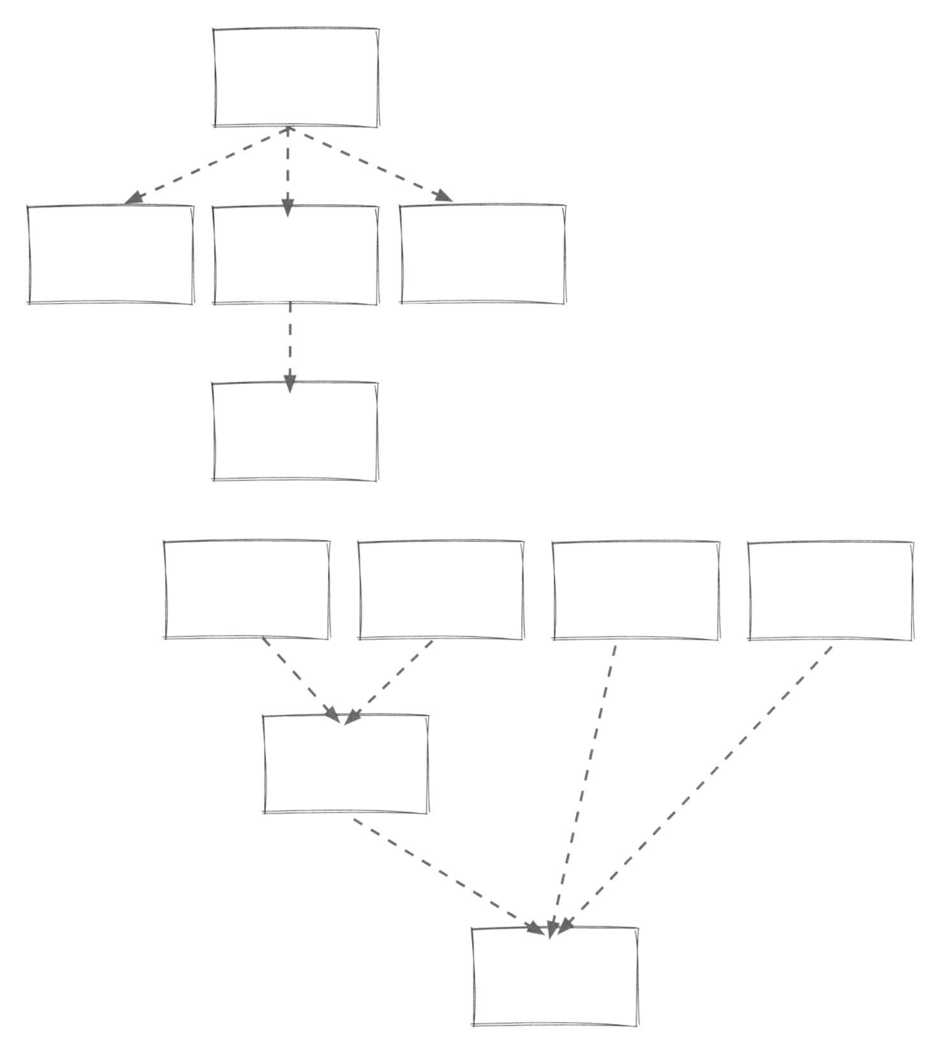

图 4.25　图和流作业

4.25 示例系统

事实上，图 4.25 中的例子可以是很多东西！这里给出几种可能的答案。

图 4.25 中的第一个图可能是一个简单的交通监控系统 (见图 4.26)。通过交通传感器收集到的事件被发送到三个核心处理器：事故检测器、拥塞检测器和路口优化器。拥塞检测器以一个基于位置的聚合器作为预处理器。

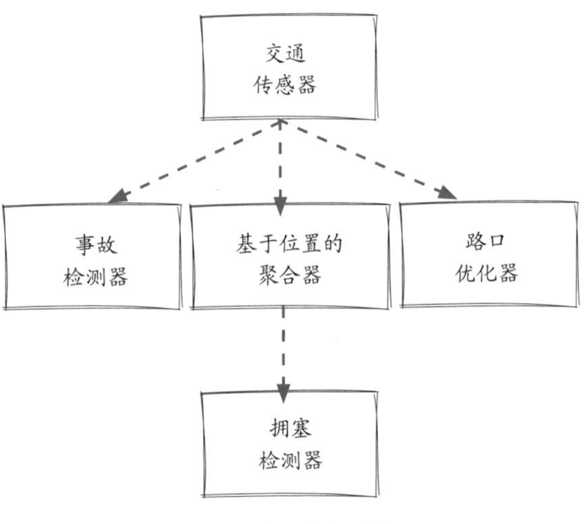

图 4.26 交通监控系统

图 4.25 中的第二个图可能是一个故障检测系统 (见图 4.27)，该系统处理来自多个版本的传感器读取器的事件。前两个版本产生的事件与检测器不兼容，因此需要一个适配器。在系统中，所有的传感器读取器可以无缝地协同作业，并且很容易添加新版本或者废弃旧版本。

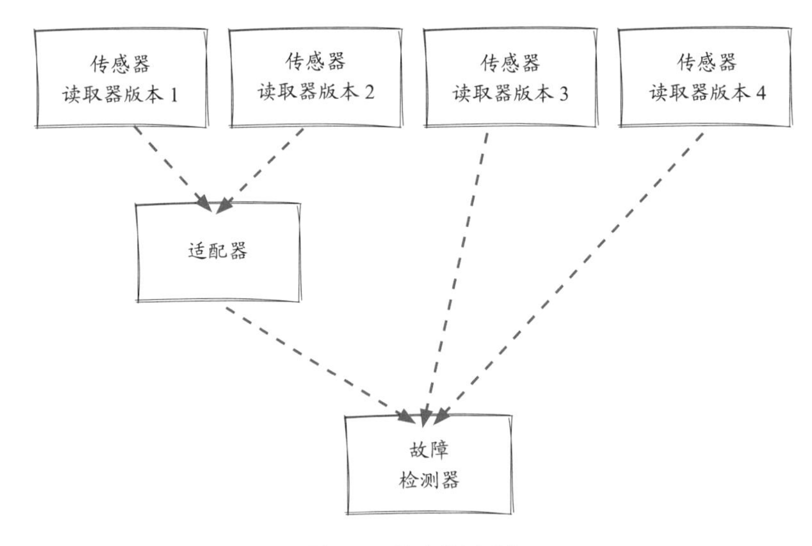

图 4.27 故障检测系统

这些流作业并不是很复杂。与现实系统相比，示例系统明显进行了简化，以便你理解和掌握。简单而言，流作业是组件和它们的连接。一旦流作业建立并运行，事件就会沿着连接持续地流过组件。

4.26 小结

在本章中，我们从前面章节讨论的列表类型系统结构转向更通用的系统结构类型：图。如图 4.28 所示，由于事件通过系统从源流到算子，在大多数情况下，流作业可以表示为有向无环图 (DAG)，这是关键的一步，因为现实世界中的大多数作业都是图架构。

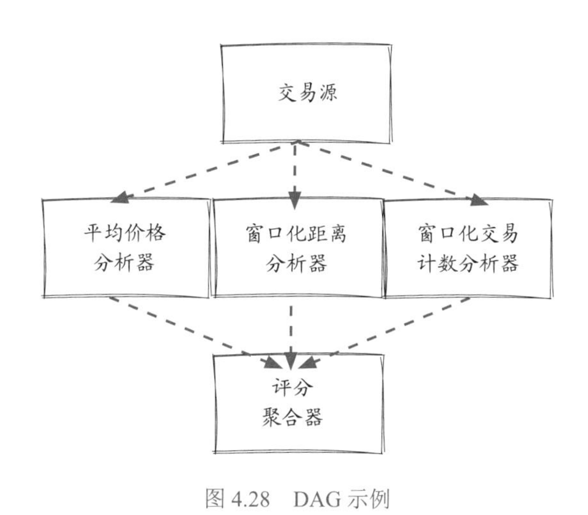

图 4.28 DAG 示例

与串联式系统结构中的组件不同，在作业图中，一个组件可以连接到多个上下游组件。这些类型的连接被称为流扇入和扇出。出入组件的流可能具有相同或不同的事件类型。

此外，我们还进一步研究了 Streamwork 框架，以了解引擎如何处理连接，希望这有助于你理解流系统是如何工作的。

4.27　练习

1. 你能为欺诈检测作业添加一个新的评估器吗？

2. 目前，每个评估器从交易源组件中获取一个交易事件并给出评分。现在，有两个评估器需要在它们的评估开始时进行相同的处理操作。你能通过修改作业来满足这个场景吗？结果应当类似于图 4.29。

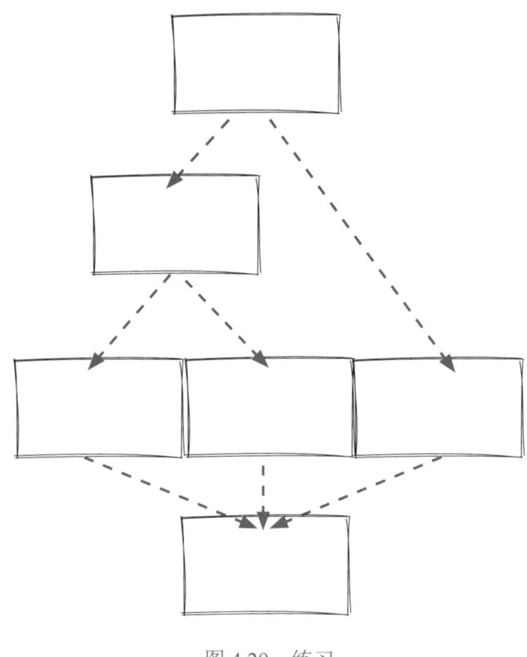

图 4.29　练习

第5章 送达语义

本章内容：

- 介绍送达语义及其影响
- 至多一次送达语义
- 至少一次送达语义
- 恰好一次送达语义

> “人们从来没有足够的时间去做正确的事情，但总有足够的时间去重做一遍。”
>
> ——Jack Bergman

计算机很擅长进行精确的计算。然而，像很多流系统那样，当多台计算机在分布式系统中一起工作时，准确性将变得相当复杂。有时，我们可能并不想要100%的准确性，因为其他更重要的要求需要得到满足。你可能会问：“为什么我们想要错误的答案？”这是一个很好的问题，也是我们在设计流系统时需要讨论的问题。本章将讨论一个与流系统的准确性相关的重要话题：送达语义。

5.1 欺诈检测系统的延迟需求

在上一章中，该团队构建了一个信用卡欺诈检测系统 (见图 5.1)，该系统可以在 20 ms 内对每笔交易做出决定，并将结果存储在数据库中。构建任何分布式系统时都会面对一个重要的问题：如果发生故障，怎么办？

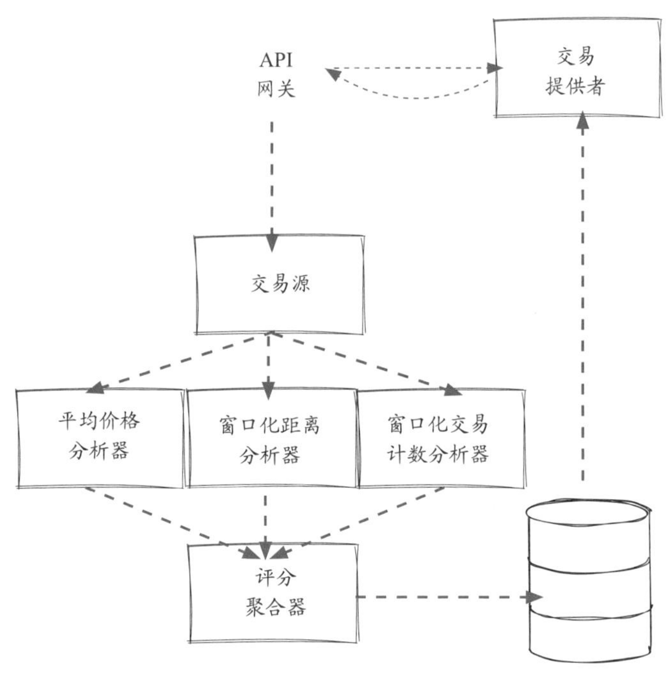

图 5.1 欺诈检测系统

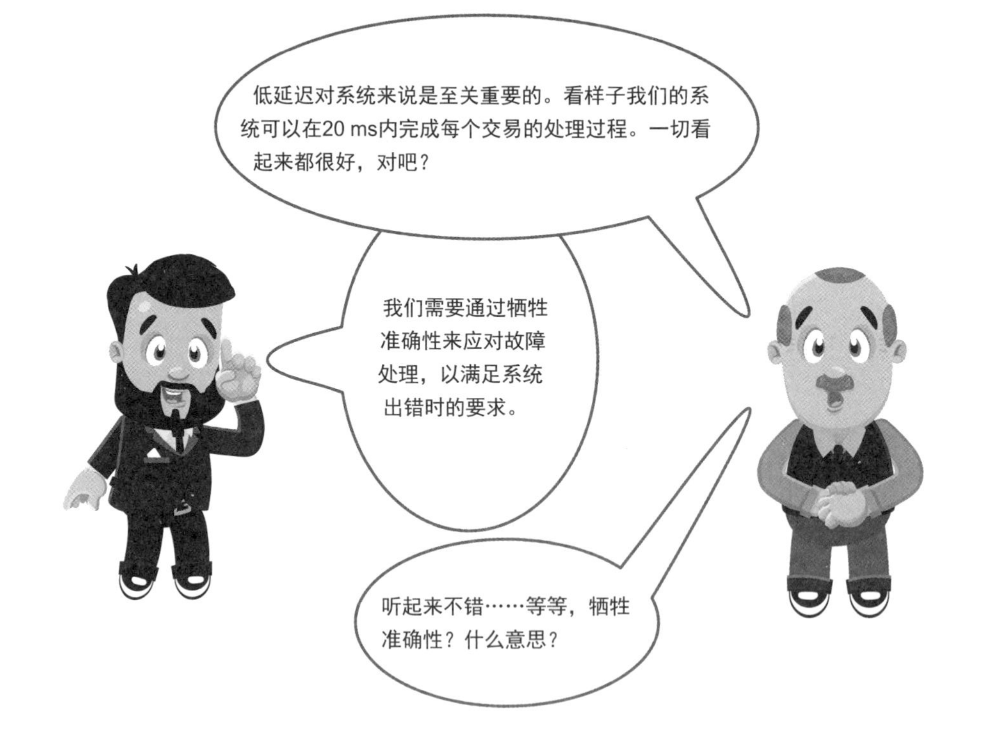

5.2 重新审视欺诈检测作业

我们将使用前一章中的欺诈检测系统作为本章的示例来讨论送达语义这个主题。先简要看一下这个系统和欺诈检测作业 (见图 5.2)。

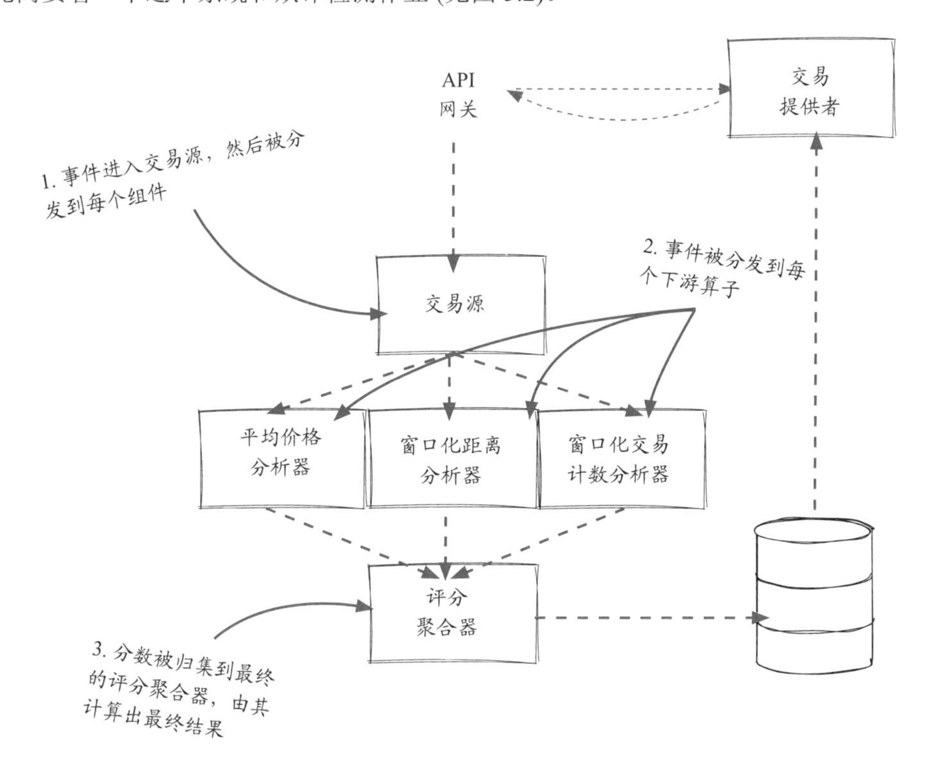

图 5.2 欺诈检测作业

欺诈检测作业中有多个分析器并行工作，以处理新产生的交易。来自这些分析器的欺诈评分被发送到一个聚合器，以计算每个交易的最终结果，并将结果写入数据库以供交易提交者使用。

20 ms 的延迟阈值非常关键。如果没有及时做出决定，交易提交者将无法向银行汇报是否应允许交易，这会很糟糕。理想情况下，我们希望作业能够顺利进行，并且一直满足延迟要求。但是你知道，意外总会发生。

5.3 关于准确性

我们在分布式系统中进行了许多权衡。如图 5.3 所示，任何流系统都要面临的一个挑战是可靠地处理事件。流框架有助于尽可能地保持作业的可靠运行，但是你得知道你真正需要的是什么。我们习惯于在计算机上看到准确的结果，但我们需要理解在流系统中准确性并不是绝对重要的。必要的话，可能需要牺牲准确性。

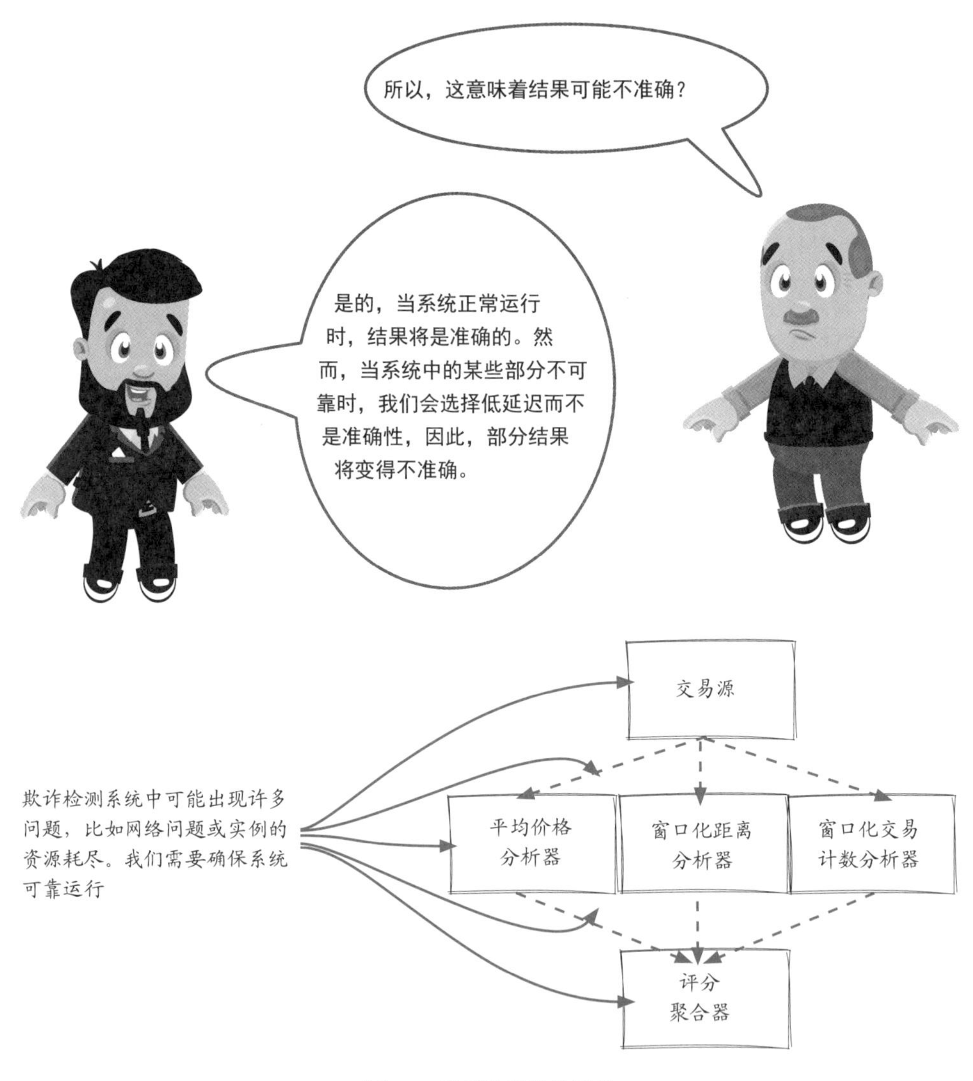

图 5.3 流系统面临的挑战

不要惊慌！在接下来的几节中，我们将看到解决这些问题的方法。

5.4 部分结果

部分结果指不完整数据所产生的结果，因此我们不能保证它的准确性。图 5.4 是一个例子，当平均价格分析器暂时出问题时，会产生部分结果。

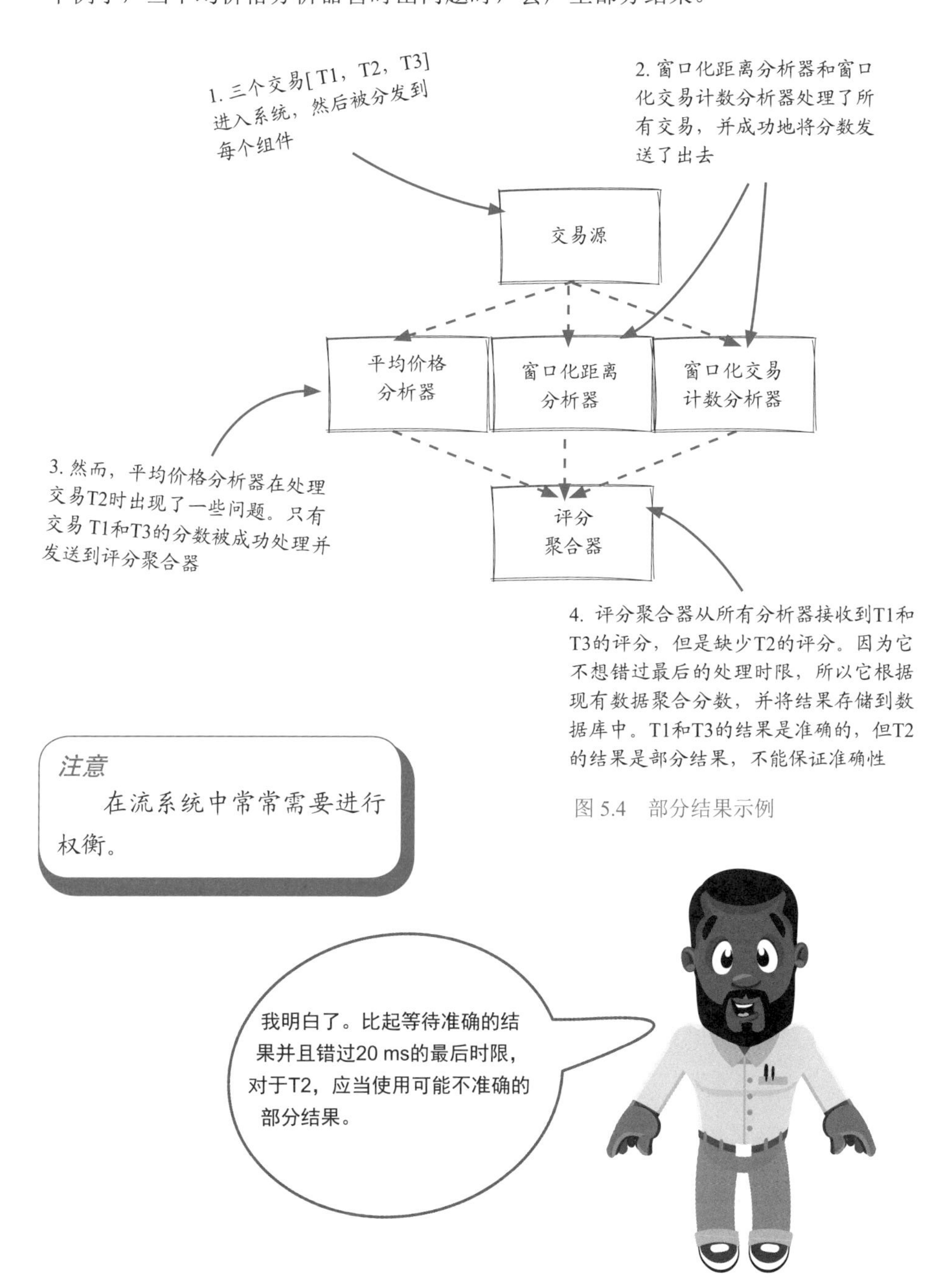

图 5.4　部分结果示例

5.5　一个监控系统使用率的流作业

现在，我们已经了解了欺诈检测作业的需求，为了更好地理解不同的送达语义，现引入另一个有着不同需求的作业以进行比较。欺诈检测系统已经在信用卡处理业务中取得了成功。随着系统运行速度的加快，其他信用卡公司也对这个想法产生了兴趣，随着兴趣的增加，团队决定在系统中添加另一个流作业 (见图 5.5)，以帮助监控系统的使用情况。这项作业跟踪关键信息，比如已经处理了多少笔交易。

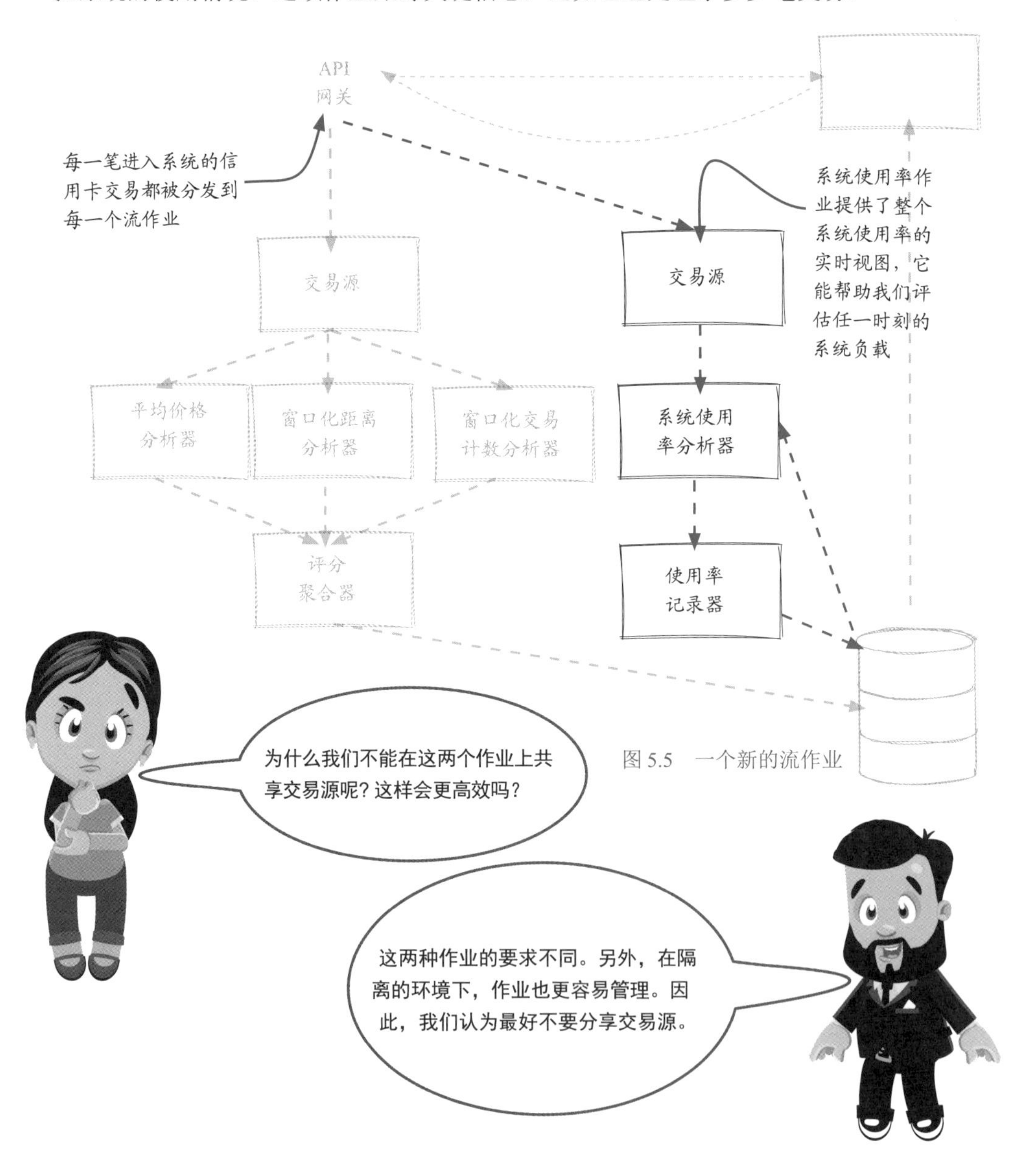

图 5.5　一个新的流作业

5.6 新系统使用率作业

新的系统使用率作业用于监视内部系统的当前负载。先看两个让我们感兴趣的关键数字：

- 已经处理了多少笔交易？这个数字对于了解欺诈检测作业处理数据的总量发展趋势很重要。
- 已经发现了多少可疑交易？这个数字可能有助于了解结果数据库中创建的新记录的数量。

计数逻辑在 SystemUsageAnalyzer 算子中：

```
class SystemUsageAnalyzer extends Operator {
  private int transactionCount = 0;
  private int fraudTransactionCount = 0;

  public void apply(Event event, EventCollector collector) {
    String id = ((TransactionEvent)event).getTransactionId();
    transactionCount++;        // 对交易进行计数

    Thread.sleep(20);          // 暂停 20 ms，以便欺诈检测作业完成其处理

    boolean fraud = fraudStore.getItem(id);   // 从数据库中读取交易的检测结果。如果数据库不可用，这个操作可能会失败，并抛出一个异常

    if (fraud) {
      fraudTransactionCount++;   // 如果结果是True，就对欺诈交易进行计数
    }

    collector.emit(new UsageEvent(
    transactionCount, fraudTransactionCount));
  }
}
```

算子看起来很简单：

- 对于每个交易，transactionCount 的值加 1。
- 如果交易是一个欺诈交易，fraudTransactionCount 的值加 1。

但是，函数中的 getItem() 调用可能会失败。当失败发生时，作业的行为是不同送达语义之间的关键差异。

5.7 新系统使用率作业的需求

在担心失败之前，我们还有几件事要谈。首先，让我们看看该作业的需求。作为一个内部工具，它对延迟和准确性的要求与欺诈检测作业大有不同：

- 延迟——欺诈检测作业的延迟要求是 20 ms，这对于系统使用率作业是不必要的，因为交易提交者不会使用该结果为银行生成某种决策。而我们人类也无法那么快地读取结果。此外，当出现问题时，轻微的延迟是完全可以接受的。
- 准确性——另一方面，准确的结果对我们做出正确的决策很重要。

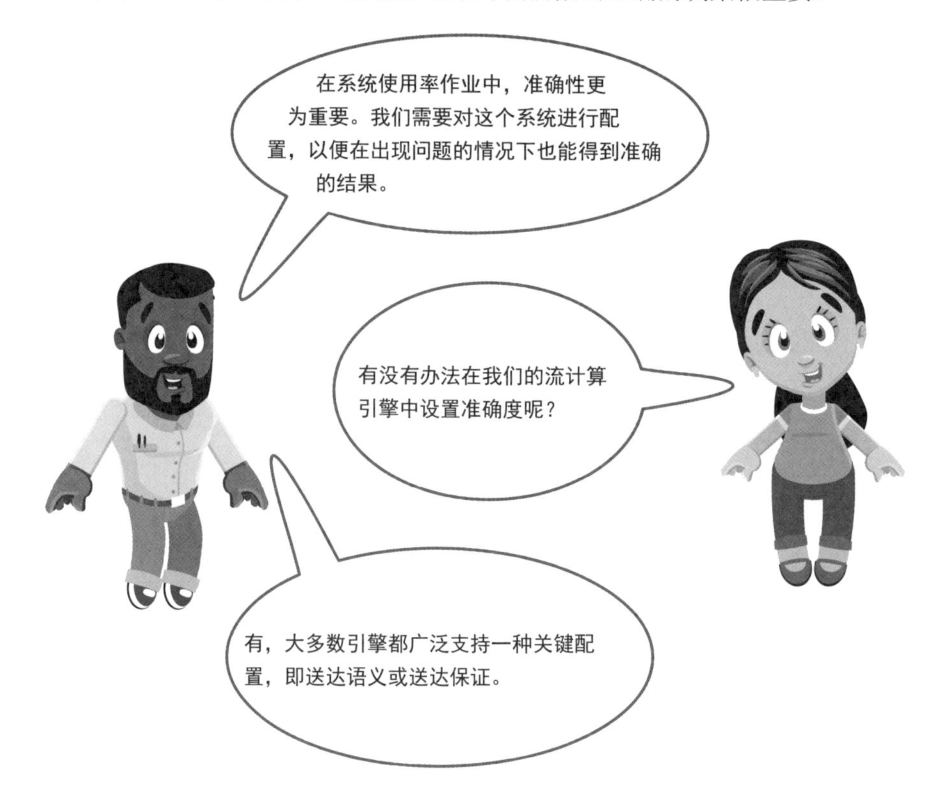

下面将介绍最常见的送达语义以开启流处理的旅程，并解释如何以不同的方式构建流系统以确保交易按理想的方式处理。

5.8 新概念：送达次数和处理次数

为了理解送达语义的真正含义，处理次数和送达次数的概念非常有用：

- 处理次数可以指组件处理一个事件的次数。
- 送达次数可以指组件生成结果的次数。

大多数情况下，这两个数字是相同的，但并非总是如此。例如，在SystemUsageAnalyzer 算子的逻辑流程图(见图 5.6)中，如果数据库出现问题，则可能会导致获取检测结果这一步失败。当该步骤失败时，事件被处理了一次(但失败了)，并且没有结果生成。因此，处理次数是 1，送达次数是 0。你也可以把送达次数看作成功处理次数。

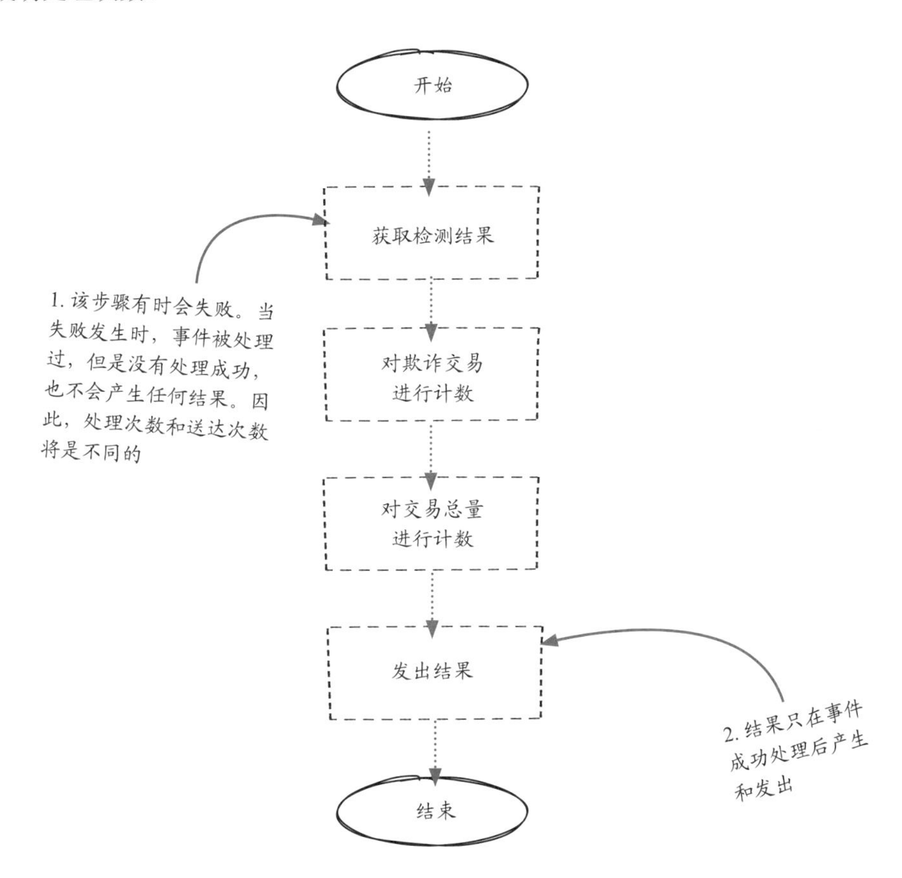

图 5.6 SystemUsageAnalyzer 的逻辑流程图

5.9 新概念：送达语义

下面是本章的关键主题：送达语义，也称为送达保证或送达担保。在进入流计算更高级的主题之前，务必理解此概念。

送达语义关注的是流引擎对流作业中事件的送达(或成功处理)提供怎样的保证。有三种主要的送达语义可供选择。这里先简单介绍一下它们，稍后再逐个详细研究。

- 至多一次 (at-most-once)——流作业保证每个事件的处理不超过一次，完全不保证处理成功。
- 至少一次 (at-least-once)——流作业保证每个事件至少被成功处理一次，而不保证处理的具体次数。
- 恰好一次 (exactly-once)——流作业保证每个事件将被成功处理一次并且只处理一次 (至少看起来是这样)。在一些框架中，它也被称为实际一次 (effectively-once)。不少人觉得这好得难以置信 (因为在分布式系统中很难做到) 或者这两个词好像存在争议。后面的章节将讨论“恰好一次”究竟意味着什么。

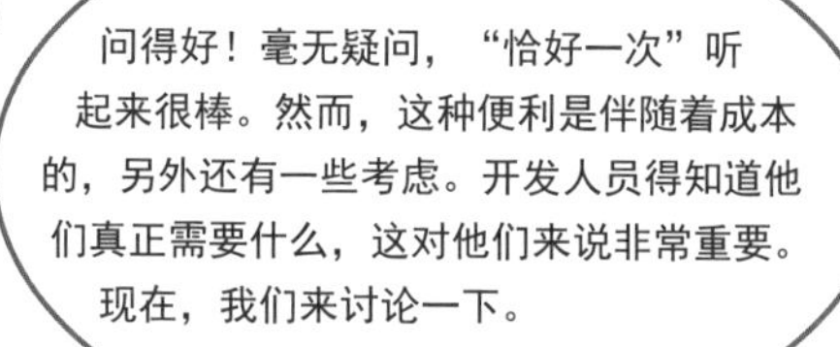

5.10 选择正确的语义

你可能会问，“恰好一次”是不是所有作业的首选语义。其优势是显而易见的：可以保证结果是准确的，毕竟正确的答案比不正确的答案更好。

在恰好一次语义下，流引擎会为你做好一切事情，你没有什么需要担心的。另外两个选项是什么？为什么我们需要了解它们？事实上，它们都是有用的，因为不同的流系统有不同的需求。

表 5.1 初步阐述了这其中的权衡，我们稍后会深入讨论这个表格。

表 5.1 三种送达语义的对比

特点 \ 送达语义	至多一次	至少一次	恰好一次
准确性	• 可能会忽略事件，因此无法保证准确性	• 会重复处理事件，因此无法保证准确性	• (看起来) 可以保证结果的准确性
延迟 (当错误发生时)	• 可以容忍故障，且错误发生时没有延迟	• 对故障敏感，发生错误时可能产生延迟	• 对故障敏感，发生错误时可能产生延迟
复杂性	• 很简单	• 中等 (取决于实现)	• 很复杂

下面继续讨论在流系统中具体应如何处理送达语义，进而让你能够更好地理解这些权衡。注意，在现实世界中，每个框架都有自己的架构，其对送达语义的处理可能区别较大。我们将尝试用一种与框架无关的方式来解释这些概念。

5.11 至多一次送达

让我们从最简单的语义开始：至多一次送达。在具有这种语义的作业中，事件是否成功并不会被追踪。引擎将尽最大努力成功地处理每个事件，但如果中途发生任何错误，引擎将忽略该事件，并继续处理其他事件。图 5.7 展示了 Streamwork 引擎如何以至多一次的语义处理作业中的事件。

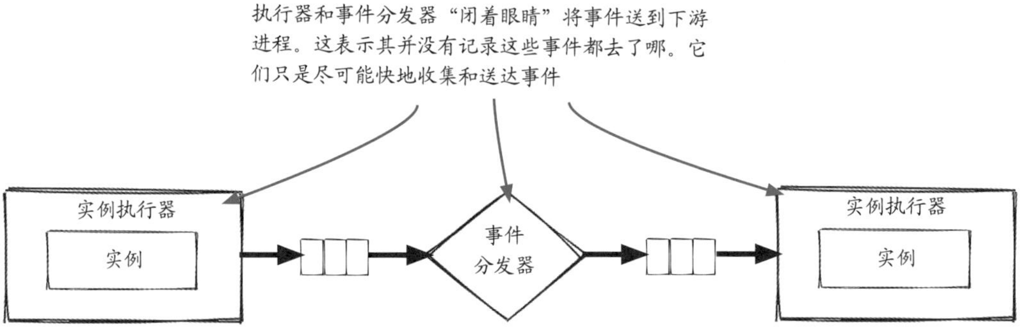

执行器和事件分发器“闭着眼睛”将事件送到下游进程。这表示其并没有记录这些事件都去了哪。它们只是尽可能快地收集和送达事件

实例执行器

实例

事件分发器

实例执行器

实例

图 5.7 至多一次送达语义示例

虽然这可能令人难以置信，但现实生活中的许多系统可以接受暂时不准确的结果以使系统保持简单。

由于引擎不追踪事件是否处理成功，整个作业可以非常高效地运行而没有太多的额外开销。而且作业会持续运行而不需要从问题中恢复，因此延迟和吞吐不会受到错误的影响。另外，由于这个作业较为简单，它也更容易维护。另一方面，如果在系统出现问题时丢掉事件，结果可能会暂时不准确。

5.12 欺诈检测作业

下面回顾一下使用至多一次送达语义的欺诈检测作业 (见图 5.8)。欺诈检测作业负责计算进入信用卡网络的每笔交易的欺诈得分，它必须在 20 ms 内生成结果。

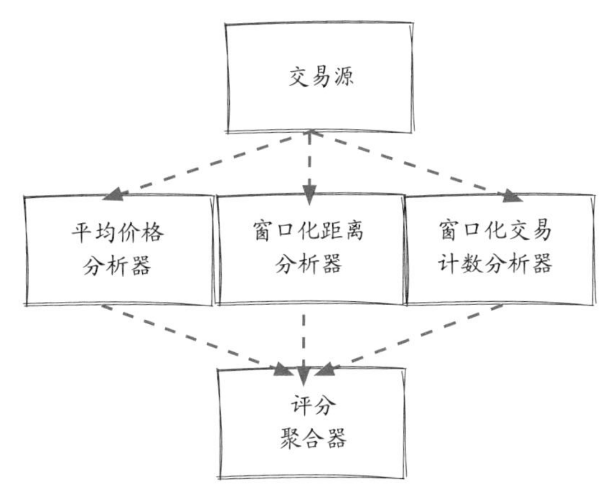

图 5.8　欺诈检测作业

5.12.1 好的一面

在至多一次送达的语义保证下，系统更简单，处理交易的延迟更低。当系统出现问题时，比如交易无法处理或传输，或者任何实例暂时不可用时，受影响的事件将被删除，评分聚合器将使用可用数据继续进行处理，从而满足关键的延迟要求。

低资源成本和低维护成本是选择至多一次送达语义的另一个主要动机。例如，如果你有大量的数据需要以有限的资源进行实时处理，那么至多一次的语义值得你考虑。

5.12.2 坏的一面

现在，是时候谈谈不准确性的问题了。在选择至多一次的语义时，它绝对是一个重要的因素。至多一次适用于可以接受结果暂时不准确的情况。当你考虑这个选项的时候，问问自己如下问题：当结果暂时不准确时，会有什么影响？

5.12.3 希望

如果你既想要至多一次语义的优势又想要准确的结果，不要失去希望。尽管同时期望所有的东西可能有点过分，但是我们仍然可以做一些事情来在某种程度上克服这个限制。本章末尾将讨论这些实用技术，但是接下来将继续介绍另外两种送达语义。

5.13 至少一次送达

不管至多一次送达语义有多方便，其缺陷仍是显而易见的：不能保证每个事件都能被可靠地处理。这在很多情况下是不可接受的。另一个缺陷是，由于事件已经被删除，我们几乎没法做什么来提高准确性。

至少一次的送达语义能够弥补前面所讨论的缺陷。在至少一次语义中，流计算引擎将保证事件至少被处理一次。至少处理一次的副作用是某一事件可能被处理多次。图 5.9 展示了 Streamwork 引擎如何处理至少一次送达的作业。

注意，跟踪事件并确保每个事件都被成功处理听起来可能很容易，但是在分布式系统中，这并不是简单。我们将在接下来的内容中仔细研究它。

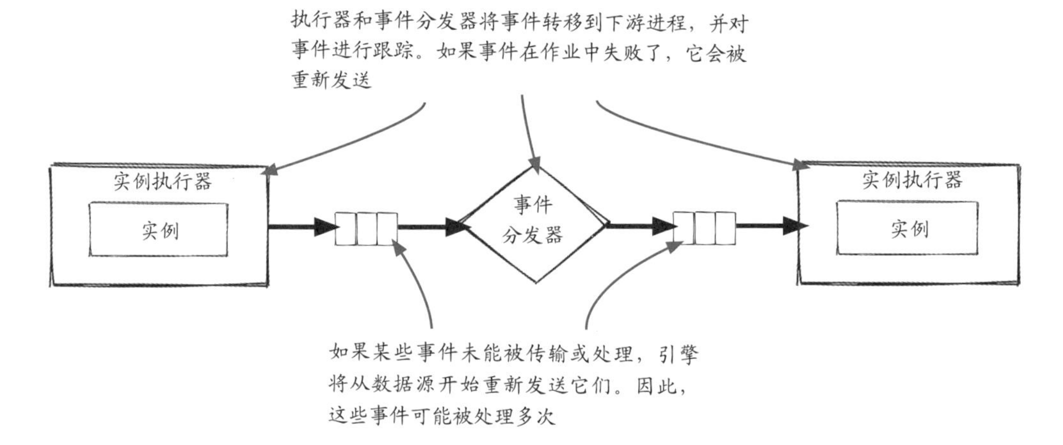

图 5.9 至少一次送达语义示例

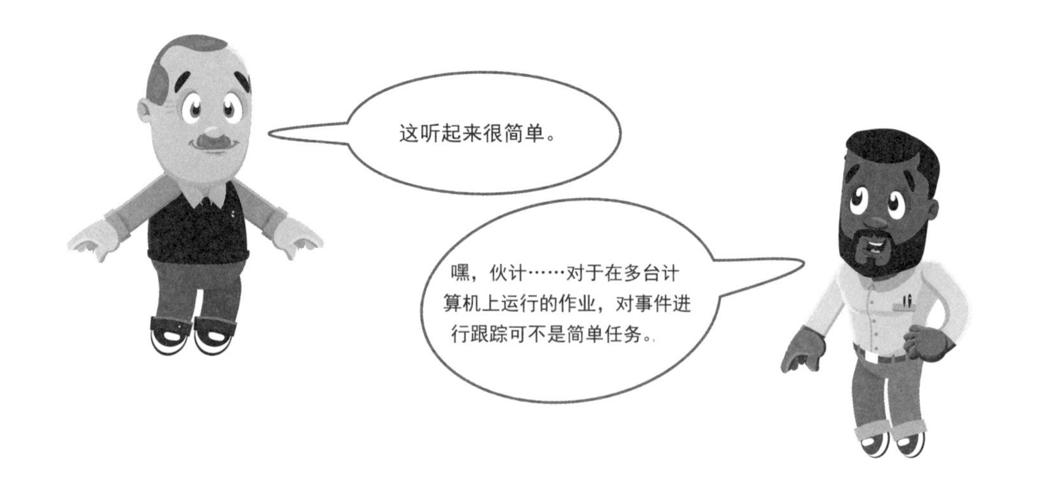

5.14 用确认机制实现至少一次送达

支持至少一次送达语义的典型方法是，让流作业中的每个组件对其已成功处理的事件或经历的故障给出一个确认消息。流计算框架通常通过一个称为确认器(acknowledger)的进程提供跟踪机制。如图5.10所示，这个确认器负责跟踪每个事件的处理状况(当前在处理或者已经处理完毕)。当对某一事件的所有处理都完成时，它将向数据源报告一条成功或失败的消息。让我们看看系统使用率作业如何使用至少一次送达语义。

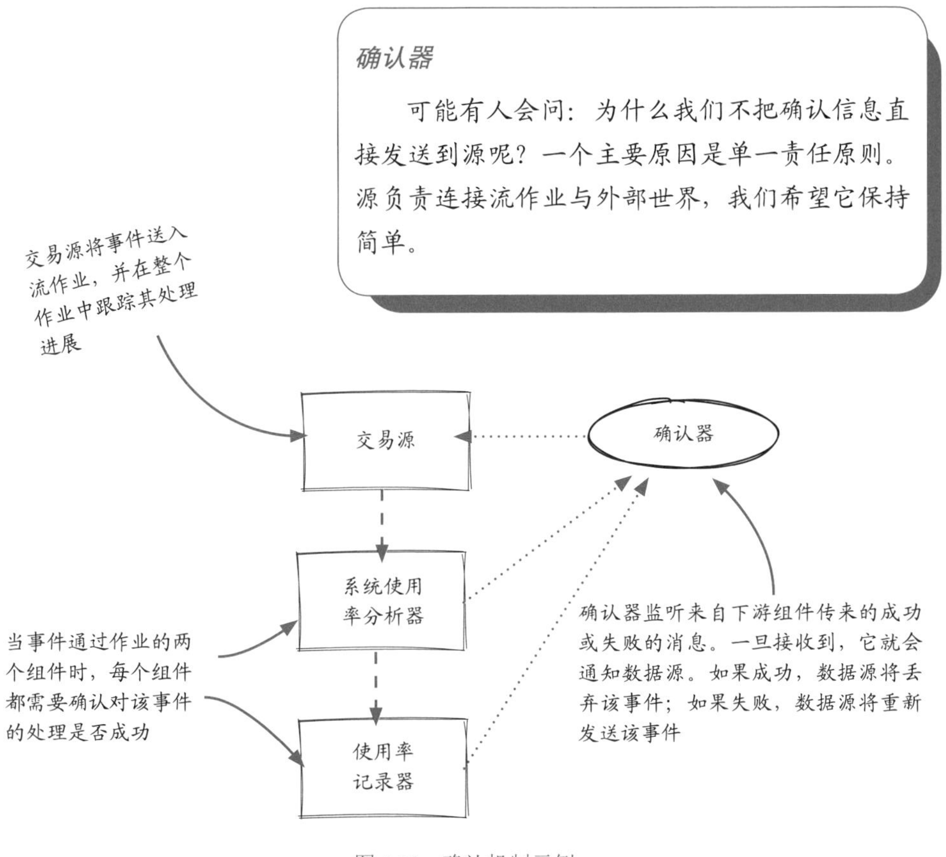

图5.10 确认机制示例

源组件发出事件之后，它首先将其保留在缓冲区中。在它接收到来自确认器的成功消息后，它将从缓冲区中删除对应事件，因为事件已经被成功处理。如果源组件接收到事件处理失败的消息，它将再次把事件发送到作业中。

5.15 跟踪事件

图 5.11 用一个示例来进一步演示事件追踪。当事件离开数据源时，引擎会将消息包装在一些元数据中。其中一个元数据是一个事件 id，用于在整个作业中跟踪事件。组件会在处理完成后向确认器发送报告。

请注意，有关下游组件的信息也包含在确认数据中，由此确认器知道它需要等待来自所有下游组件的跟踪数据，然后才能把该事件标记为“已经被完全处理”。

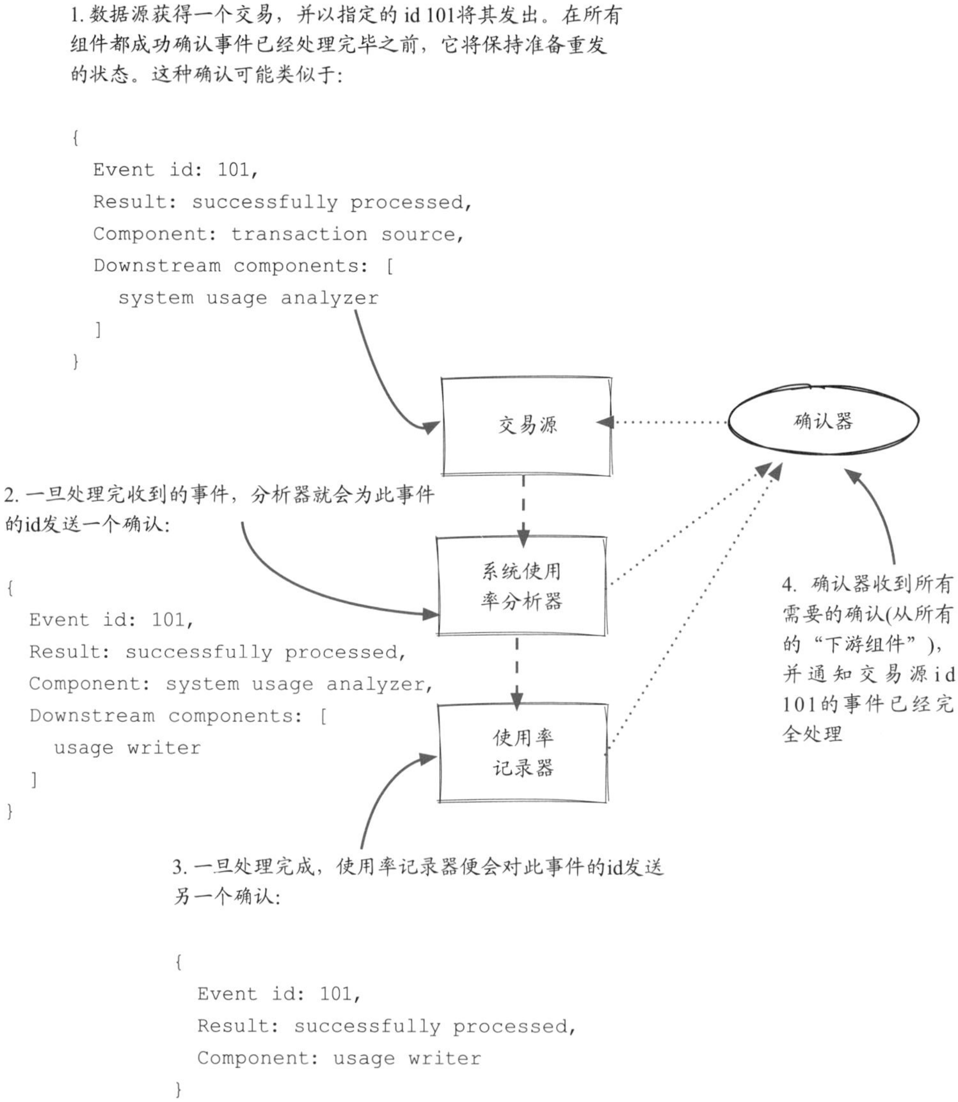

1. 数据源获得一个交易，并以指定的 id 101将其发出。在所有组件都成功确认事件已经处理完毕之前，它将保持准备重发的状态。这种确认可能类似于：

```
{
  Event id: 101,
  Result: successfully processed,
  Component: transaction source,
  Downstream components: [
    system usage analyzer
  ]
}
```

交易源

确认器

2. 一旦处理完收到的事件，分析器就会为此事件的id发送一个确认：

```
{
  Event id: 101,
  Result: successfully processed,
  Component: system usage analyzer,
  Downstream components: [
    usage writer
  ]
}
```

系统使用率分析器

使用率记录器

4. 确认器收到所有需要的确认(从所有的“下游组件”)，并通知交易源id 101的事件已经完全处理

3. 一旦处理完成，使用率记录器便会对此事件的id发送另一个确认：

```
{
  Event id: 101,
  Result: successfully processed,
  Component: usage writer
}
```

图 5.11 事件追踪示例 1

5.16 应对事件处理时的失败

在另一种情况 (见图 5.12) 下，如果事件在任何组件中处理失败，则确认器将通知源组件进行重发。

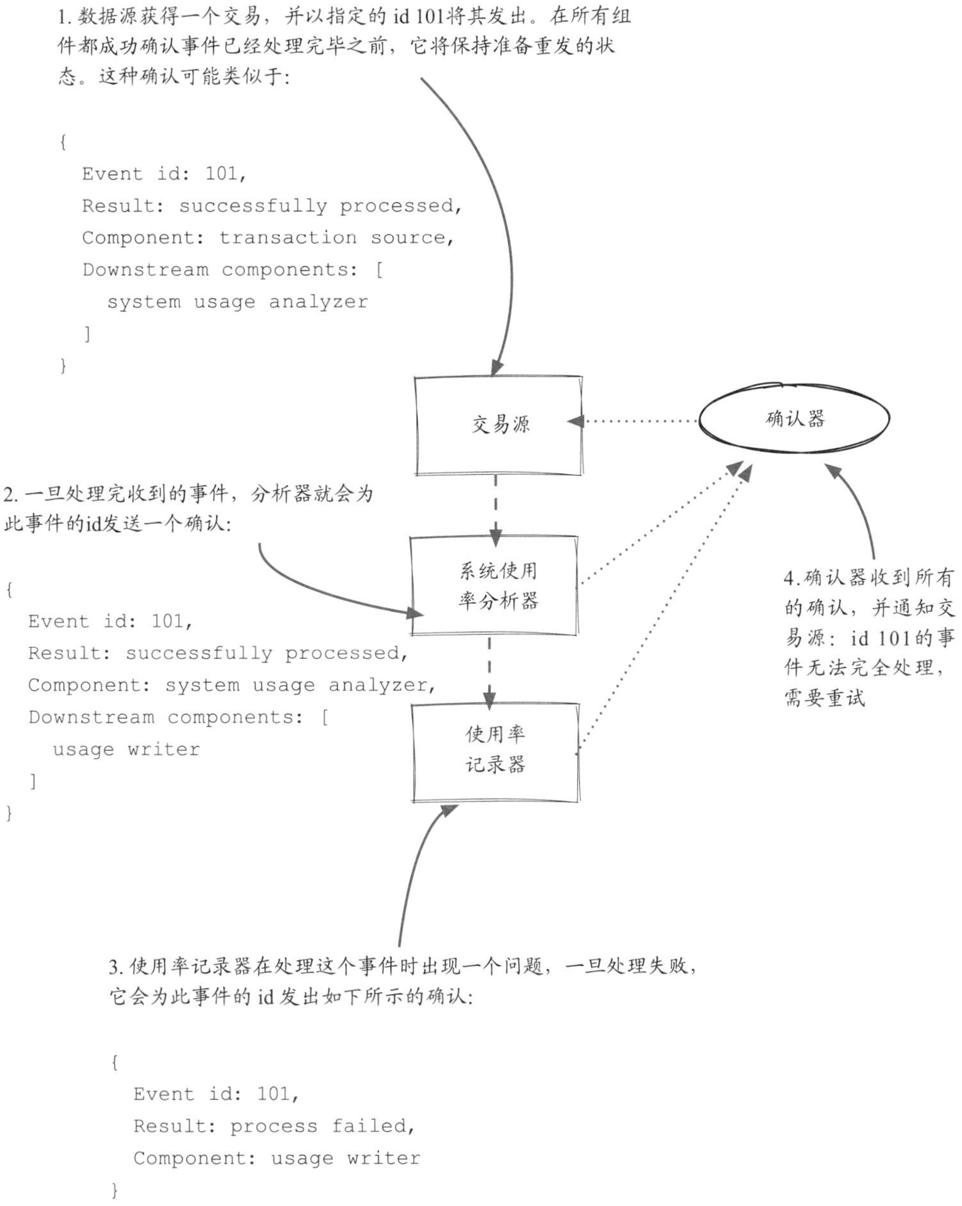

1. 数据源获得一个交易，并以指定的 id 101将其发出。在所有组件都成功确认事件已经处理完毕之前，它将保持准备重发的状态。这种确认可能类似于：

```
{
  Event id: 101,
  Result: successfully processed,
  Component: transaction source,
  Downstream components: [
    system usage analyzer
  ]
}
```

交易源

确认器

2. 一旦处理完收到的事件，分析器就会为此事件的id发送一个确认：

```
{
  Event id: 101,
  Result: successfully processed,
  Component: system usage analyzer,
  Downstream components: [
    usage writer
  ]
}
```

系统使用率分析器

使用率记录器

4. 确认器收到所有的确认，并通知交易源：id 101的事件无法完全处理，需要重试

3. 使用率记录器在处理这个事件时出现一个问题，一旦处理失败，它会为此事件的 id 发出如下所示的确认：

```
{
  Event id: 101,
  Result: process failed,
  Component: usage writer
}
```

图 5.12　事件追踪示例 2

5.17 追踪提早结束处理的事件

我们需要关注的最后一种情况是，并非所有事件都通过了所有组件的情况 (见图 5.13)。有些事件可能会提前结束它们的旅程。这解释了为什么有必要确认消息中包含的下游组件信息。例如，如果交易无效并且不需要写入存储，那么系统使用率分析器将是该事件的最后一站，流程将在那里终止。

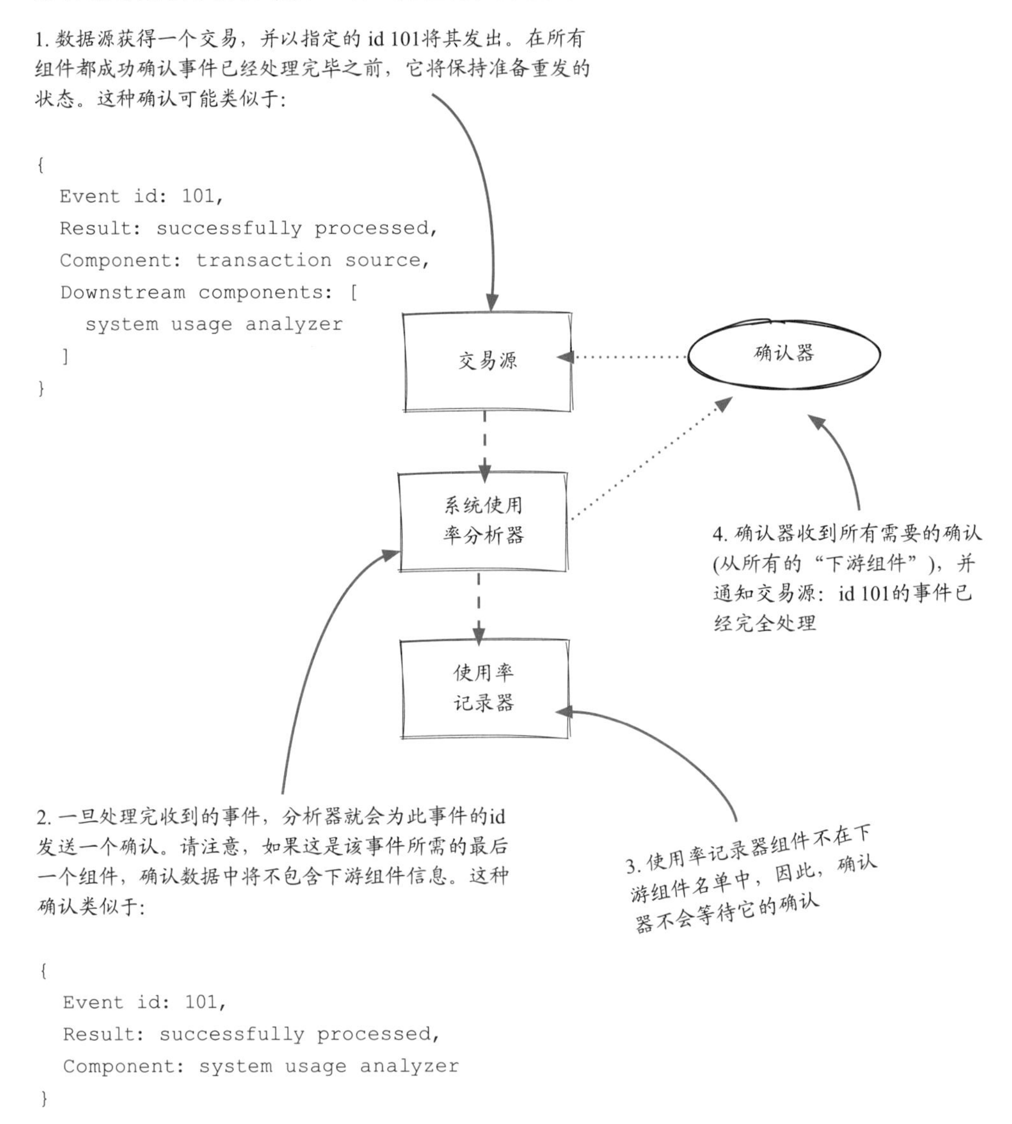

图 5.13 事件追踪示例 3

5.18 组件中关于确认的代码

如果你想知道引擎是如何知道某个事件是否成功通过一个组件的，请看SystemUsageAnalyzer和UsageWriter组件中相关实现的代码片段。

```
class SystemUsageAnalyzer extends Operator {
  public void apply(Event event, EventCollector collector) {
    if (isValidEvent(event.data)) {
      if (analyze(event.data) == SUCCESSFUL) {
        collector.emit(event);

        collector.ack(event.id);
      } else {
        //signal this event as failure
        collector.fail(event.id);
      }
    } else {
      // signal this event as successful
      collector.ack(event.id);
    }
  }
}
```

当成功处理事件时，该事件会继续送达，同时发送该事件已经成功处理的确认信息

分析失败时，发送该事件未被成功处理的确认信息

该事件应被跳过时，发送该事件已经成功处理完毕的确认信息，这样源组件就不会重放该事件

```
class UsageWriter extends Operator {
  public void apply(Event event, EventCollector collector) {
    if (database.write(event) == SUCCESSFUL) {
      //signal this event as successful
      collector.ack(event.id);
    } else {
      // signal this event as unsuccessful
      collector.fail(event.id);
    }
  }
}
```

不需要继续送达此事件时，发送该事件已经成功处理的确认信息

数据库写入有问题时，发送该事件处理失败的确认信息

5.19 新概念：检查点

对于至少一次送达语义来说，确认机制是可行的，但是它也有一些缺点。

- 需要代码变更以加入确认逻辑。
- 事件处理的顺序可能与输入的顺序不同，这可能会导致问题。例如，如果我们有三个事件 [A, B, C] 要处理，而作业在处理事件 A 时出现故障，那么事件 A 的一个副本稍后将由源重放，并且最终有四个事件 [A (处理失败), B, C, A] 被发送到作业中，事件 A 在 B 和 C 之后被成功处理。

幸运的是，还有另一种选择——用检查点 (checkpoint) 来支持至少一次送达语义，当然，像分布式系统中的其他所有事情一样，这是有代价的。它是流系统中实现容错的重要技术 (即系统在故障发生后继续正常运行)。因为检查点涉及很多部分，我们不打算用过长的篇幅在流系统中详细解释检查点，所以让我们尝试用一种不同的方式来说明。虽然检查点的概念听起来过于专业，但事实上，如果你曾经玩过电子游戏，你很可能在现实生活中经历过它。如果没有玩过，也没关系，你也可以考虑一些支持定期保存的文本编辑软件 (当然现在开始玩游戏也可以)。

现在来玩一个冒险游戏：打败各种僵尸，拯救世界。你不太可能从头到尾不间断地完成这个游戏，除非你像个超级英雄一样从不失败，毕竟我们大多数人偶尔或常常会失败。如果你已经保存了进度，你就可以重新加载游戏并从之前的进度再次开始，而不是从头再来。在一些游戏中，进度可能会在关键节点自动保存。现在，想象一下你生活在游戏的宇宙中。如图 5.14 所示，从你的角度来看，时间应该是连续而没有中断的，但实际上你已经一次或多次回滚到了之前的状态。保存游戏的操作非常类似于检查点。

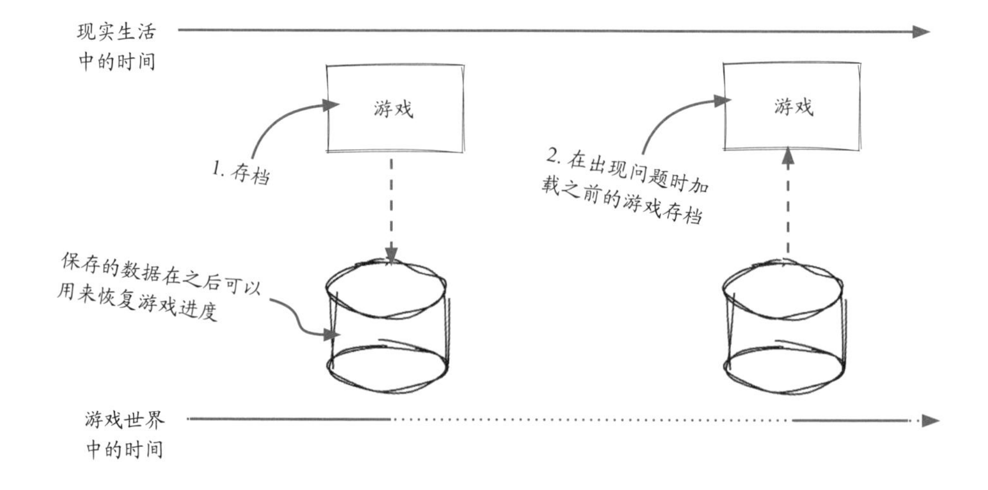

图 5.14 游戏世界

5.20 新概念: 状态

如果玩电子游戏，你就会知道保存数据有多重要。我无法想象，如果没有这个功能，我怎么能完成任何游戏或者任何工作。检查点的更正式定义是：一组数据，通常持久保存在存储中，可用于将实例还原到以前的状态。现在讨论另一个相关的概念：状态 (state)。

让我们回到僵尸世界，看看需要什么数据来恢复和继续这场冒险。不同游戏的数据可能会有很大的不同，但是我们应该能够想象游戏存档中应当有以下数据：

- 当前的分数和技能水平
- 你拥有的装备
- 已经完成的任务

使数据变得重要的一个关键属性是，它会随着游戏的进行而改变。不会在你努力拯救世界时发生改变的数据，比如地图和僵尸的模样，并不需要包含在游戏存档中。

现在，让我们回到流系统中对状态的定义：每个实例中在处理事件时发生变化的内部数据。例如，在系统使用率作业中，系统使用率分析器的每个实例都跟踪它所处理的交易数量。当一个新的交易被处理时，这个计数会发生变化，它是状态信息的一部分。当实例重新启动时，需要对其进行恢复。

虽然检查点和状态的概念并不复杂，但是我们需要理解的是，在流系统这样的分布式系统中，实现检查点并不是一个简单的任务。可能有成百上千个实例一起工作来同时处理事件，而引擎有责任管理所有实例的检查点，并确保它们都是同步的。第 10 章将再次讨论这个主题。

5.21 在系统使用率作业中为至少一次送达语义生成检查点

如图 5.15 所示，在为至少一次送达语义加入检查点之前，我们需要在 API 网关和系统使用率作业之间引入一个有用的组件：事件日志。注意，虽然本书用到的这个术语并没有在外界广泛使用，但是其应该不难理解。事件日志是一个事件队列，每个事件都有一个相应的偏移量 (或者时间戳)。读取器 (或消费者) 可以跳转到一个特定的偏移量，并从那里开始加载数据。在现实生活中，事件可能组织在多个分区中，而偏移量在每个分区中独立管理。为了简化说明，假设此处只有一个偏移量和一个交易源实例。

利用交易源组件前面的事件日志，源实例每隔 1 min(或其他时间间隔) 就会创建一个检查点，其中包含当前状态 (即它正在处理的当前偏移量)。当作业重新启动时，引擎将识别实例应该跳到 (回滚) 的正确偏移量，并从该点开始处理事件。注意，实例从生成检查点时间到重新启动时间所处理的事件将被再次处理，但这在至少一次送达语义下是可以接受的。

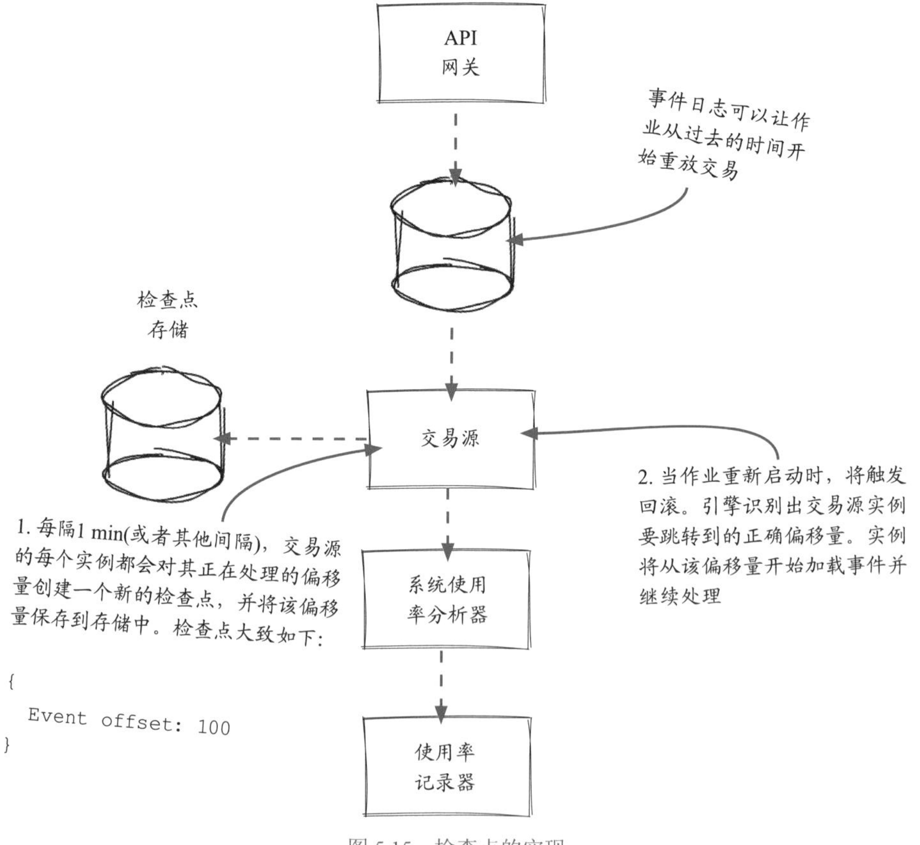

图 5.15 检查点的实现

5.22 生成检查点和状态操作函数

检查点非常强大。当一个作业在启用检查点的情况下运行时，会发生很多事情，这包含如下要点：

- 每个源实例需要定期创建带有当前状态的检查点。
- 检查点需要保存到一个存储系统 (最好具备容错能力) 中。
- 当检测到故障时，流作业需要自动重启。
- 作业需要识别出最新的检查点，每个重新启动的数据源实例需要加载其检查点文件并恢复其以前的状态。

- 存储空间不是无限的，所以需要及时清理旧的检查点以节省资源。

看完上面所有的点之后，不要惊慌！的确，整个检查点机制有点复杂，需要完成许多事情。幸运的是，这些任务大部分都是由流计算框架来处理的，而流作业开发者只需要担心一件事：状态。更具体地说，是两个状态操作函数：

- 获取实例的当前状态。该函数将被定期调用。
- 使用从检查点加载的状态对象初始化实例。该函数将在流作业的启动过程中被调用。

只要你提供了上面的两个函数，流计算框架就可以在幕后完成所有的苦活，比如在检查点中汇集状态信息，在磁盘上保存状态和使用检查点初始化实例。

5.23 交易源组件中的状态处理代码

下面是一个使用 Streamwork 框架的 TransactionSource 组件的代码示例：

- 基类从 Source 更改为 StatefulSource。
- 在这个新的基类引入一个新的 getState() 函数来获取实例的状态并将其返回给引擎。
- 另一个变化是，setupInstance() 函数在构造实例之后接受一个附加的 State 对象来设置该实例，这在之前的无状态算子中是不存在的。

```
public abstract class Source extends Component {
  public abstract void setupInstance(int instance);
  public abstract void getEvents(EventCollector eventCollector);
}

public abstract class StatefulSource extends Component {
  public abstract void setupInstance(int instance, State state);
  public abstract void getEvents(EventCollector eventCollector);
  public abstract State getState();
}

class TransactionSource extends StatefulSource {
  MessageQueue queue;
  int offset = 0;
  ......
  public void setupInstance(int instance, State state) {
    SourceState mstate = (SourceState)state;
    if (mstate != null) {
      offset = mstate.offset;
      log.seek(offset);
    }
  }

  public void getEvents(Event event, EventCollector eventCollector) {
    Transaction transaction = log.pull();
    eventCollector.add(new TransactionEvent(transaction));
    offset++;
  }

public State getState() {
    SourceState state = new SourceState();
    State.offset = offset;
    return new state;
  }
}
```

Source 和 StatefulSource 类

这个新函数用于获取实例的状态

用一个新的状态对象来设置实例

状态对象中的数据用于设置实例

当从事件日志中拉取新事件并将其发送到下游组件时，偏移量的值发生了变化

实例的状态对象包含事件日志中的当前数据偏移量

5.24 恰好一次还是实际一次

对于系统使用率作业，至多一次或至少一次送达的语义都不理想，因为这些均无法保证准确的结果。为了达到这个目标，可以选择最后一个语义——恰好一次送达，这保证了每个事件被成功处理一次且只处理一次。因此结果是准确的。

首先来讨论一下我们所说的“一次”到底是什么意思。务必理解这样一个事实：每个事件并不是真正地被处理或者像名字所暗示的那样被成功地处理一次。真正的意思是，如果你将作业视为一个黑箱——换句话说，如果你只看输入和输出，而忽略作业内部的真正工作方式，那么每个事件好像都已被成功地处理且只处理了一次。然而，如果我们深入系统内部，每个事件其实都有可能被处理多次。现在，审视一下本章的主题，它是“送达语义”，而不是“处理语义”——这是不是很微妙？

此前简要介绍语义的时候，我们提到，在一些框架中它被称为实际一次(effectively-once)。技术上，“实际一次”可能更准确，但“恰好一次”是被广泛使用的术语，因此，为了避免疑惑，我们决定以后者作为本书的标准。

如果你仍然觉得困惑，这是完全可以理解的。为了帮助你更好地理解它，接下来讨论一个有趣的概念：幂等(idempotency)。希望它能帮助你更好地理解我们所说的“实际”。

> *注意*
>
> 在分布式系统中，很难实现真正的“恰好一次”。

5.25 额外概念：幂等操作

幂等操作似乎是一个既定观点术语 (loaded terms，指使用带有情感、评价意义的字词描述客观事实)，对吗？它是一个计算和数学术语，意味着无论为一个函数指定相同的参数多少次，输出总是相同的。另一种思考这个问题的方法是，对操作进行多次相同的调用和单次调用具有相同的效果。如果还不清楚，让我们来看一个信用卡类的例子。

下面介绍这个类的两个方法：setCardBalance() 和 charge()。

- setCardBalance() 函数将卡余额设置为参数所指定的新值。
- charge() 函数将新的金额添加到余额中。

```
class CreditCard {
  double balance;

  public void setCardBalance(double balance) {
    this.balance = balance;
  }

  public void charge(float amount) {
    balance += amount;
  }
}
```

不管用相同的参数调用 setCardBalance()函数多少次(多于0次)，结果都是一样的

每次用相同的参数调用 charge()函数时，余额(状态)都会改变

setCardBalance() 函数的一个有趣的属性是，在它被调用一次之后，信用卡对象 (卡余额) 的状态被设置为新值。如果第二次调用该函数，余额仍将设置为新值，但状态 (余额) 与之前相同。通过查看卡余额，发现这个函数似乎只被调用了一次，因为你不知道它是被调用了一次还是多次。换句话说，这个函数可能被调用一次或者多次，但它实际上只生效了一次，因为效果都是一样的。出于这种行为，我们称 setCardBalance() 函数是一个幂等运算。

作为对照，charge() 函数并不是幂等运算。每调用它一次，余额就会增加给定的额度一次。如果错误地重复调用，余额将再次增加，卡片对象将处于错误的状态。因此，由于这个函数不是幂等的，它确实需要被调用恰好一次，才能保证状态正确。

流系统中的恰好一次语义就像上面的 setCardBalance() 函数一样。从作业中所有实例的状态来看，似乎每个事件只处理了一次，但在内部，每个组件可能对该事件处理了多次。

5.26 恰好一次送达

在明白幂等运算的语义和其真正含义，并了解其返回准确结果的能力之后，你是否更想知道恰好一次送达到底是如何实现的？恰好一次送达可能听起来很花哨，但实际上并不复杂。如图 5.16 所示，通常情况下，恰好一次语义基于检查点技术，这与至少一次语义非常相似。区别在于，在这里检查点是为源和算子创建的，所以它们可以在回滚过程中一起回到过去。注意，检查点只针对有内部状态的算子。没有内部状态的算子不需要检查点，因为在回滚过程中没有需要恢复的内容。

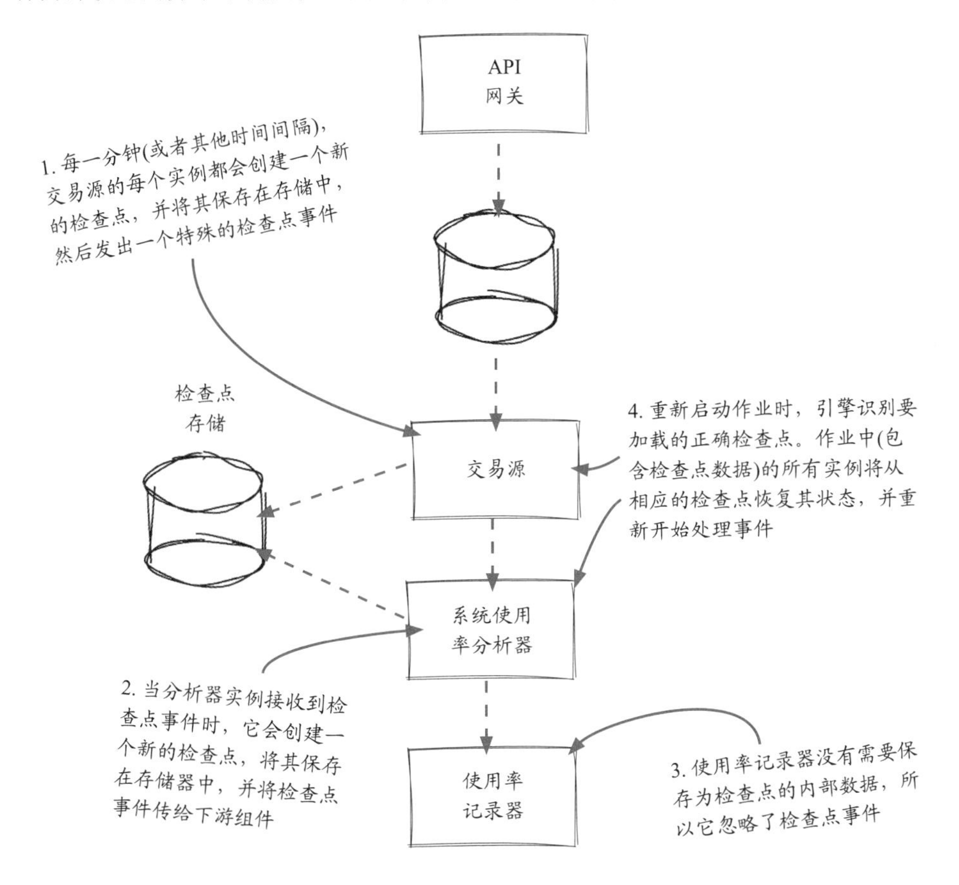

图 5.16 恰好一次送达语义示例

是不是挺简单的？别急，源实例的状态只是一个偏移量。但是算子实例的状态可能要复杂得多，因为它是针对特定逻辑的。对于算子来说，状态可以是简单的数字、列表、映射或者复杂的数据结构。虽然流引擎通常负责管理检查点数据，但你依然有必要了解幕后的成本。

5.27 系统使用率分析器组件中的状态处理代码

在 Streamwork 框架中，为了让 SystemUsageAnalyzer 组件处理实例状态的创建和使用，所做的更改类似于我们前面看到的 TransactionSource。

- 基类从 Operator 改为 StatefulOperator。
- setupInstance() 函数接受一个额外的状态参数。
- 添加 getState() 函数。

```
public abstract class Operator extends Component {
  public abstract void setupInstance(int instance);
  public abstract void getEvents(EventCollector eventCollector);
  public abstract GroupingStrategy getGroupingStrategy();
}

public abstract class StatefulOperator extends Component {
  public abstract void setupInstance(int instance, State state);   ← 用一个新的状态对象来设置实例
  public abstract void apply(Event event, EventCollector eventCollector);
  public abstract GroupingStrategy getGroupingStrategy();
  public abstract State getState();   ← 这个新函数用于获取实例的状态
}

class SystemUsageAnalyzer extends StatefulOperator {
  int transactionCount;

  public void setupInstance(int instance, State state) {
    AnalyzerState mstate = (AnalyzerState)state;
    transactionCount = state.count;   ← 构造实例时，使用一个状态对象来初始化该实例
    ......
  }

  public void apply(Event event, EventCollector eventCollector) {
    transactionCount++;   ← count变量在处理事件时会发生变化

    eventCollector.add(transactionCount);
  }

  public State getState() {
    AnalyzerState state = new AnalyzerState();
    State.count = transactionCount;   ← 创建一个新的状态对象来定期存储实例数据
    return state;
  }
}
```

注意，Streamwork 框架支持的 API 是一个底层 API，用来展示内部的工作方式。现在，大多数框架都支持更高级别的 API，比如函数式和声明式 API。有了这些新型的 API，组件可以被重用，因此用户不需要担心细节。当你将来开始使用它的时候，你应该能够分辨出它们之间的区别。

5.28 再次比较送达语义

所有的送达语义都有自己的场景。现在我们已经看到了所有的送达语义，让我们以一种简单直接的方式来比较它们的差异。从表 5.2 中可以清楚地看到，不同的送达语义有不同的利弊。对于你的场景，有时它们中可能没有一个是完美的。在这些情况下，你将不得不理解其中的权衡，并做出相应的决定。当需求发生变化时，你也可能需要将一个语义改成另一个。

表 5.2 再次比较送达语义

特点 \ 送达语义	至多一次	至少一次	恰好一次
准确性	• 由于可能丢失事件，无法保证准确性	• 由于可能重复处理事件，无法保证准确性	• (看起来) 准确性是有保证的
延迟 (当错误发生时)	• 可以容忍故障；当错误发生时无延迟	• 对故障敏感；发生错误时可能有延迟	• 对故障敏感；发生错误时可能有延迟
复杂性 / 资源使用	• 非常简单，轻量级	• 中等 (取决于实现)	• 复杂，重量级
维护负担	• 低	• 中	• 高
吞吐量	• 高	• 中	• 低
代码	• 不需要更改代码	• 需要更改一些代码	• 需要更改较多代码
依赖项	• 没有外部依赖	• 没有外部依赖 (使用确认机制)	• 需要外部存储来保存检查点

关于决策和权衡，对于因考虑延迟和效率等好处而选择至多一次和至少一次的人来说，一个合理的担忧是，准确性无法得到保证。有一种流行的技术可以避免这个问题，这种技术可以让人们感觉更好：Lambda 架构。使用 Lambda 架构，一个伴随的批处理过程运行在相同的数据上，以更高的端到端延迟生成准确的结果。由于本章中有很多需要深入理解的内容，后面的第 10 章将更详细地讨论它。

5.29 小结

本章讨论了流系统中一个重要的新概念：送达语义或送达保证。你可以为自己的流作业选择如下三种类型的语义：

- 至多一次送达——保证每个事件处理不超过一次，这意味着当流作业发生任何故障时可以跳过事件。
- 至少一次送达——保证流作业至少处理一次事件，但是在出现故障时，某些事件可能会被处理多次。
- 恰好一次送达——从结果来看，有了这种语义，似乎每个事件只处理了一次。它也被称为实际一次。

本章讨论了每种语义的优缺点，并简要讨论了在流系统中支持至少一次送达和恰好一次送达的一种重要技术：检查点。目标是让你能够为自己的场景选择最合适的送达语义。

5.30 练习

1. 如果你正在构建以下作业，你会选择哪种送达语义，为什么？

- 找出 Twitter 上最流行的标签。
- 将记录从数据流导入数据库。

2. 在本章中，我们研究了系统使用率作业中的系统使用率分析器组件(见图 5.17)，并将其修改为幂等操作。什么是使用率记录器组件？它是不是一个幂等操作？

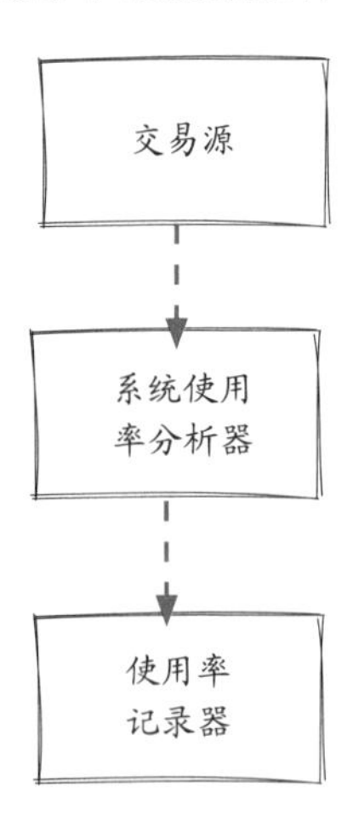

图 5.17 系统使用率作业

5.31 接下来

从第 2 章到第 5 章，我们介绍了不少概念。当你开始构建流系统时，它们是你需要的最常见和最基本的概念。在第 6 章中，我们将稍作休息，回顾一下我们目前所学到的知识。然后，将跳到更高级的主题，如窗口和 Join 操作。

第6章 流系统回顾与展望

本章内容：

- 回顾已学的概念
- 介绍一些更高级的概念，这些概念将在第II部分讨论

> “技术使人们能够控制除了技术以外的一切。”
>
> ——John Tudor

在前面几章已学习了流系统的基本概念，现在是时候停顿一下，在本章中回顾它们了。我们也会预览一下后面几章的内容，从而为新的冒险做好准备。

6.1 流系统的基本概念

作业是加载输入数据并对其进行处理的应用程序。如图 6.1 所示，所有的流作业都包含四个不同的部分：事件、流、源和算子。注意，这些概念在不同的框架中可能会以不同的方式命名。

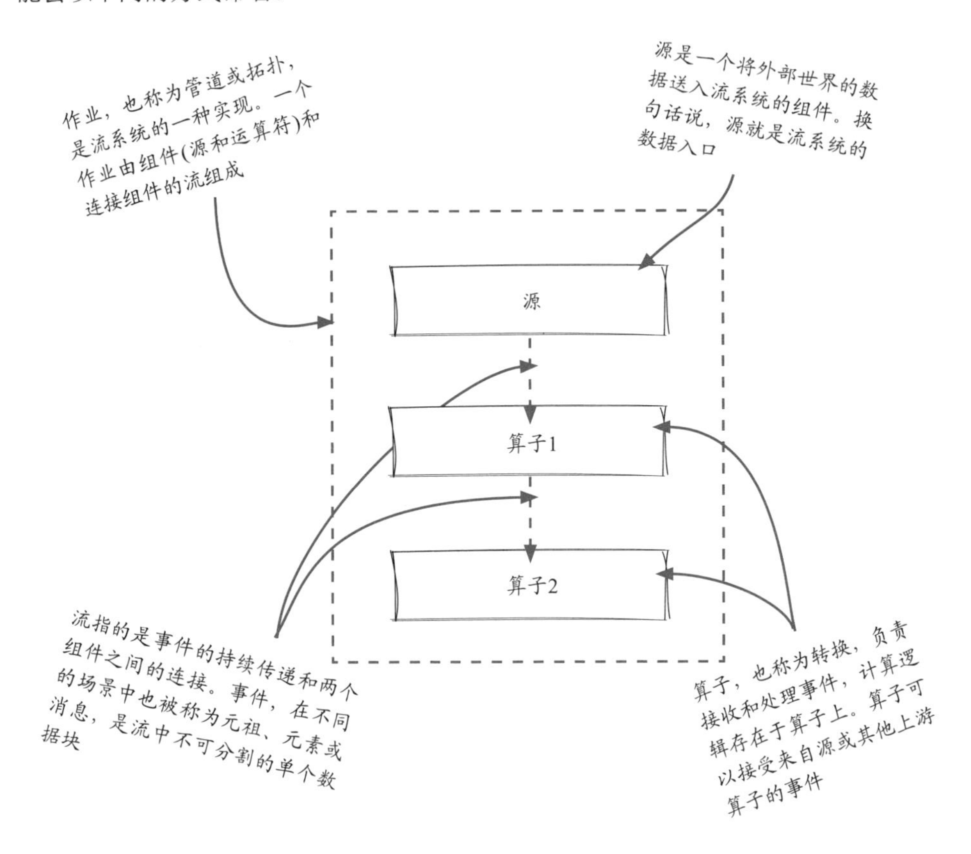

图 6.1　流系统的基本概念

6.2 并行化和事件分组

在现实世界中，逐个处理事件的方法通常是不可接受的。并行化 (见图 6.2) 对于大规模解决问题至关重要 (例如，它可以处理更多的负载)。当使用并行化时，有必要了解如何使用分组策略 (见图 6.3) 来路由事件。

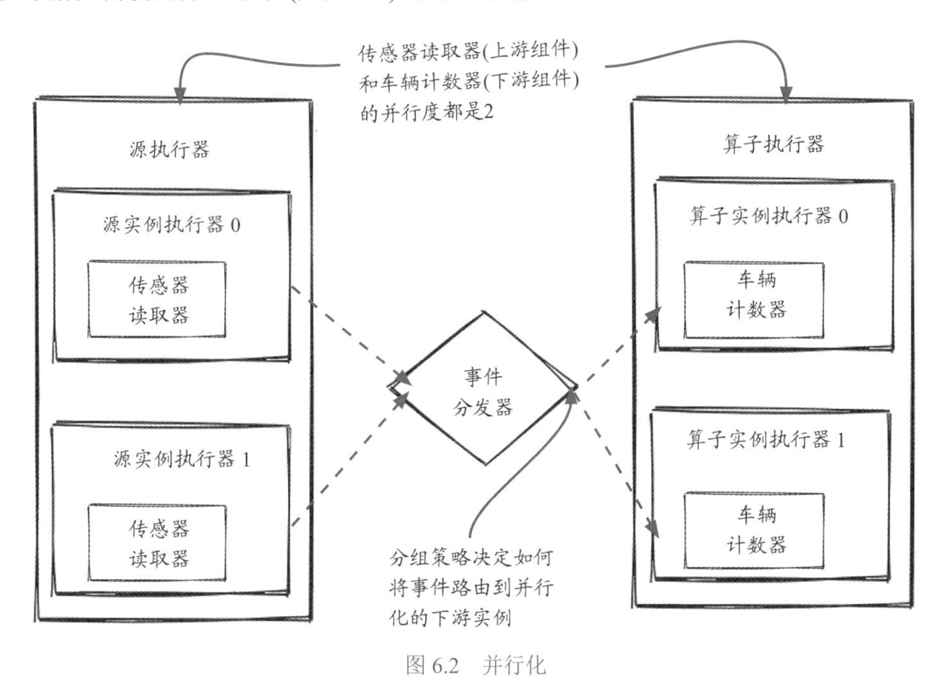

图 6.2 并行化

图 6.3 分组策略

6.3 有向无环图和流作业

DAG 又称有向无环图 (见图 6.4)，用来表示流作业的逻辑结构以及数据如何在其中流动。在更复杂的流作业 (如欺诈检测系统) 中，如图 6.5 所示，一个组件可以有多个上游组件 (扇入) 和/或下游组件 (扇出)。

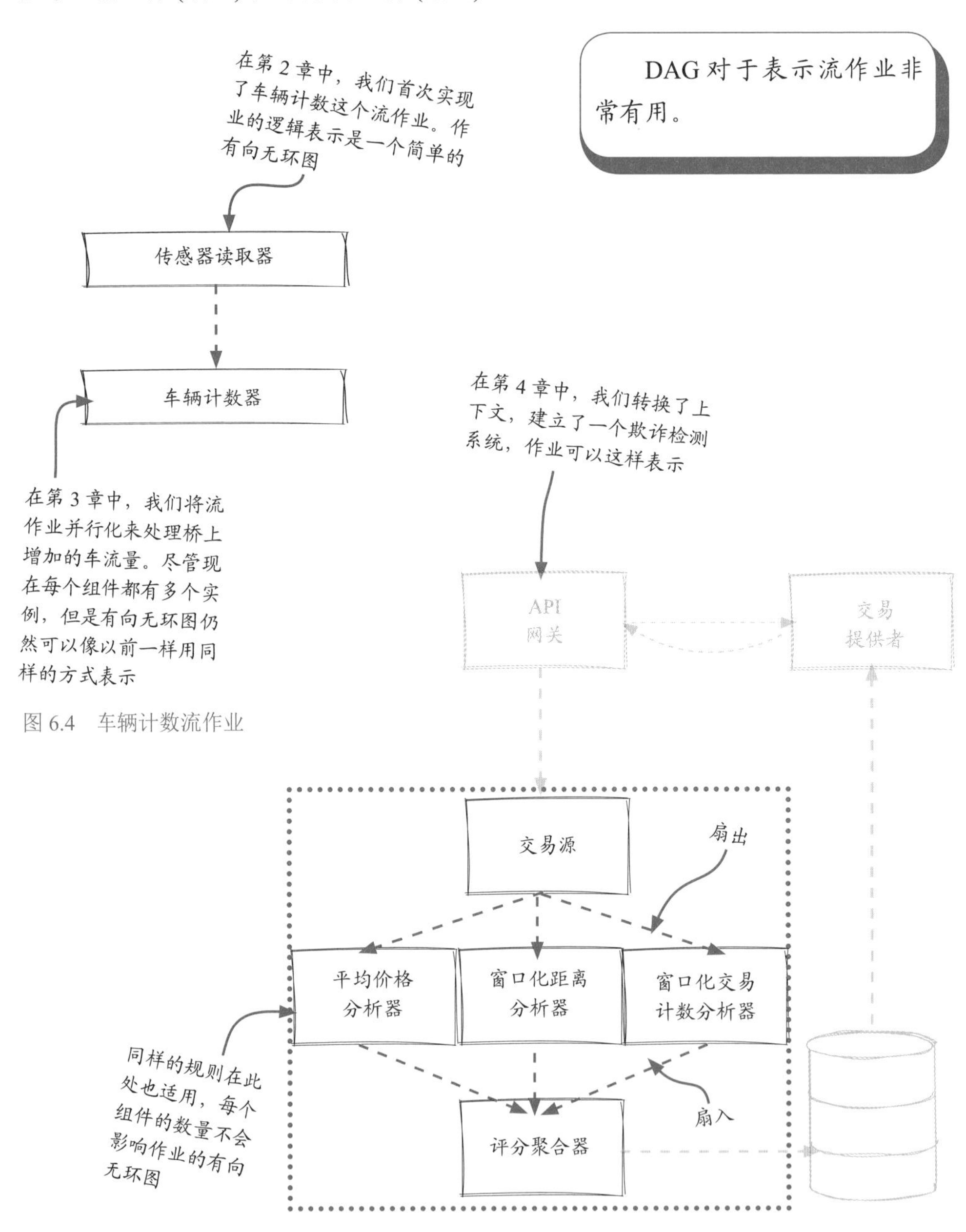

图 6.4 车辆计数流作业

图 6.5 欺诈检测系统

6.4 送达语义(送达保证)

在理解了流作业的基本内容之后，我们退后一步，再次研究需要解决的问题。需求是什么？对于问题来说什么是重要的？是吞吐量、延迟，还是准确性？

在清楚需求之后，需要对送达语义进行相应的配置，有三种送达语义可循：

- 至多一次送达——流作业保证每个事件处理不超过一次，但完全不保证处理成功。
- 至少一次送达——流作业保证每个事件至少被成功处理一次，而不保证处理次数。
- 恰好一次送达——流作业保证每个事件看起来都被处理一次且只处理一次，它也被称为实际一次。

恰好一次送达保证了准确的结果，但是也有一些不可忽视的成本，如延迟和复杂性。为了选择正确的选项，务必理解每个流作业的需求。

6.5 在信用卡欺诈检测系统中使用的送达语义

在第5章的信用卡诈骗检测系统中，我们添加了一个新的系统使用率任务(见图6.6)。它给出了整个系统使用情况的实时视图。欺诈检测作业和这个新作业有不同的要求：

- 延迟对于最初的欺诈检测作业来说更为重要。
- 对于新的系统使用率作业，准确性更为重要。

因此，为它们选择了不同的送达语义。

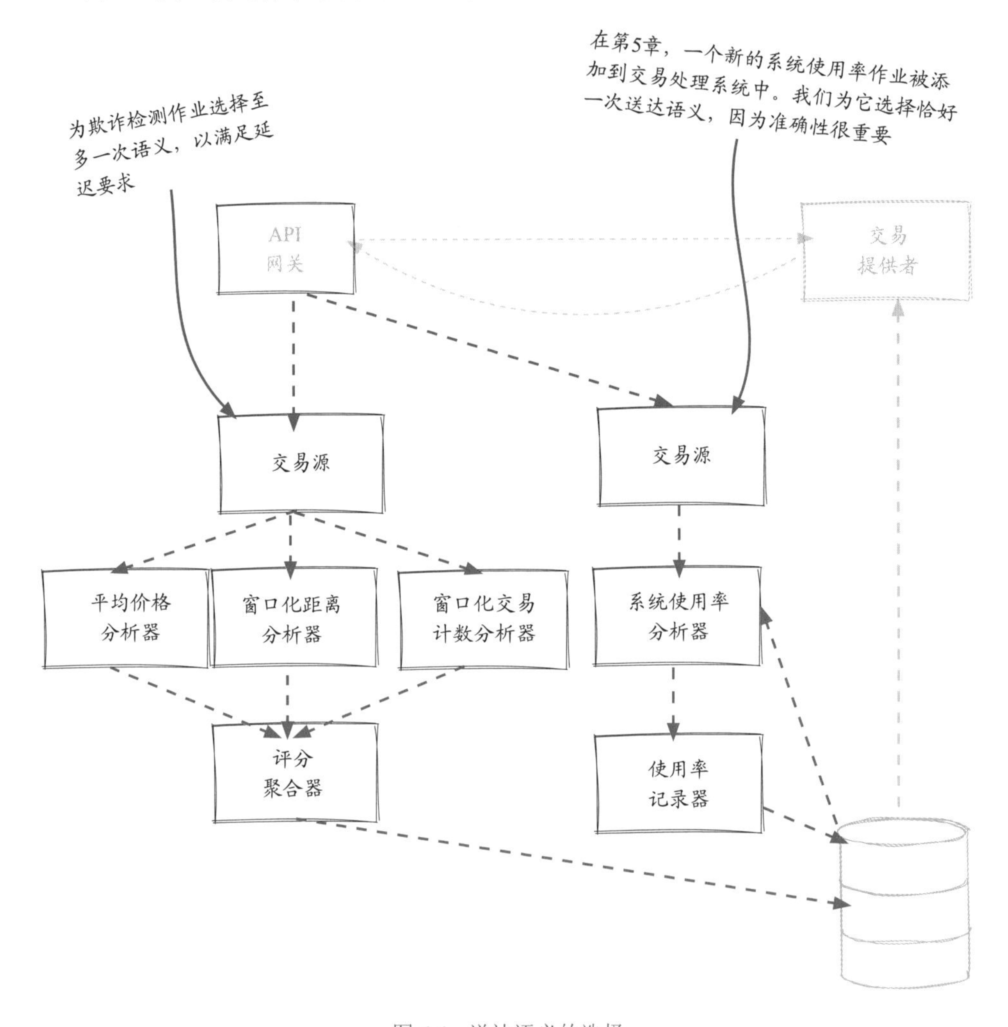

图6.6 送达语义的选择

6.6 接下来是什么

到目前为止的章节已经涵盖了流系统的核心概念。这些概念应该可以让你开始在自己选择的框架中有目标地构建自己的流作业。

但是它们绝对不是流系统的全部！当你在职业生涯中前进并开始解决更大、更复杂的问题时，你很可能会遇到需要更先进的流系统知识的场景。在本书第 II 部分的下面几章中，我们将讨论一些更高级的话题：

- 窗口计算
- 实时 Join 数据
- 反压
- 无状态计算和有状态计算

对于前面章节中介绍的概念，学习的顺序非常重要，因为每一章都建立在前面内容的基础上。然而，本书第 II 部分的每一章都是独立的，所以你可以按照书中的顺序或者自己喜欢的顺序阅读这些章节。为了让你更容易选择，下面是每一章内容的介绍。

6.7 窗口计算简介

到目前为止，我们一直在例子中一个接一个地处理事件。然而，在欺诈检测作业中，分析人员不仅依赖于当前事件，而且依赖于用户在最近一段时间内在何时、何地以及如何使用信用卡等信息来识别非法使用。例如，窗口化距离分析器通过在短时间内检测在不同地点发生支付的信用卡来识别欺诈行为(见图 6.7)。那我们如何建立流系统来解决这些类型的问题呢？

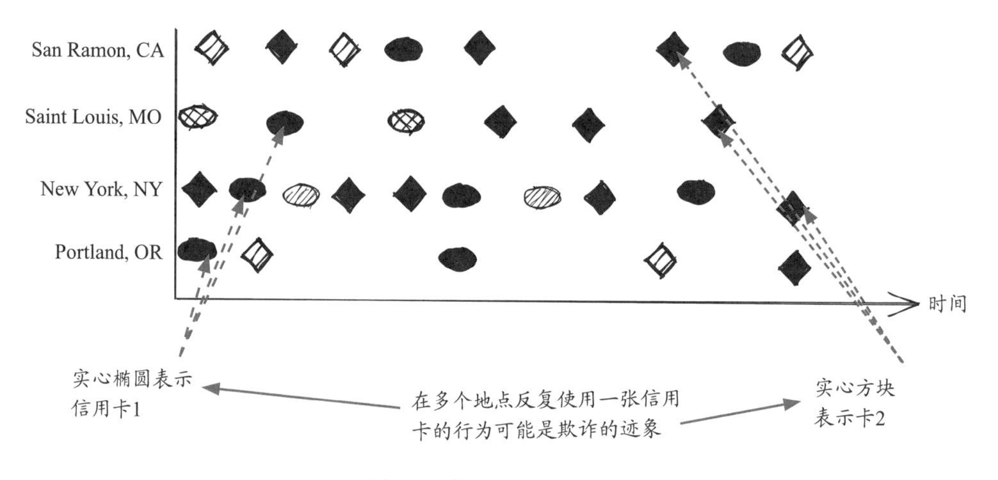

图 6.7 窗口化距离分析器

在流系统中，为了将事件切分成事件集来处理，需要进行窗口计算。在第 7 章，我们将研究在欺诈检测作业的窗口化距离分析器中采用的不同窗口策略。

此外，窗口计算通常有其局限性，对于上述分析器和许多其他实际问题，这些限制至关重要。在下一章，我们还将讨论一种广泛使用的技术：使用键值存储(类似字典的数据库系统)来实现窗口算子。

在流系统中，窗口算子处理的是事件集而不是单个事件。

6.8 实时Join数据

在第 8 章中，我们将建立一个新的系统来实时监测硅谷所有车辆的二氧化碳排放结果。城市里的车辆每分钟都会报告其车辆类型和位置。这些事件将与其他数据结合，从而生成一个实时的二氧化碳排放地图 (见图 6.8)。

图 6.8　二氧化碳排放地图

对于熟悉数据库的人来说，Join 不应该是一个陌生的概念。当你需要跨多个表引用数据时就会使用它。在流系统中，有一个类似的 Join 算子，它有自己的特点，这将在第 8 章中讨论。请注意，Join 是第 4 章中提到过，但跳过了的一种流扇入类型。

6.9 反压简介

当你有了一个流作业来处理数据时，可能马上会面临一个问题：计算机不可靠！公平地说，计算机大部分时间是可靠的，但是通常流系统可能会持续运行很久，期间会出现很多问题。

团队收到了银行的请求，要求审查欺诈检测系统 (如图 6.9 所示)，并提供一份关于该系统可靠性的报告。更具体地说，当出现任何计算机或网络问题时，该作业会停止工作吗？结果会丢失或不准确吗？这是一个合理的要求，因为这涉及很多钱。事实上，即使没有银行的要求，这也是一个重要的问题，不是吗？

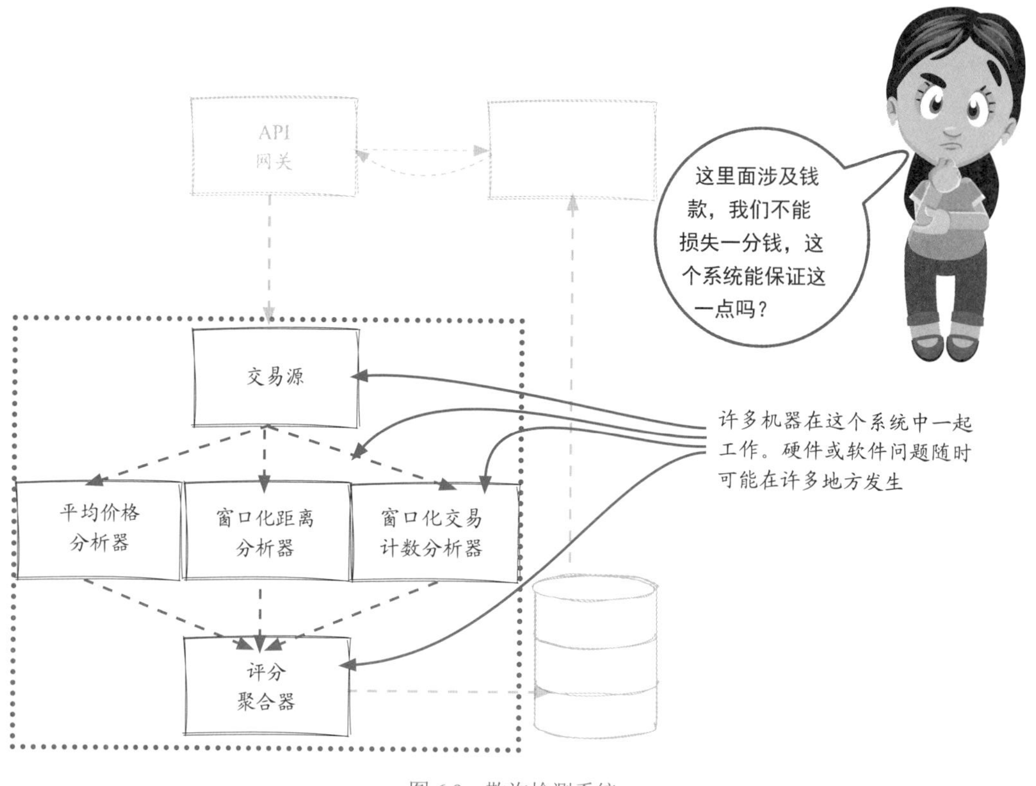

图 6.9 欺诈检测系统

反压是大多数流计算框架支持的一种常见的自我保护机制。由于存在反向压力，这些进程将暂时放慢速度，并试图让系统有机会从问题中恢复过来，比如暂时的网络问题或突然使计算机超载的流量峰值。在某些情况下，丢弃一些事件的做法甚至可能比放慢速度的处理方式更令人满意。反压是开发者建立高可靠系统的有用工具。在第 9 章中，我们将看到流引擎如何检测和处理有关反压的问题。

6.10 无状态计算和有状态计算

运维对于所有的计算机系统都很重要。为了降低成本和提高可靠性，Sid 决定将流作业迁移到新的更高效的硬件上 (见图 6.10)。这将是一个主要的运维任务，务必小心翼翼地确保一切都正常工作。

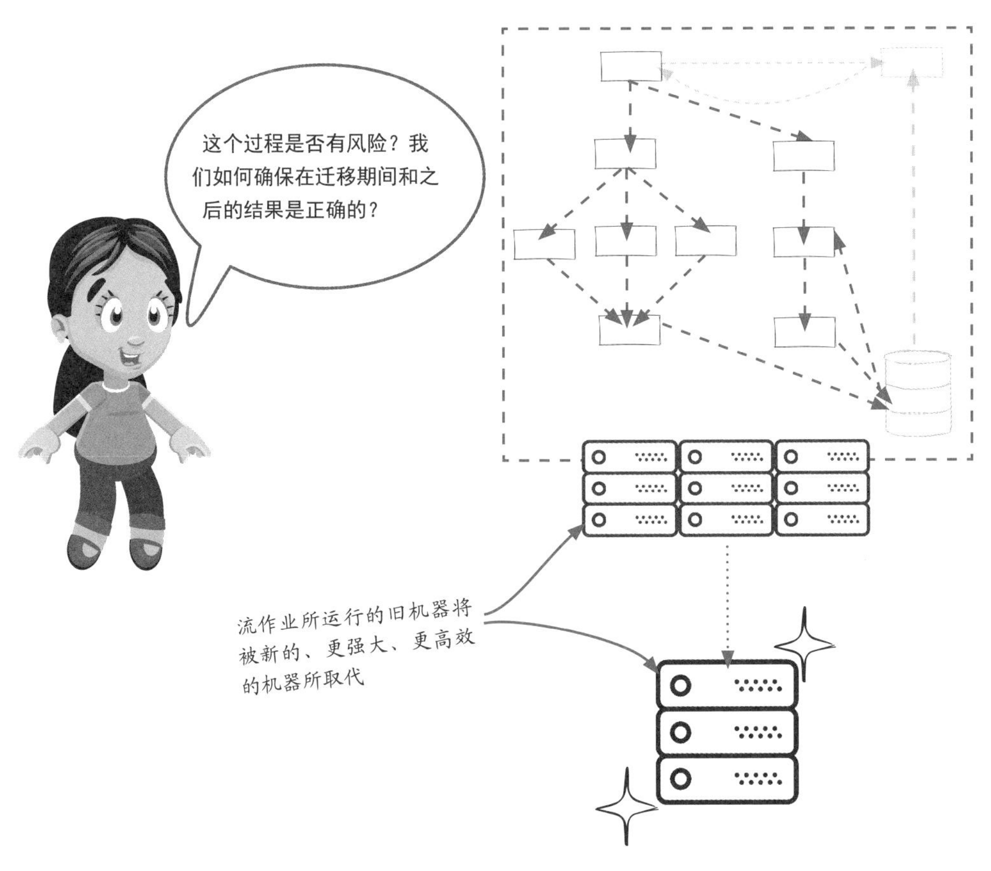

图 6.10 流作业的迁移

我们在第 5 章中留下的一个未深入讨论的话题是有状态组件。我们已经简要讨论了什么是有状态组件，以及它如何在至少一次和恰好一次的送达语义中使用。然而，有时候少即是多。在构建和维护流系统的时候，务必理解这种权衡，这样才能做出更好的技术决策。

在第 10 章中，我们将更详细地研究有状态组件是如何在内部工作的。我们还将讨论其他选择，以避免一些成本和限制。

第II部分 进阶

本书第II部分将带你深入探讨理论，通过一些与框架无关的实现来说明流系统如何处理更复杂的问题。第 7 章讲述如何将永不停止的数据流切成有意义的块，第 8 章阐述实时 Join 数据的过程。第 9 章讲解流系统如何从故障中恢复，而第 10 章将会深入讨论流作业中的状态管理。最后，第 11 章快速回顾本书的内容，并针对读完本书之后该做的事情提供指引。

第7章 窗口计算

本章内容：

- 标准的窗口策略
- 事件的时间戳
- 水位与迟到事件

> “计算机能集中注意力的时间只和它的电源线一样长。”
>
> ——佚名

前面的章节中，我们建立了一个流作业来检测信用卡交易欺诈。很多分析器使用了不同的模型，但基本思路都是将交易与同一张卡上以前的活动进行比较。窗口 (window) 就是为这种类型的工作而设计的，我们将在本章中学习流式系统对窗口的支持。

7.1 对实时数据进行切分

团队的新产品冉冉升起，一群新型黑客也盯上了它。他们已经开始了一个关于加油站的新密谋。

攻击方式是这样的：黑客抓取无辜受害者的银行卡信息，并复制出很多张新的实体信用卡，然后把这些伪造卡寄给团伙中的其他人。之后，大家于同一时刻在世界各地刷卡购买汽油。攻击者企图通过在同一时间刷卡来防止持卡人注意到这些花费，直到为时已晚。一旦攻击成功，他们就能获得免费加油。为什么他们要在全球免费加油？这真是一个谜。

如何阻止这种盗刷行为

在本章中，我们用约数以方便数学计算。假设人能采用的最快旅行方式是搭乘飞机，大约每小时 500 英里。好在团队已经充分考虑到了这种欺诈方式。

7.2 详细分解问题

这里有两个问题：第一，我们要找出单张信用卡的消费地点突然跳到远处的现象 (如图 7.1 所示)；第二，我们要找出多张卡同时发生类似情况的现象。第一种情况下，我们把特定的交易标记为欺诈；在第二种情况下，我们寻找并标记出这些正在受到偷油贼攻击的商户 (加油站)。

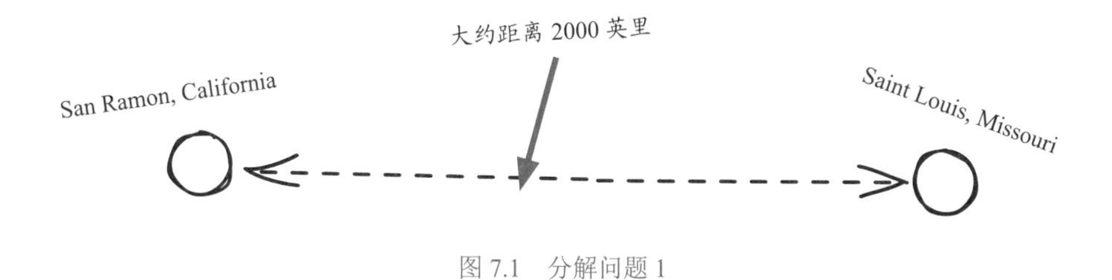

图 7.1　分解问题 1

以下是我们的判断公式：

```
final double maxMilesPerHour = 500;
final double distanceInMiles = 2000;
final double hourBetweenSwipes = 2;
if (distanceInMiles > hourBetweenSwipe * maxMilesPerHour) {
  // mark this transaction as potentially fraudulent
}
```

7.3 继续分解问题

这个黑客组织尤其喜欢组织大规模的、世界范围的攻击——但都是给汽车加油。观察整个信用卡系统的行为和观察一张信用卡同样重要。当这些大规模的加油站攻击发生时，我们需要一些方法来阻止商户处理被盗用的信用卡，以进一步提升系统安全性。图 7.2 以美国的几个城市为例，说明了可能被刷卡的地点。

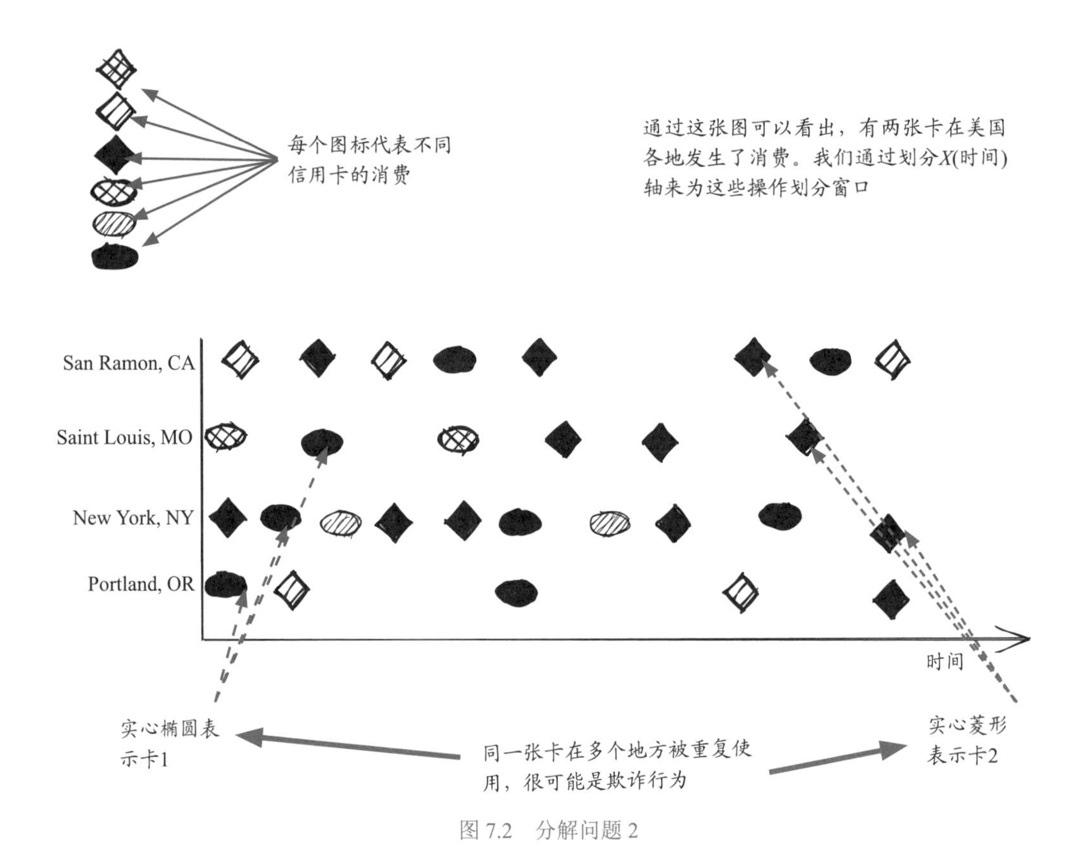

图 7.2 分解问题 2

我们有两种方法来防止这种盗刷行为：

- 阻止个别信用卡被扣款。
- 阻止加油站处理任何信用卡。

但是，流系统中的什么工具可以帮我们发现欺诈行为呢？

7.4 两种上下文

为了实现上述两种反欺诈方式，让我们再看下图 7.2，以进一步说明如何拆分上下文。记住，窗口化距离分析器是在单个信用卡的上下文中寻找欺诈，而新的分析器工作在商户的上下文中，如图 7.3 所示。

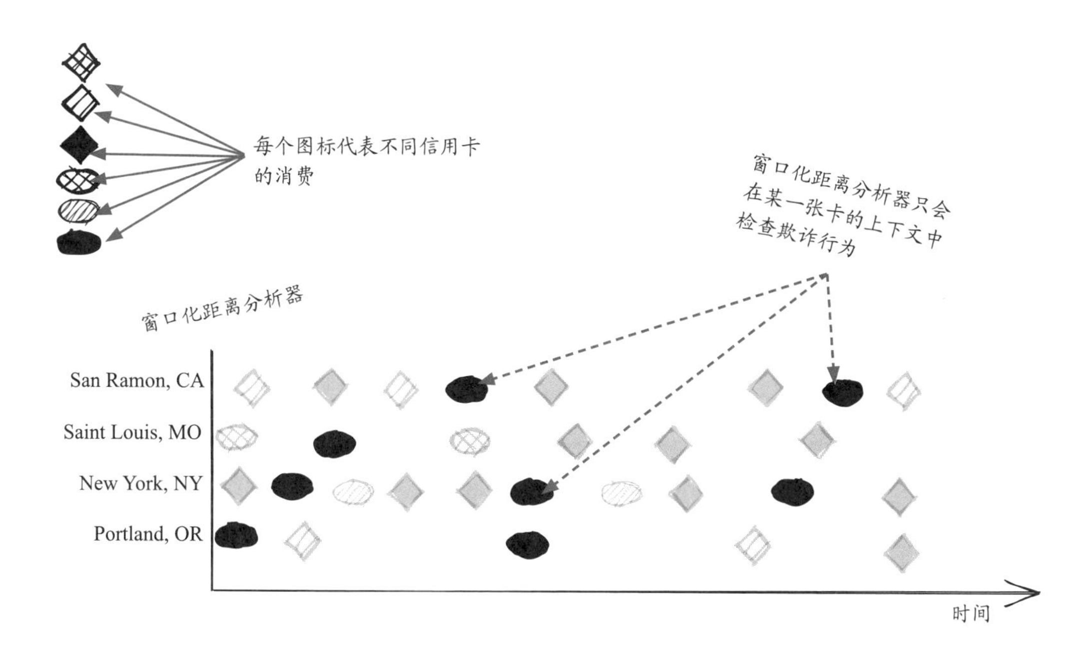

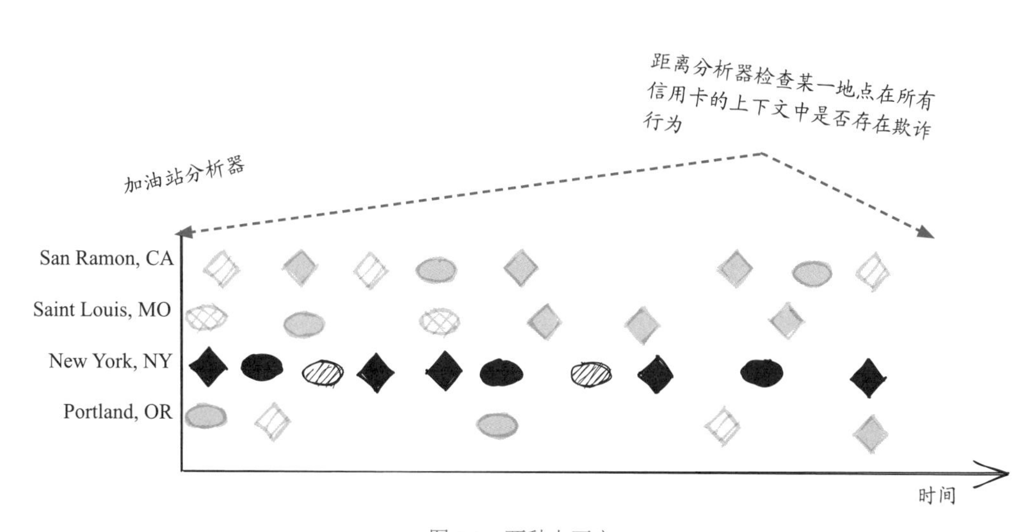

图 7.3 两种上下文

7.5 欺诈检测中的窗口处理

欺诈检测中用到的大多数分析器都会使用某种类型的窗口来比较当前和之前的交易。本章将重点讨论窗口化距离分析器 (见图 7.4)，它负责检测在多个不同地点使用过的信用卡。

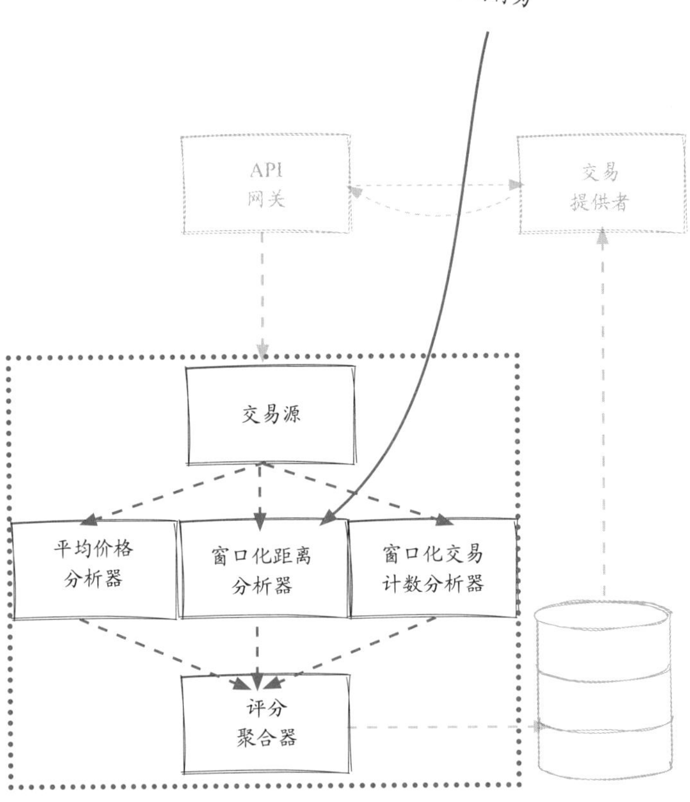

图 7.4 欺诈检测中的窗口处理

7.6 窗口究竟是什么

系统中时时刻刻都有信用卡交易产生，因此很难通过选择截止点或数据段来处理数据。毕竟你很难为一个像数据流这样几乎无限的东西找到终点。

在流系统中，开发者可以用窗口将无尽的事件流切块处理 (见图 7.5)。在大多数情况下，这样的切分基于时间或事件计数。这里会使用基于时间的窗口，因为它更适合我们的应用场景。

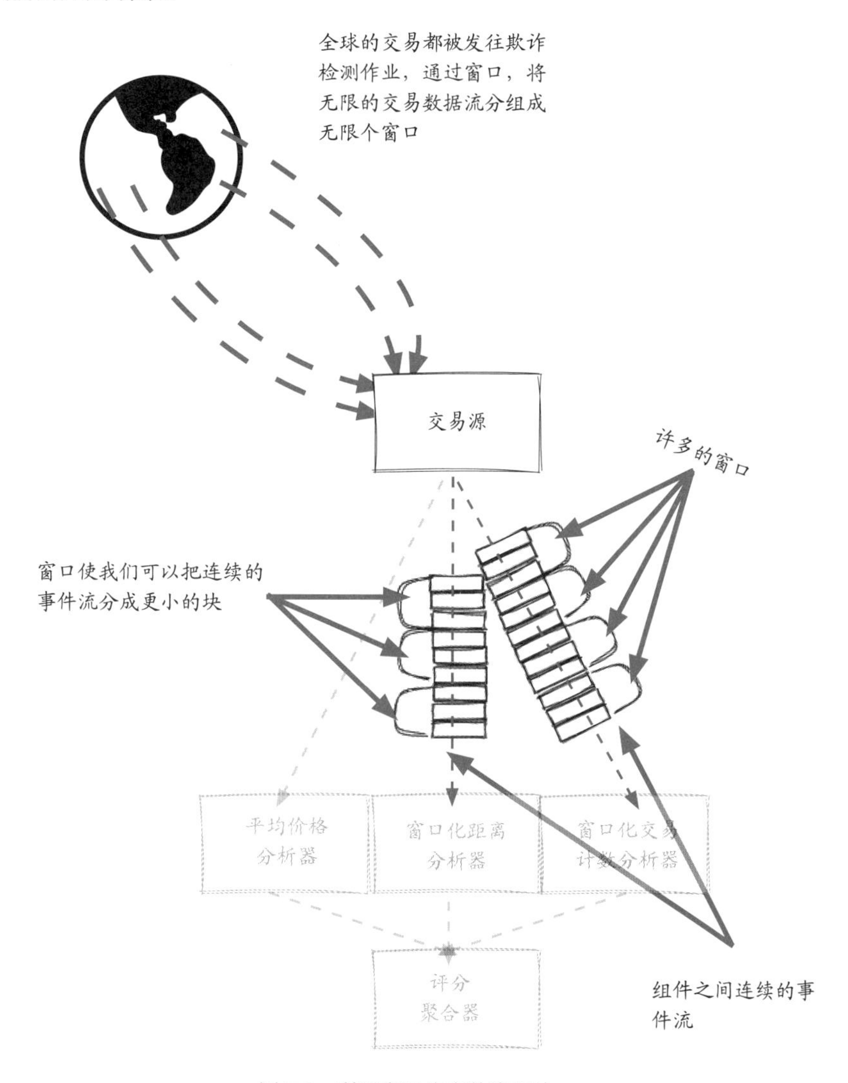

图 7.5 利用窗口将事件流切块

7.7 进一步了解窗口

到目前为止，本书中对流系统的阐述都是基于单个事件的。在很多情况下这都很好用，但对于一些复杂的问题来说就有些不够用了。许多其他情况下，应通过某种类型的时间间隔对事件进行分组。请看图 7.6，了解一些关于窗口的基本概念。

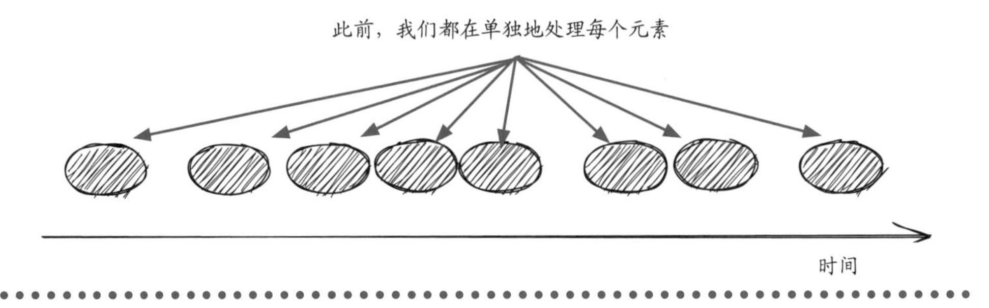

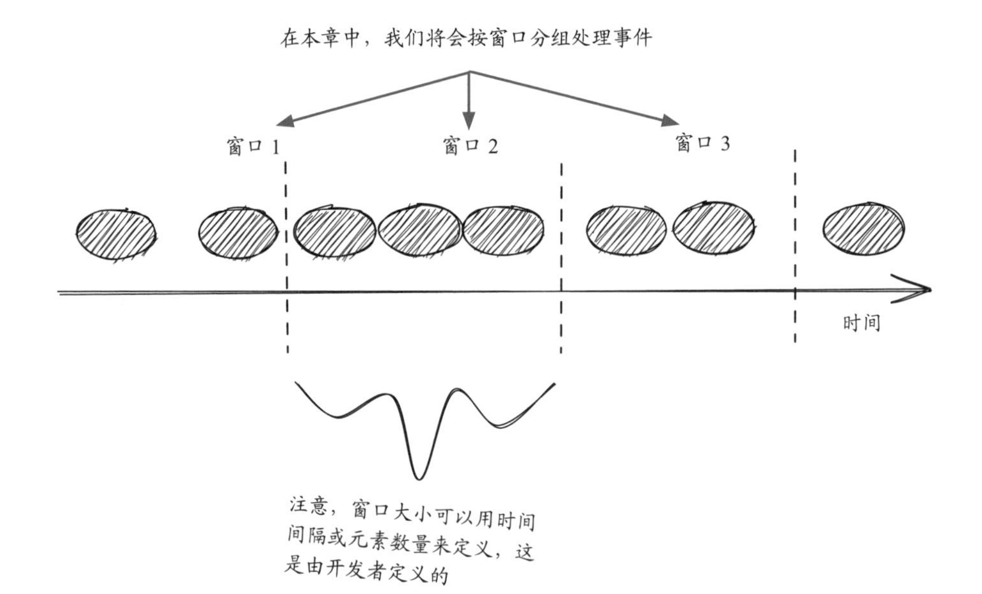

图 7.6 单独处理与按窗口分组处理

7.8 新概念：窗口策略

了解了什么是窗口之后，我们来看看如何用窗口策略 (windowing strategy) 将事件分组。我们将带你了解三种不同类型的窗口策略，并讨论它们在距离分析器中的区别。这三种类型的窗口策略是：

- 固定窗口
- 滑动窗口
- 会话窗口

至于选择哪个窗口策略，也就是如何把事件分组，通常没有硬性要求。你需要与团队中的其他技术专家和产品负责人讨论，根据你要解决的具体问题做出最佳决定。

7.9 固定窗口

首先，最基本的窗口是固定窗口 (fixed window)。固定窗口也被称为滚动窗口 (tumbling window)。每个窗口从开始到结束收到的事件被分为一组，一起进行处理。例如，如果配置了一个固定为 1 min 时间的窗口 (也称为分钟窗口)，如图 7.7 所示，那么同 1 min 窗口内的所有事件将被分在一组以进行处理。固定窗口简单明了，在很多情况下都非常有用。问题是，它们对窗口化距离分析器有用吗？

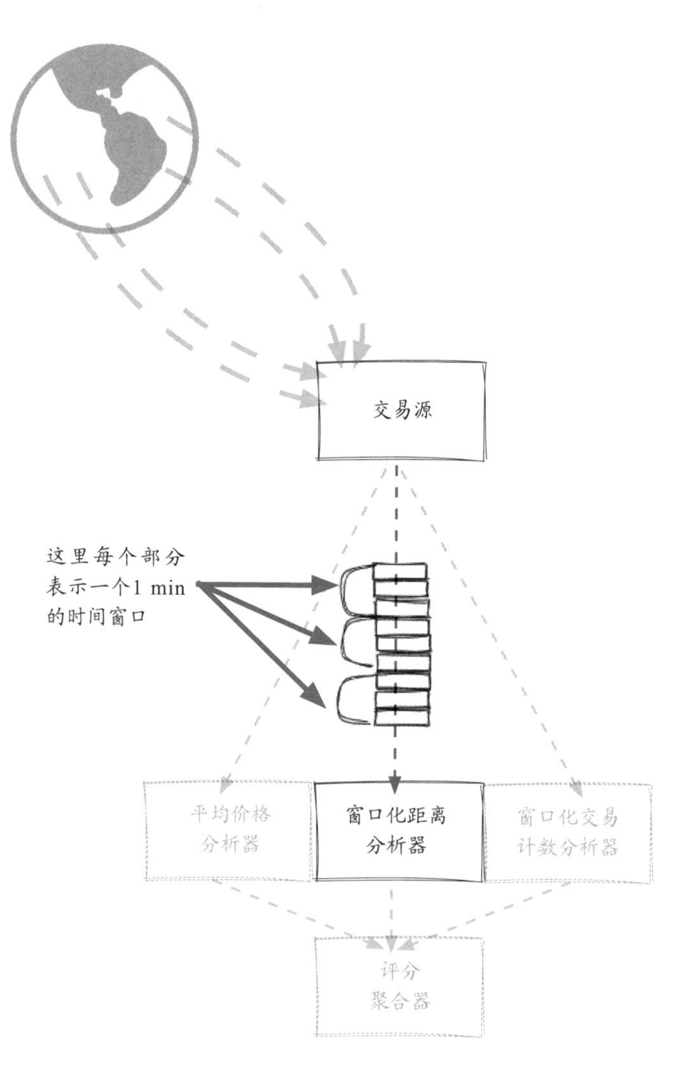

图 7.7 固定窗口示例

7.10 距离分析器中的固定窗口

图 7.8 中的例子使用固定窗口寻找同一张卡的重复消费。为了简单起见，这里用分钟窗口来观察每组事件的情况。我们的目标是在每个 1 min 的窗口内找出每张卡的重复交易。我们之后再去想其他的事情，比如时速 500 英里最多能到多远。

需要注意的是，固定时间窗口只意味着时间间隔是固定的。根据流经作业的事件数量，每个窗口中的事件数量可多可少。

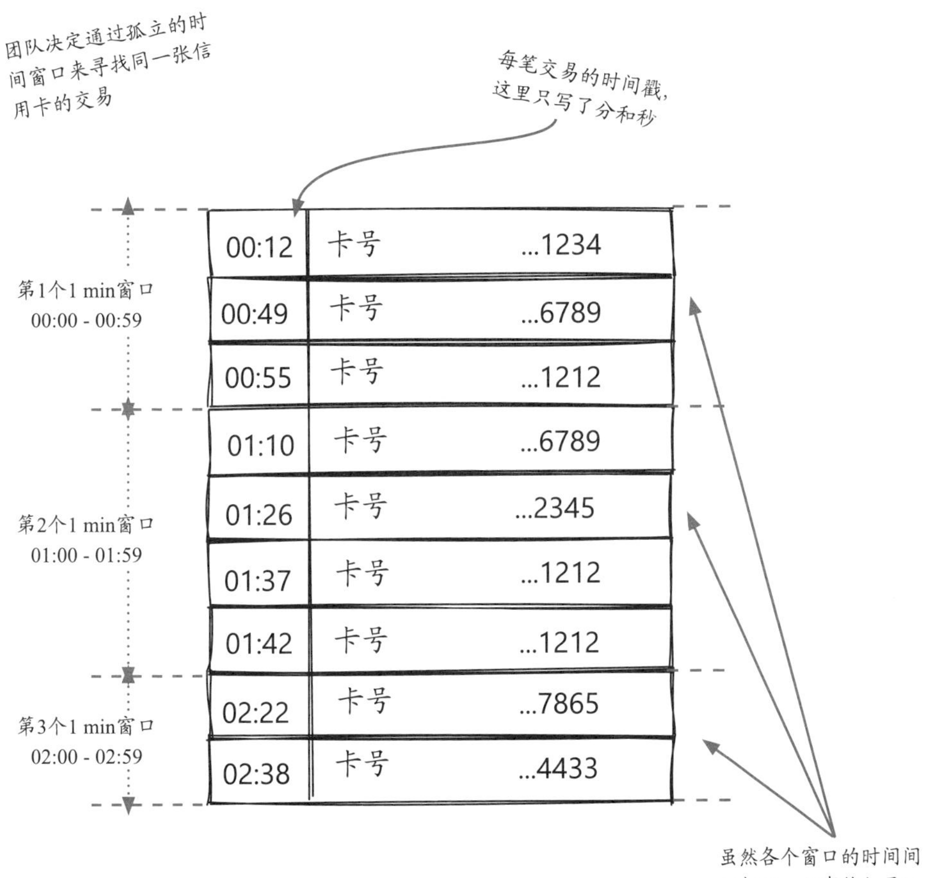

图 7.8 距离分析器中的固定窗口

7.11 用固定时间窗口检测欺诈行为

让我们看看距离分析器在使用固定时间窗口时会有什么表现。每个窗口的交易数量最多只有几个，因此我们可以很容易地学习窗口的概念。

仔细看图 7.9，你能更清楚固定时间窗口会如何影响潜在的欺诈评分。通过运行固定时间的窗口，系统中执行的其他交易被排除在外，即使它们离窗口只有 1s，也是如此。为了准确检测欺诈，你觉得这是我们应该使用的窗口类型吗？

答案是，固定时间窗口对我们的问题来说并不理想。如果同一张卡上的两笔交易只相差几秒，但恰好分到两个不同的固定窗口，比如图中尾号 6789 的卡上的两笔交易，我们就无法对这两笔交易进行位置接近检测。

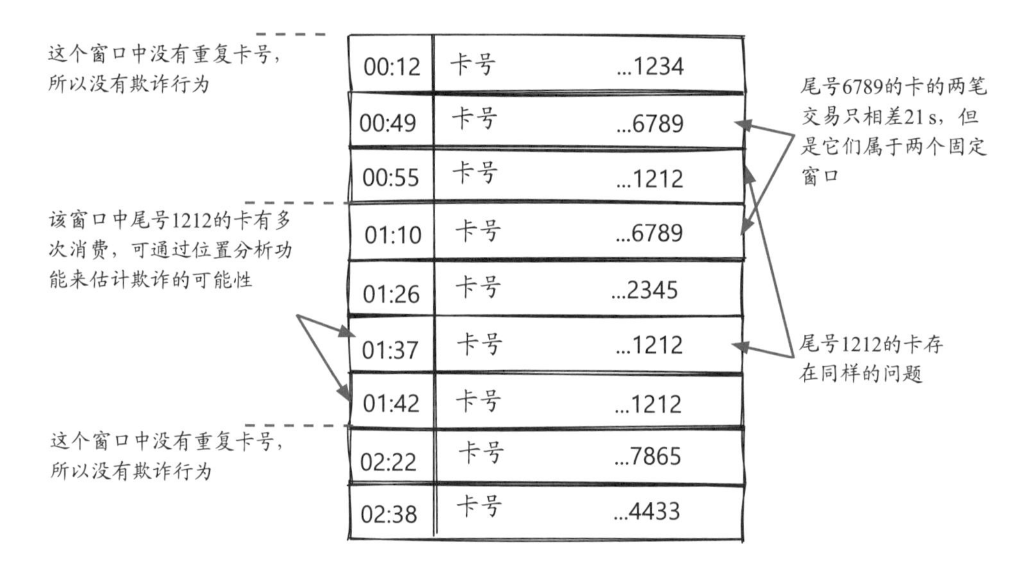

图 7.9 固定时间窗口使用示例

7.12 固定窗口：时间与数量

在讲下个窗口策略之前，让我们先看看固定窗口的两种类型（见图 7.10）。

- 时间窗口由固定的时间间隔定义。
- 计数窗口由固定的事件处理数量来定义。

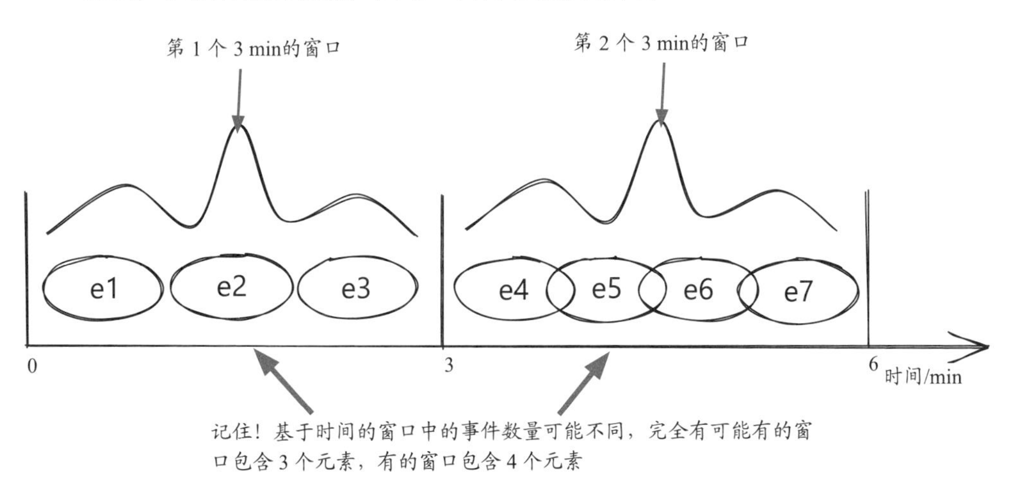

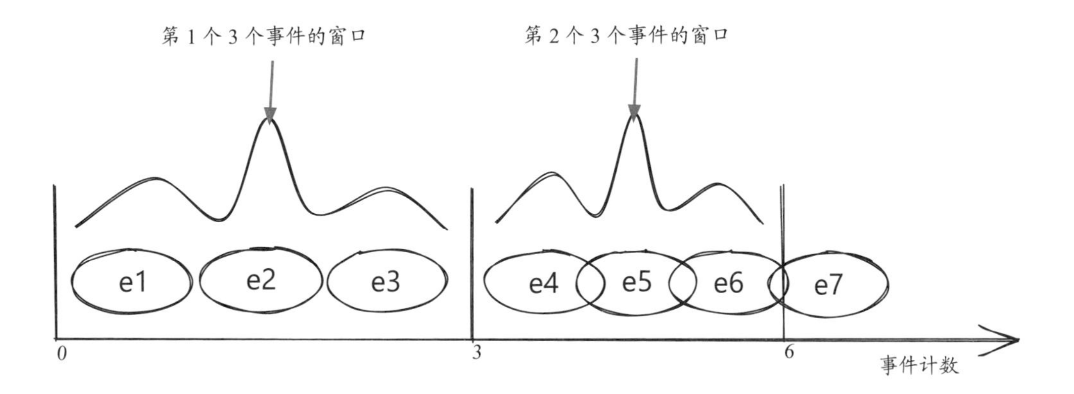

图 7.10 两种窗口策略

7.13 滑动窗口

另一个被广泛支持的窗口策略是滑动窗口[①](sliding window)。滑动窗口与固定窗口类似，但需要额外指定一个滑动间隔 (slide interval)。每个滑动间隔都会创建一个新的窗口，而不是等到前一个窗口结束才创建。从图 7.11 中可以看出，窗口间隔和滑动间隔允许窗口重叠，因此，每个事件可以被纳入一个以上的窗口。技术上讲，可以说固定窗口是滑动窗口的一个特例，其中窗口间隔等于滑动间隔。

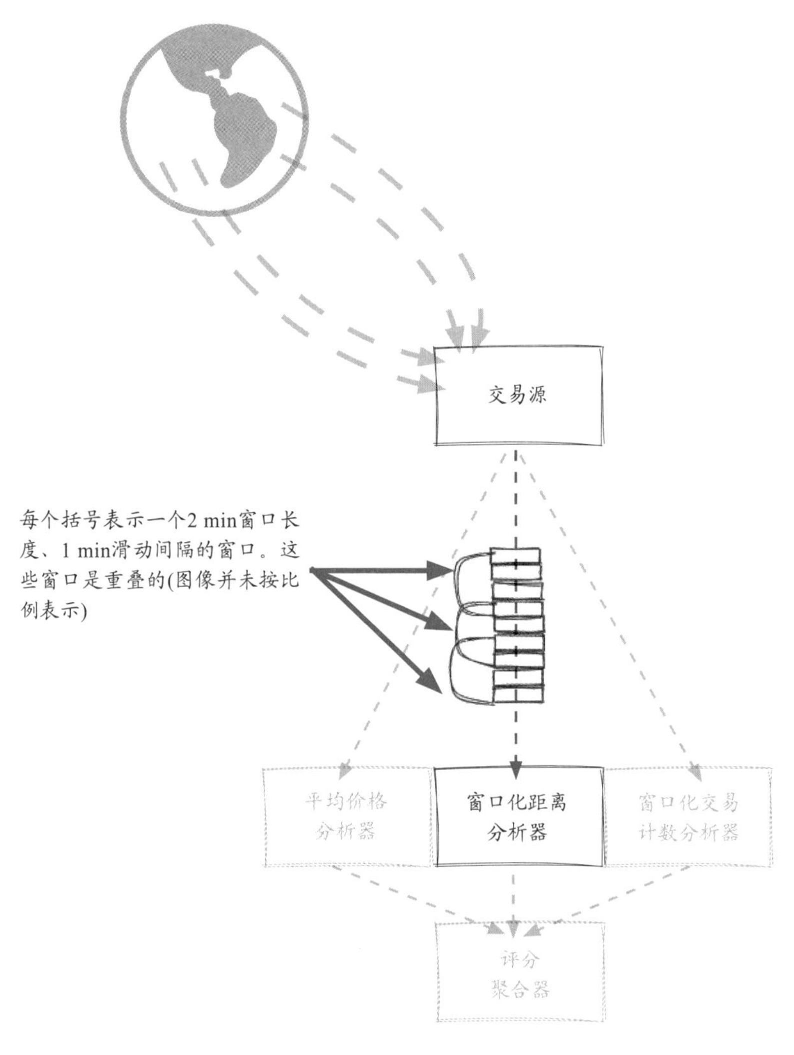

图 7.11 滑动窗口示例

① 译者注：这里的滑动窗口也称作跳跃窗口 (hopping window)。

7.14 滑动窗口与距离分析器

我们可以用滑动窗口来寻找同一张卡在重叠的时间窗口中的重复收费。图 7.12 展示了 1 min 的滑动窗口，滑动间隔为 30 s。在使用滑动窗口时务必记住：一个事件可能出现在多个窗口中。

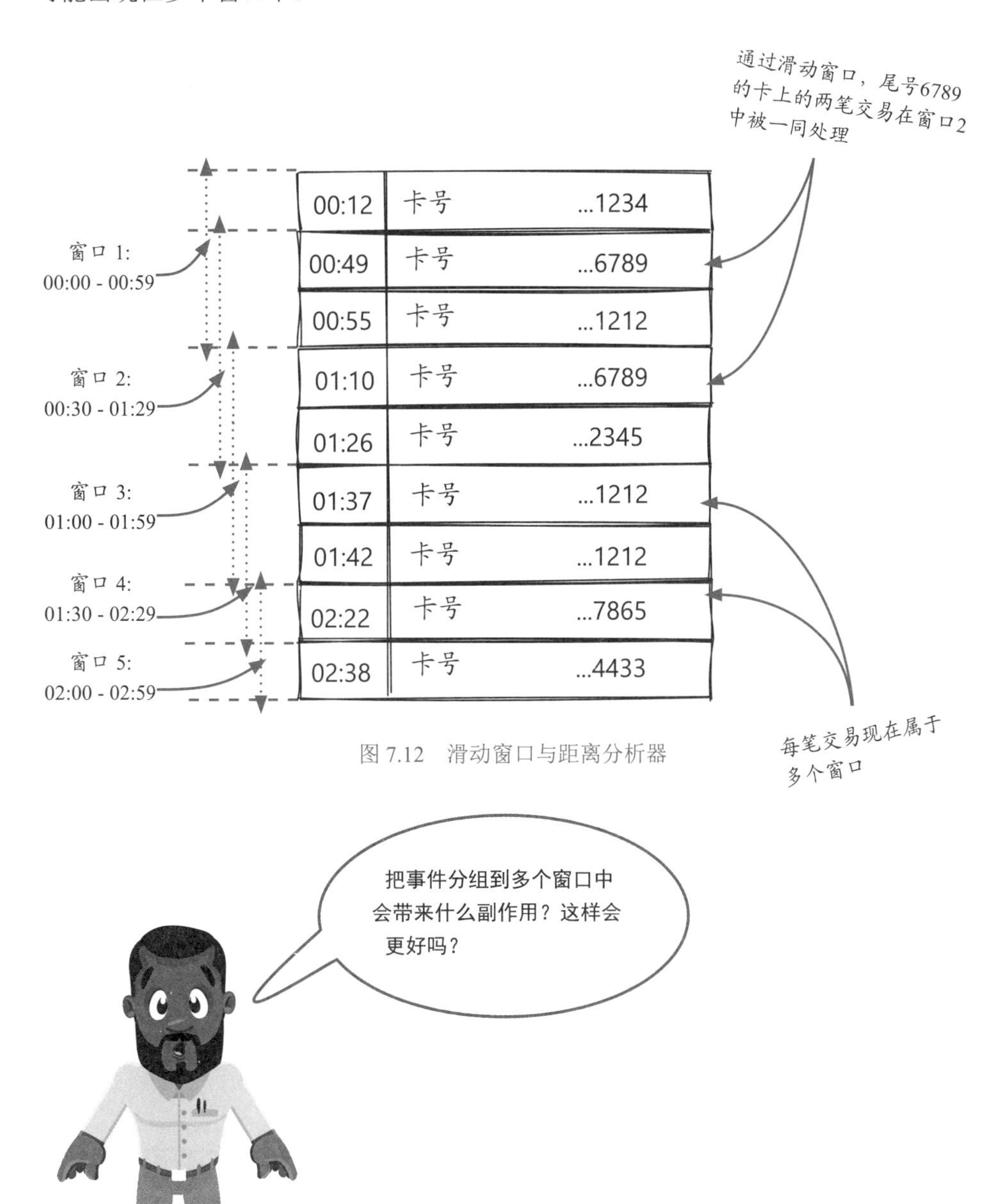

图 7.12 滑动窗口与距离分析器

7.15 用滑动窗口检测欺诈行为

滑动窗口与固定窗口不同——前者根据指定的时间间隔相互重叠。从图 7.13 中可以看出，滑动窗口提供了一个很好的机制来对事件进行更均匀的聚合，以确定是否要将某项交易标记为欺诈行为。和固定窗口一样，滑动窗口有助于裁剪出相关的事件。

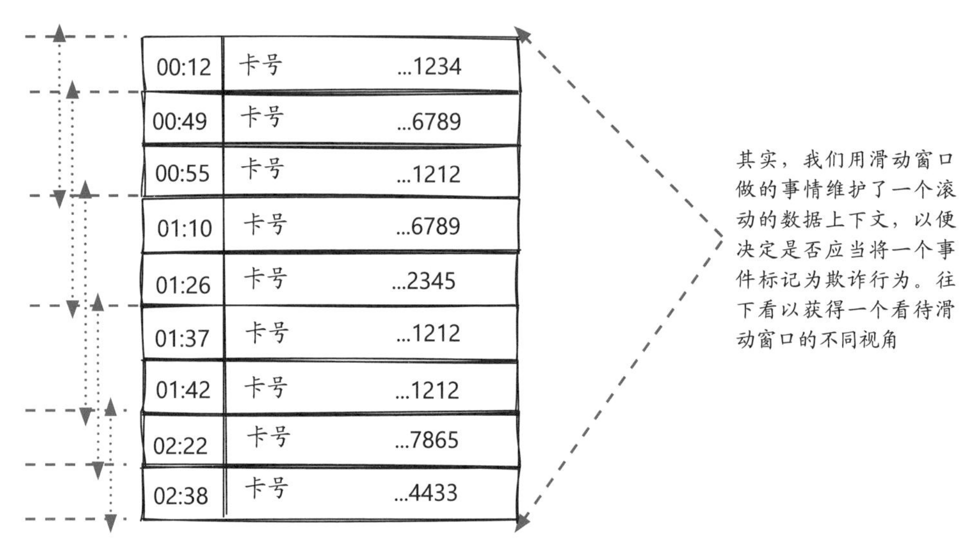

图 7.13 滑动窗口使用示例

随着窗口的滑动，它所操作的数据元素也会发生变化。它在逐渐滑动或前进中所包含的数据，提供了一个更渐进和连续的数据视图 (见图 7.14)。

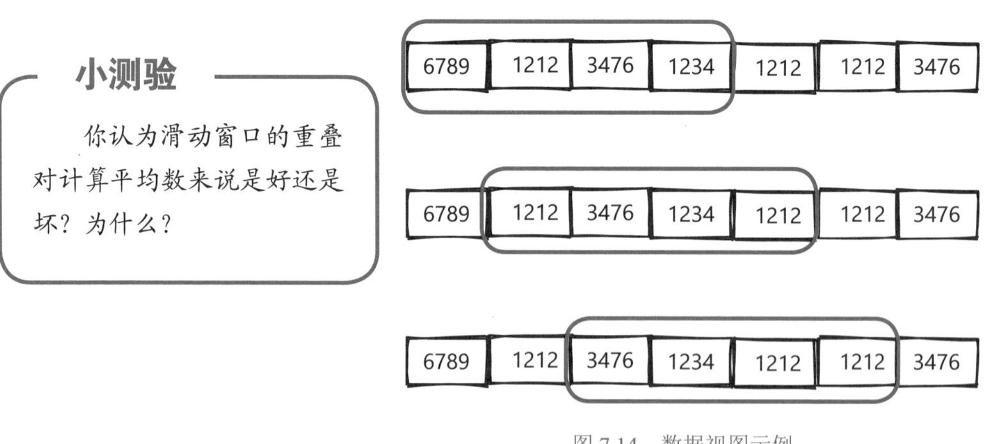

图 7.14 数据视图示例

7.16 会话窗口

在描述具体实现之前，我们想介绍最后一个窗口策略——会话窗口 (session window)。如图 7.15 所示，会话表示一段由指定的不活动间隙隔开的活动期，用于分组事件。通常情况下，会话窗口是特定于键 (key) 的，而不是像固定窗口和滑动窗口那样全局地对待所有事件。

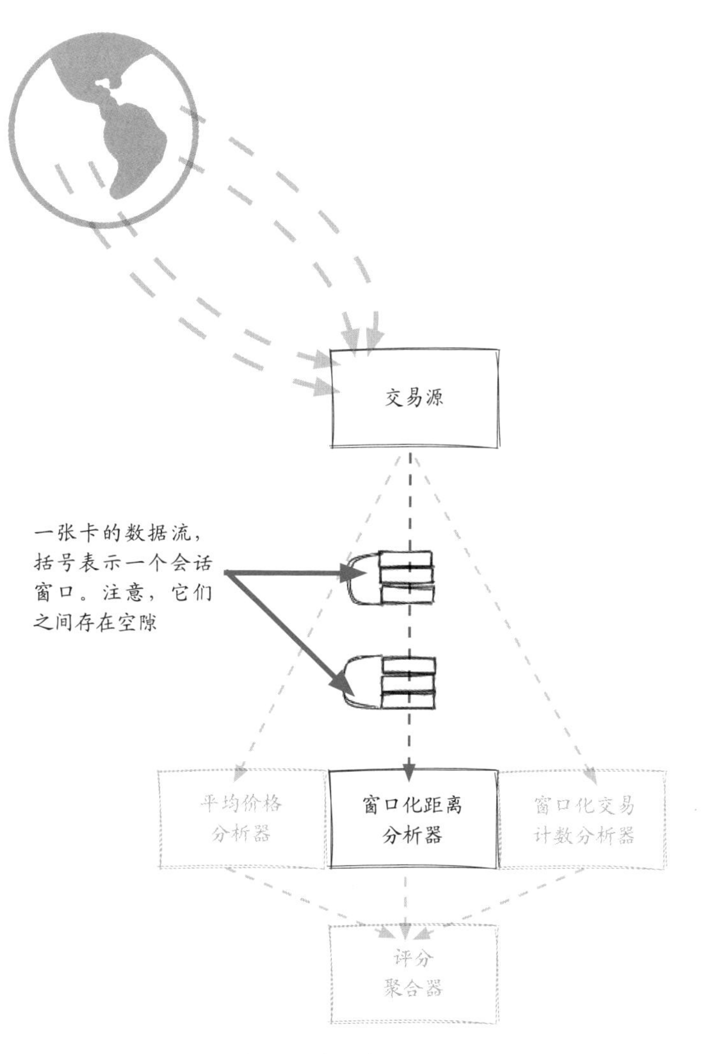

图 7.15　会话窗口示例

7.17 会话窗口(续)

会话窗口通常用超时时间来定义，即会话保持开放的最长时间。假设每个键都有一个定时器，如果直到定时器超时都没有收到某个键的事件，那么对应的会话窗口将被关闭。下次收到这个键的事件时，将开启新的会话。在图 7.16 中，我们看下两张卡的交易 (会话窗口通常是特定于键的，这里的键是卡号)。不活动间隙的阈值是 10 min。

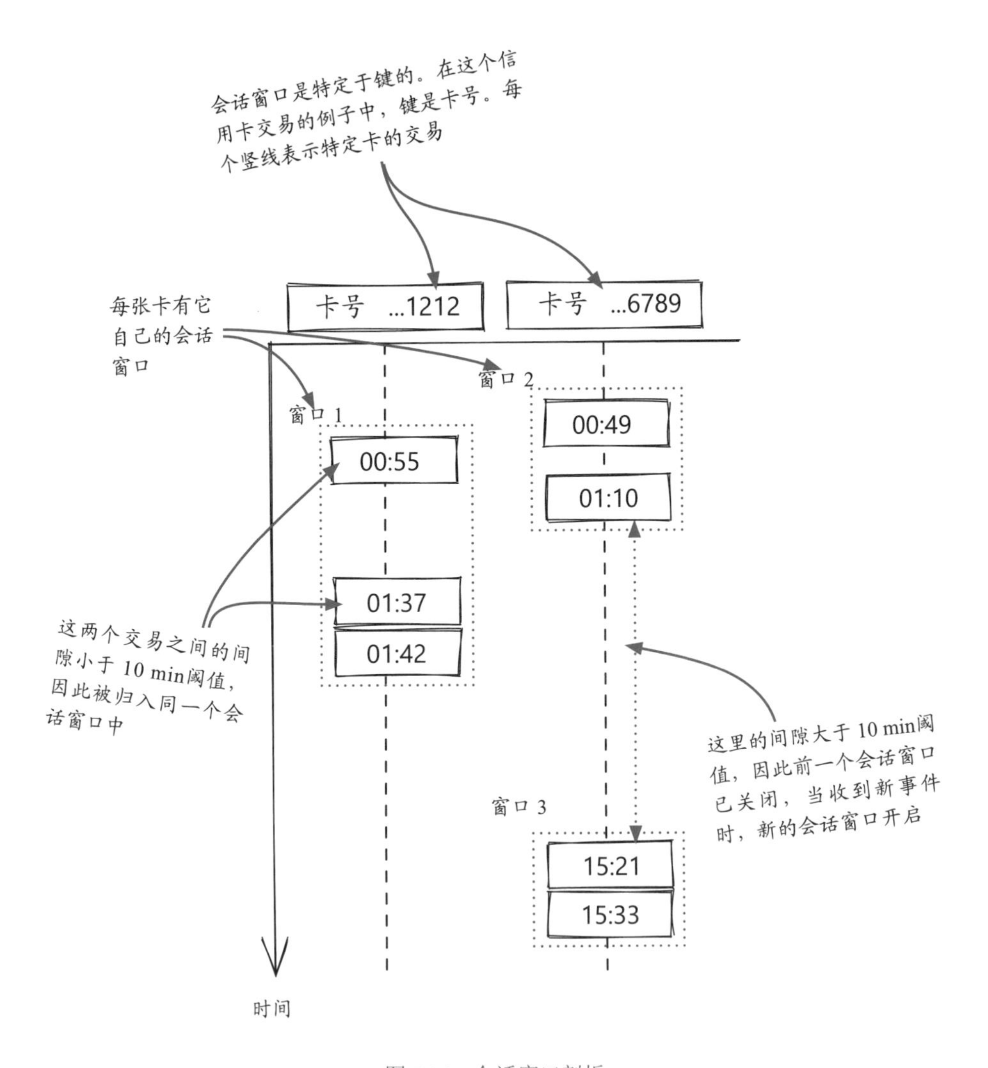

图 7.16 会话窗口剖析

7.18 使用会话窗口检测欺诈行为

相对于固定窗口和滑动窗口来说，会话窗口没有那么简单易懂。本章将尝试探索如何在欺诈检测中使用会话窗口。在目前的设计中，我们没有采用这种模式的分析器，但这可能是个值得考虑的方向，也是演示会话窗口的一个不错的用例。

人们在商场购物时，通常会货比三家，一段时间后最终刷卡购买。之后，购物者可能会去另一家店重复这个模式，或者休息一下(你懂的，购物很累人)。无论哪种情况，很可能会有一段时间没有刷卡，如图 7.17 左侧的时间表所示。

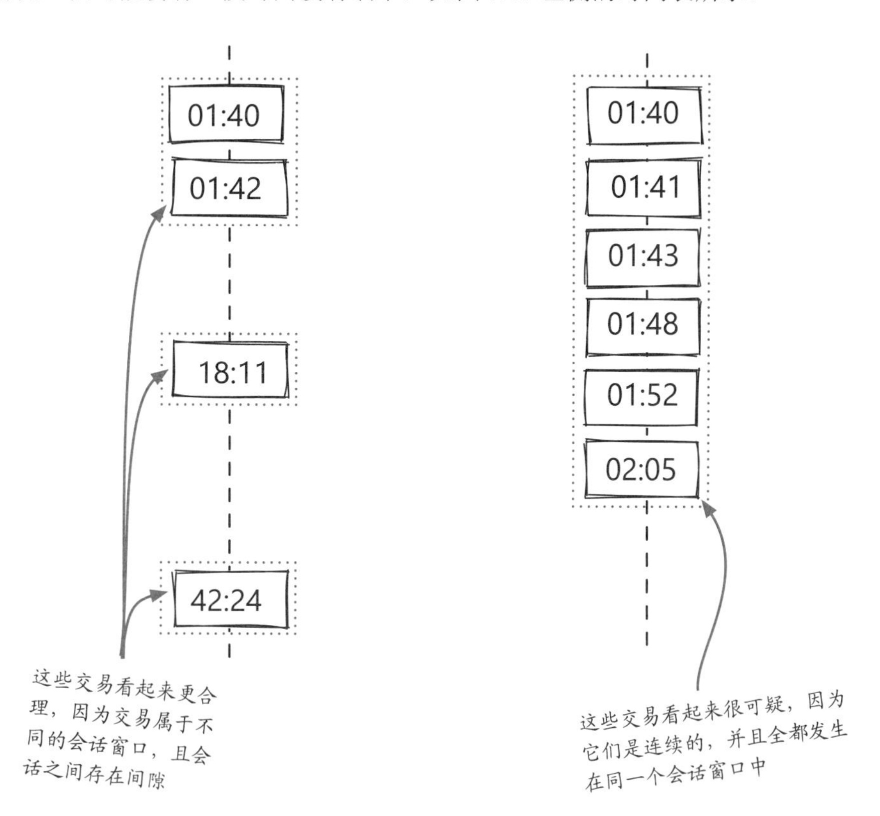

图 7.17　会话窗口使用示例

因此，上面的两条交易时间线中，左边的时间线看起来比右边的更合理，因为在每一个短暂的时间段(会话窗口)内只发生了一到两次交易，而且消费之间存在空隙。在右边的时间线中，该卡被连续扣款多次，而没有合理的时间间隙。

7.19 窗口化策略的总结

我们已经学习了三种不同窗口策略 (见图 7.18)，现在来做个总结并且比较它们的区别。注意，下面比较的是基于时间的窗口，但固定窗口和滑动窗口也可以基于事件计数。

- **固定窗口** (或滚动窗口) 有固定的大小，当前一个窗口关闭时，新的窗口开启。窗口间不会相互重叠。
- **滑动窗口**同样有固定的大小，但新窗口在前一个窗口关闭之前开始。因此这些窗口相互重叠。
- **会话窗口**通常对每个键进行跟踪。窗口在活动时打开，若一段时间内不活动，则关闭。

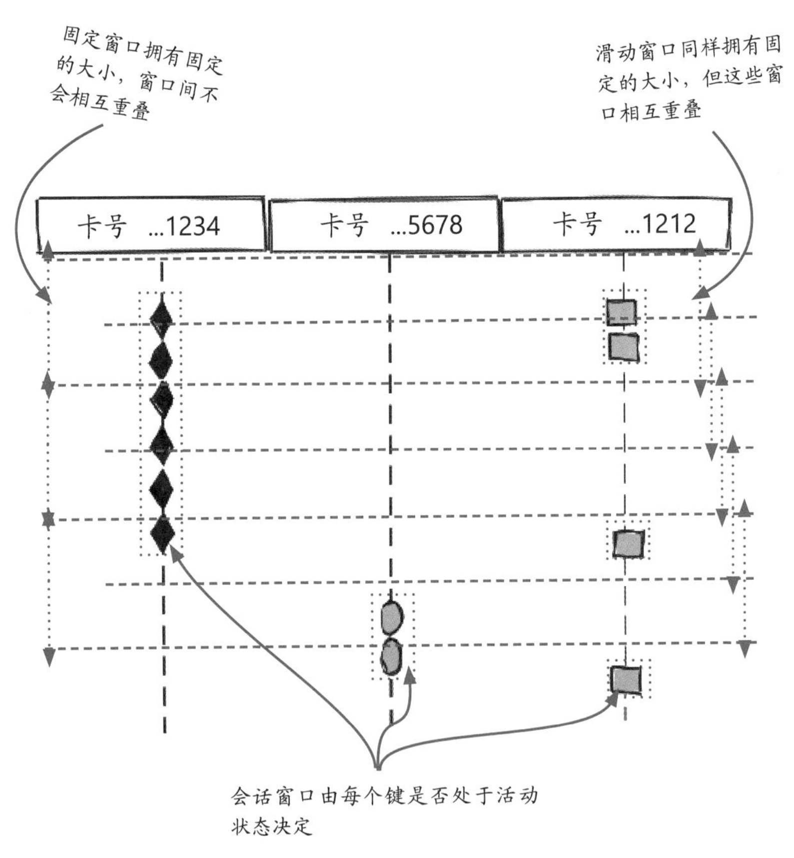

图 7.18 窗口化策略对比

7.20 将事件流切成数据集

说完所有概念，让我们聊聊与实现有关的话题。通过窗口策略，事件被分成小集合来处理，而不再是孤立的事件。由于这个差异，WindowedOperator 接口与普通的 Operator 接口有所不同，如图 7.19 所示。

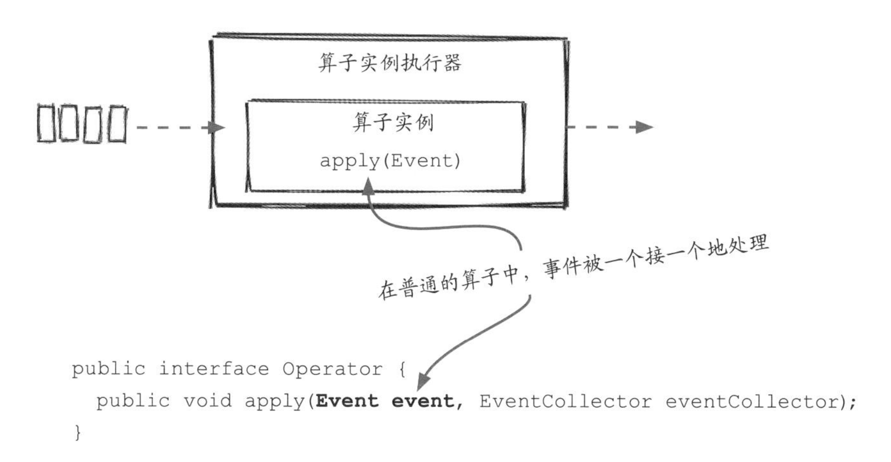

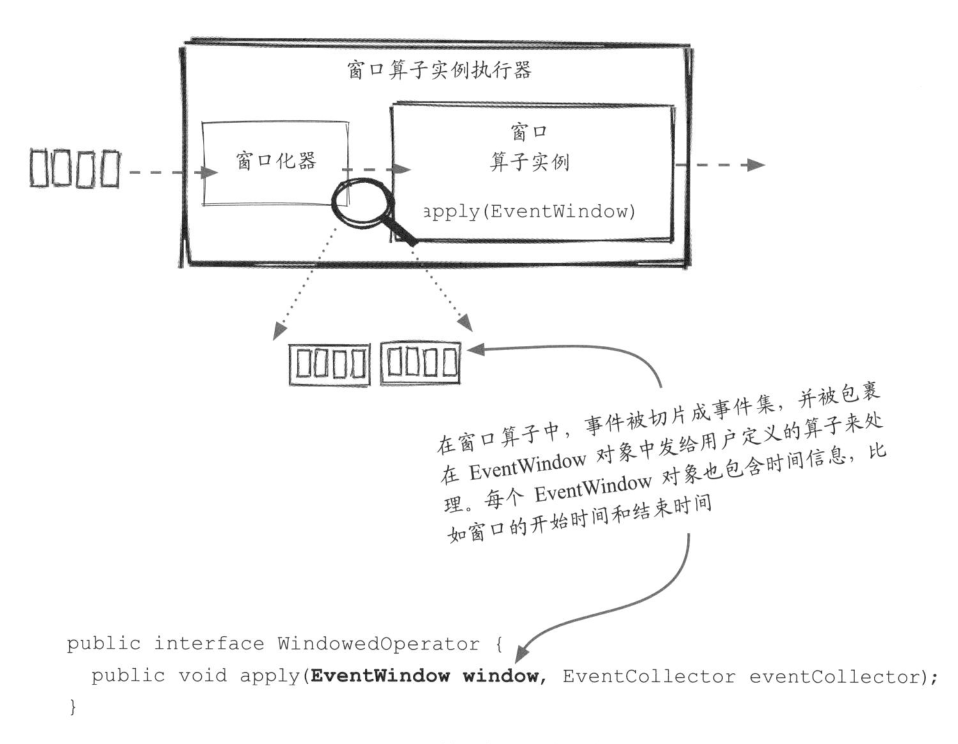

图 7.19 普通算子与窗口算子

7.21 窗口：概念与实现

根本上说，窗口算子是一种将事件重新组织为事件集的机制，流计算引擎通常负责管理事件集。与我们在本章之前看到的作业相比，窗口算子需要消耗更多的资源。每个窗口中的事件越多，流计算引擎为此需要的资源就越多。换句话说，当窗口较小时，流作业的效率更高。然而，真实世界的问题往往不是那么理想。这就是生活吧！

你可能已经看出，在欺诈检测作业中，若使用窗口算子实现距离分析器，会带来一些问题：

- 在这个分析器中，我们希望跟踪相距遥远的交易，并比较它们之间的距离和时间。更具体地说，如果距离大于每小时 500 英里乘以两笔交易之间的时间差 (小时)，算子将交易标记为“可能是欺诈行为”。那么，我们是否需要一个长达数小时的滑动窗口？数以千亿计的交易可能会被收集到这个窗口中，对其进行跟踪和处理的代价十分高昂。
- 如果考虑 20 ms 的延迟要求，事情会更加复杂。对于滑动窗口来说，它的滑动间隔必须足够短。如果间隔太长 (例如 1s)，大多数交易 (那些发生在 1s 的前 980 ms 的交易) 的延迟将会超过 20 ms 的限制。

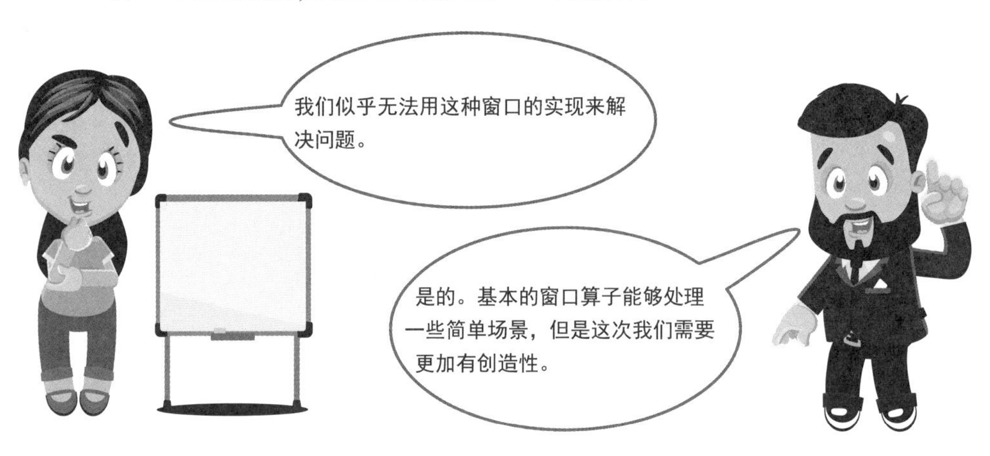

总之，要为某个问题选择正确的策略时，这些概念是很有用的。但是若要在欺诈检测作业中实现分析器，我们就不能单纯依靠框架，而是需要更有创造性。请注意，这在真实的系统中并不罕见。流计算框架主要是为快速和轻量级的工作而设计的，但是生活从来都不是完美和简单的。

7.22 回顾

现在让我们看看这个团队是如何解决这个挑战并阻止偷油贼的。第一步是了解窗口化距离分析器是如何处理交易的。

在这个算子中，我们要追踪每张卡的交易时间和地点，并验证任何两笔交易之间的时间和距离是否违反规则。然而，“窗口内的任何两笔交易”这句话其实并不是必需的。如果我们以稍微不同的方式来看待这个问题，问题就可以简化：任何时候，当有新的交易出现时，我们可将交易的时间和地点与同一张卡上的前一笔交易进行比较，并应用我们的算式，如图 7.20 所示。前一笔交易之前的那些交易，以及其他卡上的交易对结果没有影响，可以忽略。

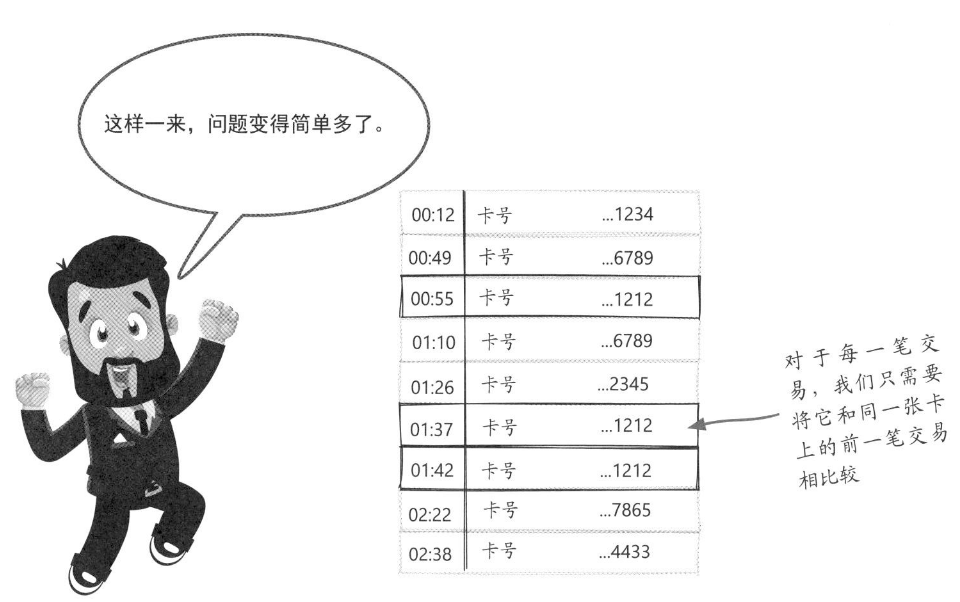

图 7.20　问题剖析

现在，既然我们已经有了算式，问题就变得非常简单了：我们如何找到同一张卡上的前一笔交易？

你可能想问：滑动窗口可以吗？好问题，我们也再看一看。地球的周长约为 25 000 英里，所以 12 500 英里是地球上任意两个地点间的最大距离。根据每小时 500 英里的旅行速度规则，一个人可以在大约 25 h 内到达地球上的任何地方。因此，超过 25 h 的交易就不需要计算了。要解决的问题就变为：“我们如何能找出过去 25 h 内同一张卡上的前一笔交易？”

7.23 键值存储入门

思考了窗口化距离分析器的工作原理之后，他们决定使用键值存储系统来实现该算子。对于构建我们自己的窗口算子 (而不是用流计算框架提供的标准窗口算子)，键值存储是个很有用的技术，因此需要提前介绍一下。

键值存储 (key-value store，也称为 K-V 存储) 是一种数据存储系统，用于存储和检索带有键 (key) 的数据对象。键值存储在这十年非常流行。如图 7.21 所示，它的工作方式就像字典，其中每条记录都可以由一个特定的键唯一标识。与更传统 (也更广为人知) 的关系数据库不同，键值存储中的记录是完全相互独立的。

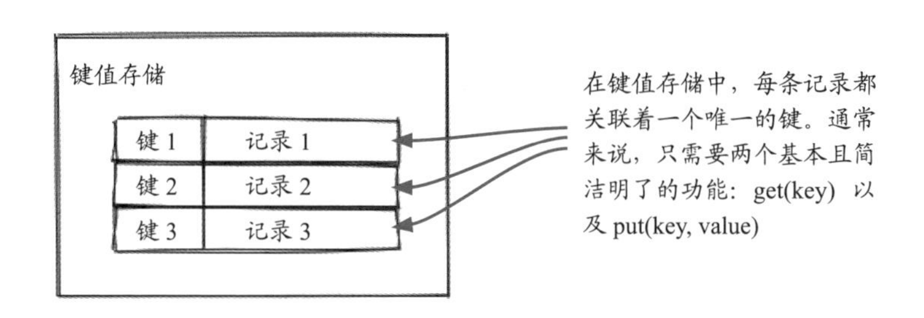

图 7.21 键值存储

为什么我们希望存储系统有更少的功能？主要优点是性能和可扩展性。因为键值存储不需要跟踪不同记录、行和列之间的关系，内部计算可以比传统数据库简单得多。因此，读和写等操作运行得更快。而且由于记录相互独立，我们也更容易将数据分布在多个服务器上，从而提供一个可以处理海量数据的键值存储服务。这两个优点对于欺诈检测系统以及其他许多数据处理系统至关重要。

部分键值存储还支持一项有趣的特性——过期 (expiration)。当添加键值对到存储中时还可以设定过期时间，使系统可以自动删除到期的键值对并释放资源。该特性对于流系统的窗口算子非常方便 (更具体地说，就是我们描述问题时提到的“过去 25 h 内”)。

7.24 实现窗口化距离分析器

在键值存储的帮助下，流计算引擎不需要在内存中保存和跟踪窗口中的所有事件，这个责任被转交给系统开发者了。坏消息是，键值存储的用法可能因不同情况而异。用键值存储实现窗口策略时，没有简单的公式可以遵循。下面看看窗口化距离分析器的例子。

在该分析器中，我们需要将每笔交易的时间和地点与同一张卡上的前一笔交易进行比较。当前交易在输入的事件中，而每张卡的上一次交易需要保存在键值存储中。键是卡的ID，值是时间和地点(为了简单起见，在后面的源代码中，整个事件被存储为值)。

```
public class WindowedProximityAnalyzer implements Operator {
  final static double maxMilesPerHour = 500;
  final static double distanceInMiles = 2000;
  final static double hourBetweenSwipes = 2;
  final KVStore store;

  public setupInstance(int instance) {
    store = setupKVStore();
  }

  public void apply(Event event, EventCollector eventCollector) {
    TransactionEvent transaction = (TransactionEvent) event;
    TransactionEvent prevTransaction = kvStore.get(transaction.getCardId());

    boolean result = false;
    if (prevTransaction != null) {
      double hourBetweenSwipe =
          transaction.getEventTime() - prevTransaction.getEventTime();
      double distanceInMiles = calculateDistance(transaction.getLocation(),
          prevTransaction.getLocation());

      if(distanceInMiles > hourBetweenSwipe * maxMilesPerHour) {
        // 将此交易标记为潜在的欺诈行为
        result = true;
      }
    }

    eventCollector.emit(new AnazlyResult(event.getTransactionId(), result));
    kvStore.put(transaction.getCardId(), transaction);
  }
}
```

这里使用 Operator 而不是 WindowedOperator

初始化键值存储

从键值存储加载前一个交易

检测欺诈性交易

以卡号为键，将当前事件储存到键值库。之前的值将被替换

7.25 事件时间和事件的其他时间

结束本章之前，我们还要再讲一个概念。在窗口化距离分析器的代码中，以下这部分值得仔细看看。

```
transaction.getEventTime();
```

那么，什么是事件时间 (event time)？还有其他时间吗？事件时间是指事件实际发生的时间。对事件的处理并不是立即发生的。在事件发生后，它通常会先被收集起来，之后发往后端系统，然后更晚才会真正被处理。所有这些都发生在不同的时间，所以，是的，还有相当多的其他时间。我们以一个简单的交通监控系统(见图7.22)为例，看看与一个事件相关的重要时间。

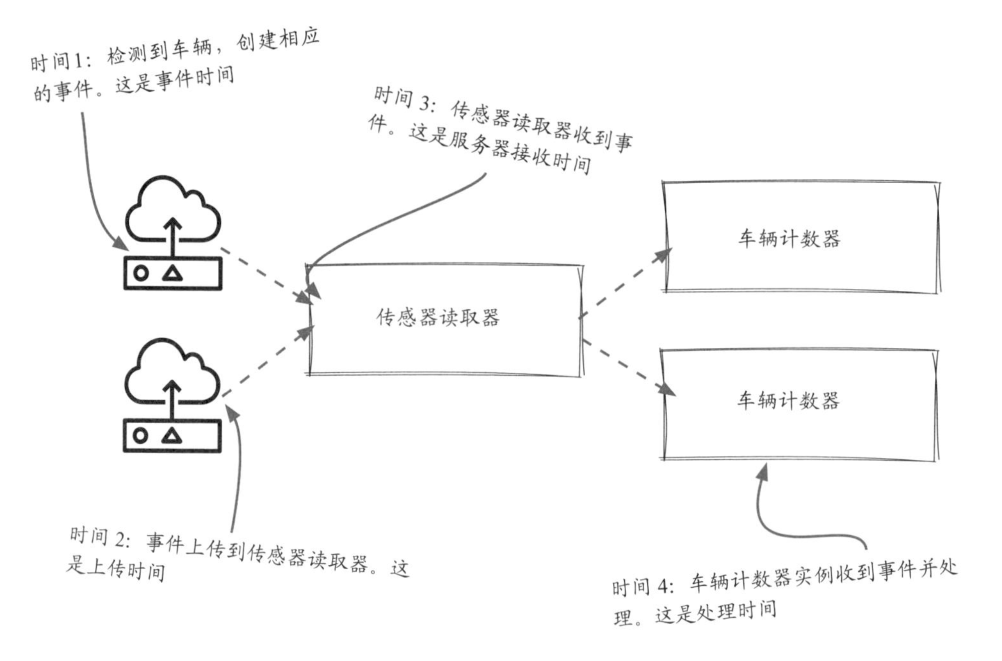

图 7.22 与事件相关的重要时间

所有这些时间中，最重要的是事件时间和处理时间 (processing time)。事件时间就像人的生日，而处理时间则是事件被处理的时间。在欺诈检测系统中，我们真正关心的是刷卡的时间，也就是交易的事件时间。事件时间通常包含在事件对象中，以让事件的所有计算都获得相同的时间，从而得到一致的结果。

7.26 窗口水位

事件时间用于许多窗口计算中，重要的是了解事件时间和处理时间之间的差距。因为这个差距的存在，我们在本章学到的窗口策略并不像它们看起来那么简单。

如图 7.23 所示，以交通监控系统为例，车辆计数器被设定为简单的固定窗口，计算每分钟检测到的车辆数量，那么窗口打开和关闭的时间是什么？请注意，每个事件到达车辆计数器算子实例的时间 (处理时间) 比传感器创建事件的时间 (事件时间) 要晚一些。如果窗口结束时间一到就立即关闭窗口，那么靠近窗口结束时间发生的事件将会丢失，因为它们当时还未被计数器实例接收。注意，它们不能被放入下一个窗口，因为根据事件时间，它们属于已经关闭的这个窗口。

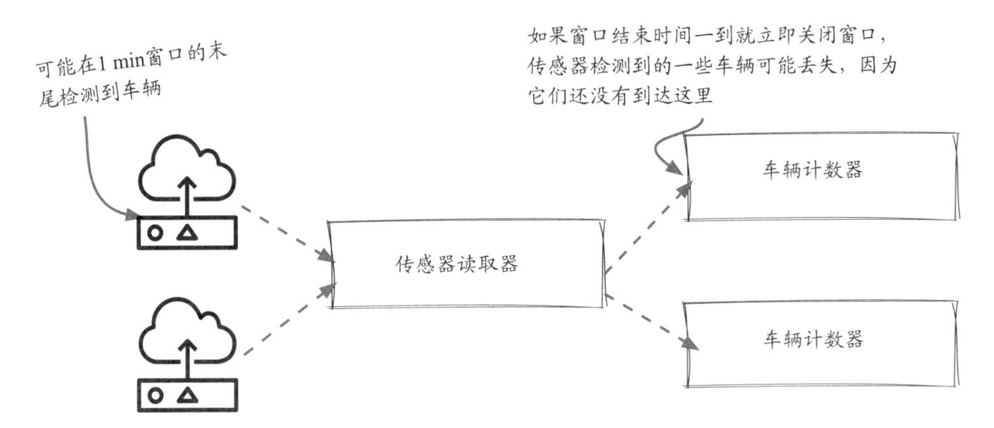

图 7.23　事件时间和处理时间的差距

避免丢失事件的方式之一是让窗口多开一会儿，等待接收事件。这个额外的等待时间通常称为窗口水位 (windowing watermark)，图 7.24 对这一概念进行了解析。

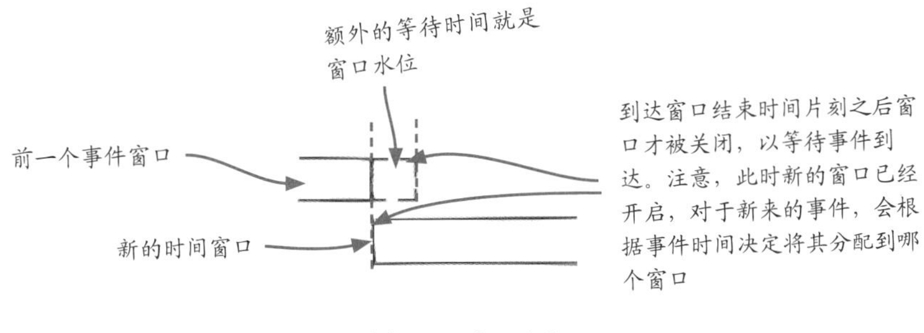

图 7.24　窗口水位

回顾一下窗口化距离分析器的实现，水位是标准的窗口策略不太适用于该场景的另一个原因。若在处理事件集之前留出额外的时间，会引入额外的延迟，导致 20 ms 的延迟要求更加难以满足。

7.27 迟到事件

为了避免丢失事件并生成完整的事件集以进行处理，窗口水位是必不可少的。这个概念应该不难理解，但决定要等待多长时间却并不是容易的事。

例如，交通监控系统(见图7.25)中，我们的传感器工作得非常好。因此通常情况下，所有的车辆事件都在1 s内被成功收集。这种情况下，1 s的窗口水位可能很合理。

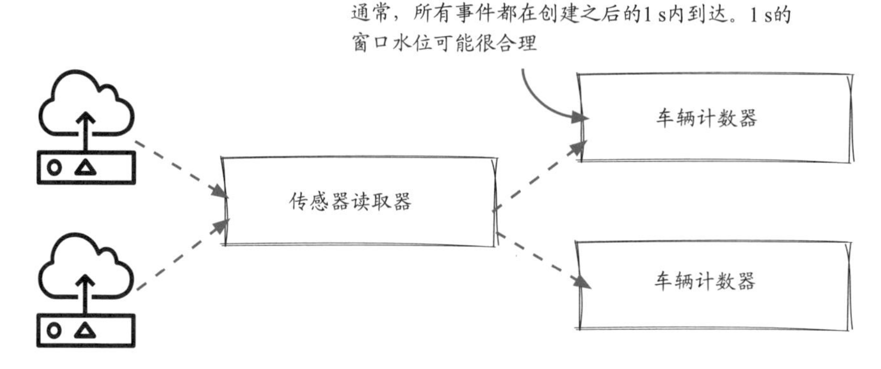

图7.25 交通监控系统的窗口水位

然而，“通常”这个词值得警惕。本书之前提到过不止一次，构建任何分布式系统的一个主要挑战就是故障处理。不妨时常问问自己：如果不能像预期那样工作，怎么办？即使在像这样简单的系统中，如果出现问题，事件也可能被延迟到1 s之后——例如，传感器读取器可能暂时变慢，网络连接可能不稳定。当延迟发生时，窗口关闭后收到的事件被称为迟到事件(见图7.26)。对此，我们能做些什么呢？

有时，丢弃迟到事件是一种选择，但在许多其他情况下，重要的是正确处理这些事件。大多数流计算框架都提供了处理迟到事件的机制，但由于处理方式是特定于框架的，在此我们不做深入的研究。现在只需要将这些迟到事件放在心上，不要忘记它们的存在。

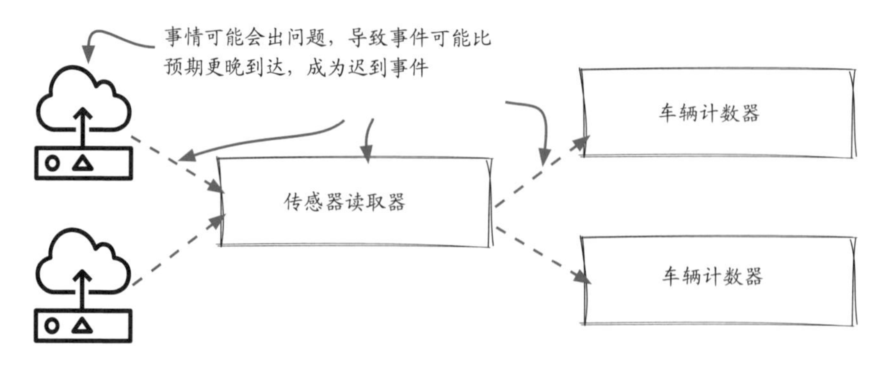

图7.26 迟到事件示例

7.28 小结

窗口计算在流系统中至关重要，它能将孤立的事件切片成事件集以进行处理。本章讨论了大多数流计算框架广泛支持的三种标准窗口策略。

- 固定窗口
- 滑动窗口
- 会话窗口

流计算框架中支持的基本窗口有其自身的局限性，很多情况下可能不满足需求。因此，除了理解概念和流计算框架如何处理窗口算子，我们还学习了如何使用键值存储来模拟窗口算子，以克服其局限性。

本章最后还介绍了三个相关的概念，这些概念在解决真实世界的问题时非常重要：

- 与每个事件相关的各种时间，包括事件时间与处理时间
- 窗口水位
- 迟到事件

7.29 练习

本章开始时，我们提到有两种方法来阻止信用卡欺诈交易：

- 阻止个别信用卡的消费。
- 阻止某个加油站处理任何信用卡。

之后的内容重点关注了如何检测个别信用卡的问题，但没怎么讨论第二个选项。给你的练习：如何检测可疑的加油站并阻止它们处理信用卡？

第8章 Join 操作

本章内容：

- 实时地关联不同类型的事件
- 何时使用 Inner Join 和 Outer Join
- 应用窗口 Join

> “一个SQL查询来到酒吧，走到两张桌子(table)前问道：我能加入(join)你们吗？”
>
> ——佚名

如果你曾经用过 SQL(Structured Query Language，结构化查询语言) 数据库，那你很可能也用过或至少了解过 Join 子句。流计算中的 Join 操作可能不像数据库中的那么关键，但它依然是个非常有用的概念。本章中，我们将学习 Join 在流计算中的工作方式。我们将以数据库中的 Join 作为引子，然后讨论流计算系统中的细节。如果你很熟悉 Join，可以跳过前几页的介绍内容。

8.1 即时 Join 排放量数据

嘿,你知道吗？老大很幸运地得到了一个机会——追踪加州硅谷的汽车排放量(见图 8.1)。真不错，不是吗？

每个伟大的机会都伴随着挑战。团队需要用某种办法将位于城市某些地点的车辆事件与车辆的预估排放量即时地关联在一起。他们将如何做到这一点？一起看看吧。

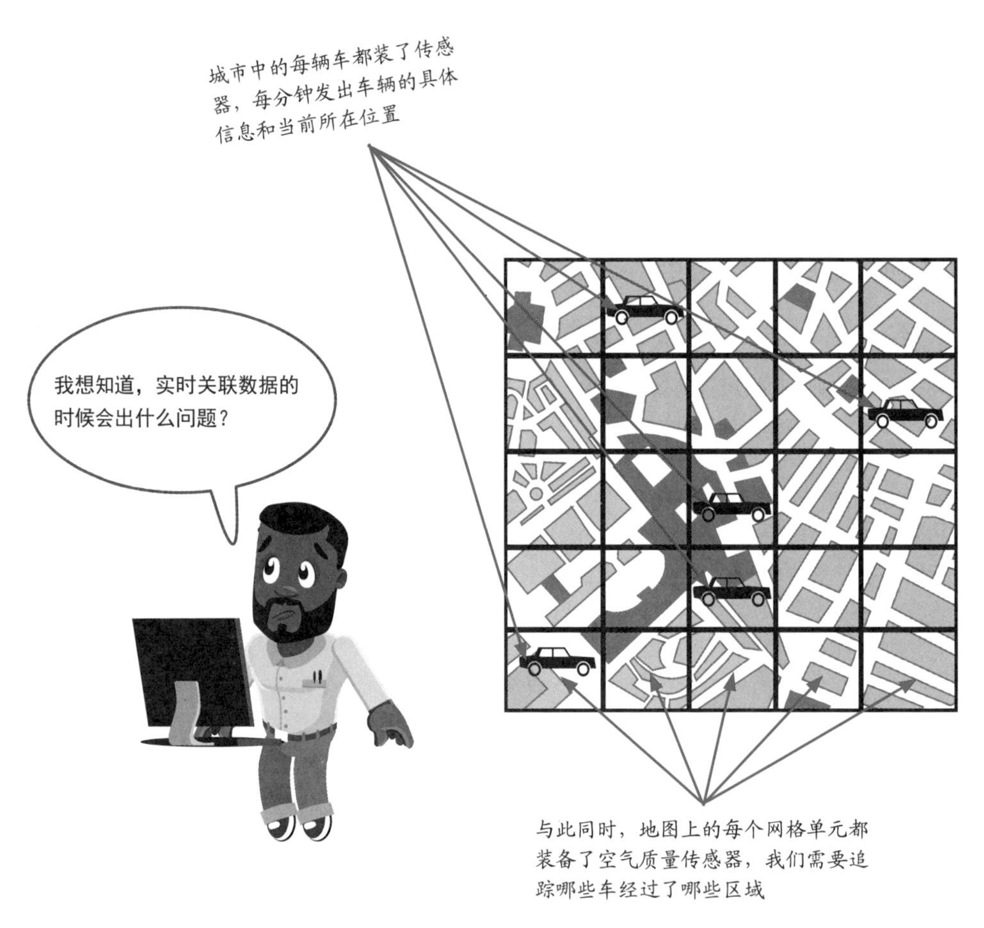

图 8.1 追踪加州硅谷的汽车排放量

8.2 排放量作业初版

他们已经实现了排放量作业的第一个版本 (见图 8.2)。最有趣的部分是排放量解析器右边的数据存储。它是一个静态查询表，供排放量解析器查找每辆车的排放量数据。注意，在这个系统中，我们假设相同品牌、型号和年份的车辆具有相同的排放量。

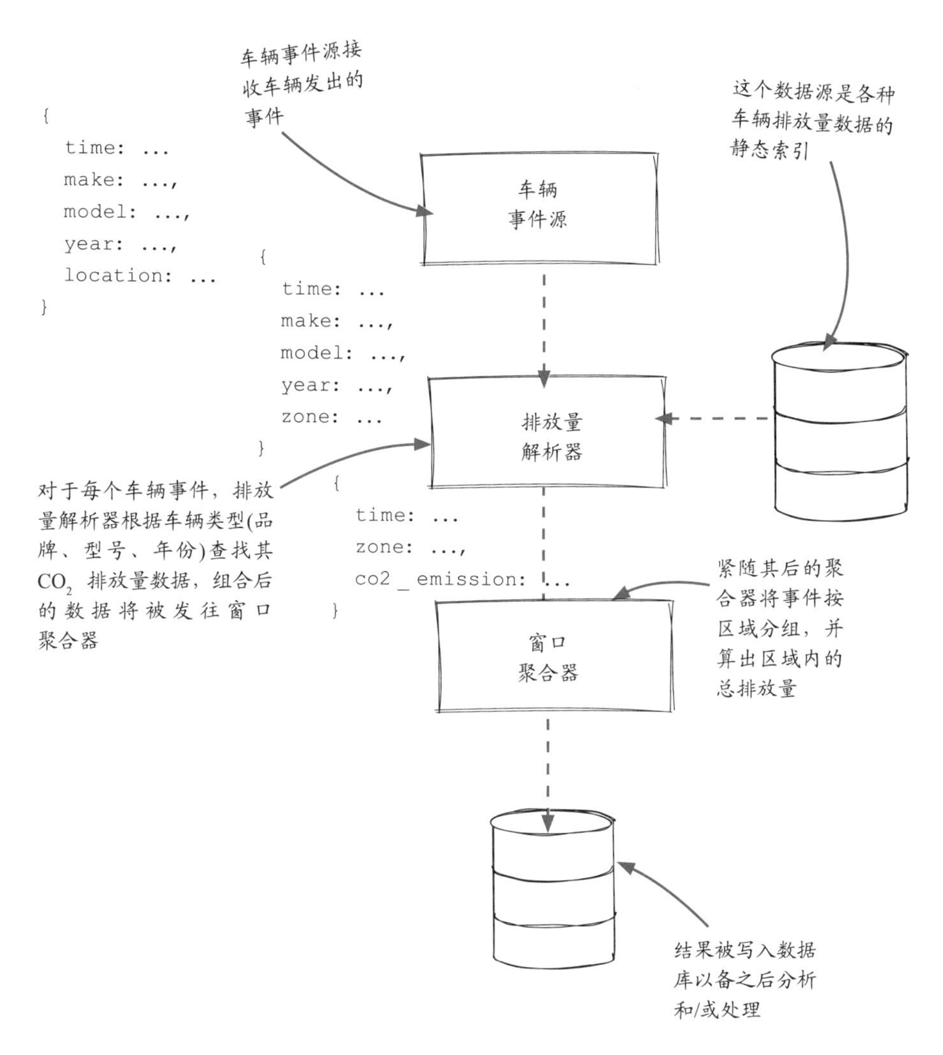

图 8.2 排放量作业初版

8.3 排放量解析器

排放量解析器(见图 8.3)是本作业中的关键部分，它输入车辆事件，从存储中找到该车辆的排放量数据，然后发出一个排放量事件，其中包含区域和排放量数据。注意，输出的排放量事件包含两个来源的数据：输入的车辆事件以及排放量表。

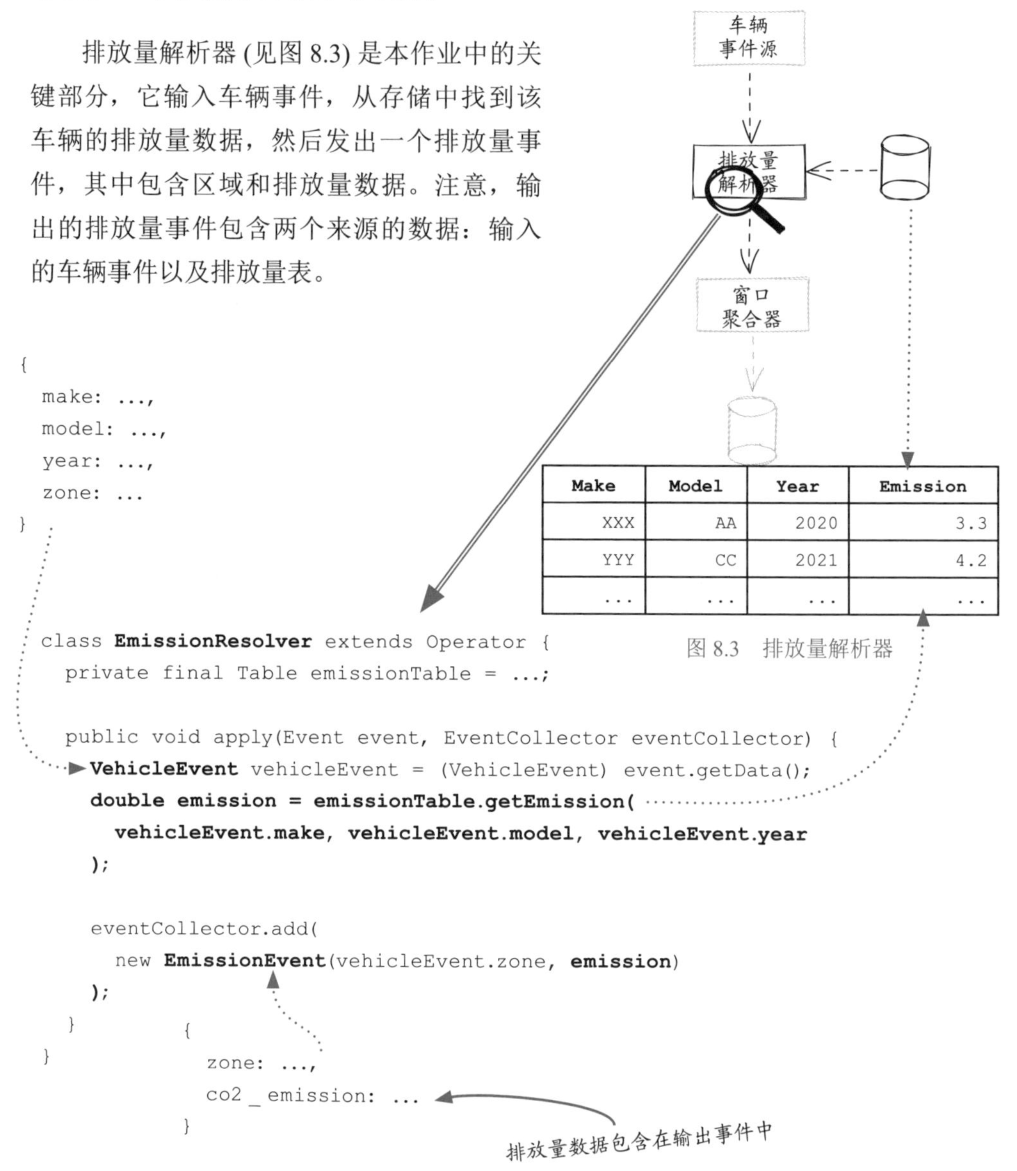

Make	Model	Year	Emission
XXX	AA	2020	3.3
YYY	CC	2021	4.2
...	...	...	...

图 8.3 排放量解析器

这一操作可被看作一个最基本的 Join 算子，根据不同数据源之间的相关数据(车辆品牌、型号和年份)将数据结合起来。然而，排放量数据来自一张表而不是流。流作业中的 Join 算子更进一步，它能够处理实时数据。

8.4 准确性是个问题

该作业总体运行良好，成功生成了实时排放数据。然而，公式中还缺少一个重要的因子：温度 (在不同的温度下，CO_2 的排放量是不同的，而且加州有不同的季节)。因此，该系统报告的各区域排放量不够准确。现在已经来不及在每辆车上加装温度传感器，所以团队必须以其他方式解决该问题。

8.5 排放量作业增强版

如图 8.4 所示，团队添加了另一个数据源，将当前的温度事件输入作业中，以提升报告的准确性。先使用区域 ID 将温度事件和车辆事件 Join 在一起，再将输出的排放量事件送入排放量解析器中。

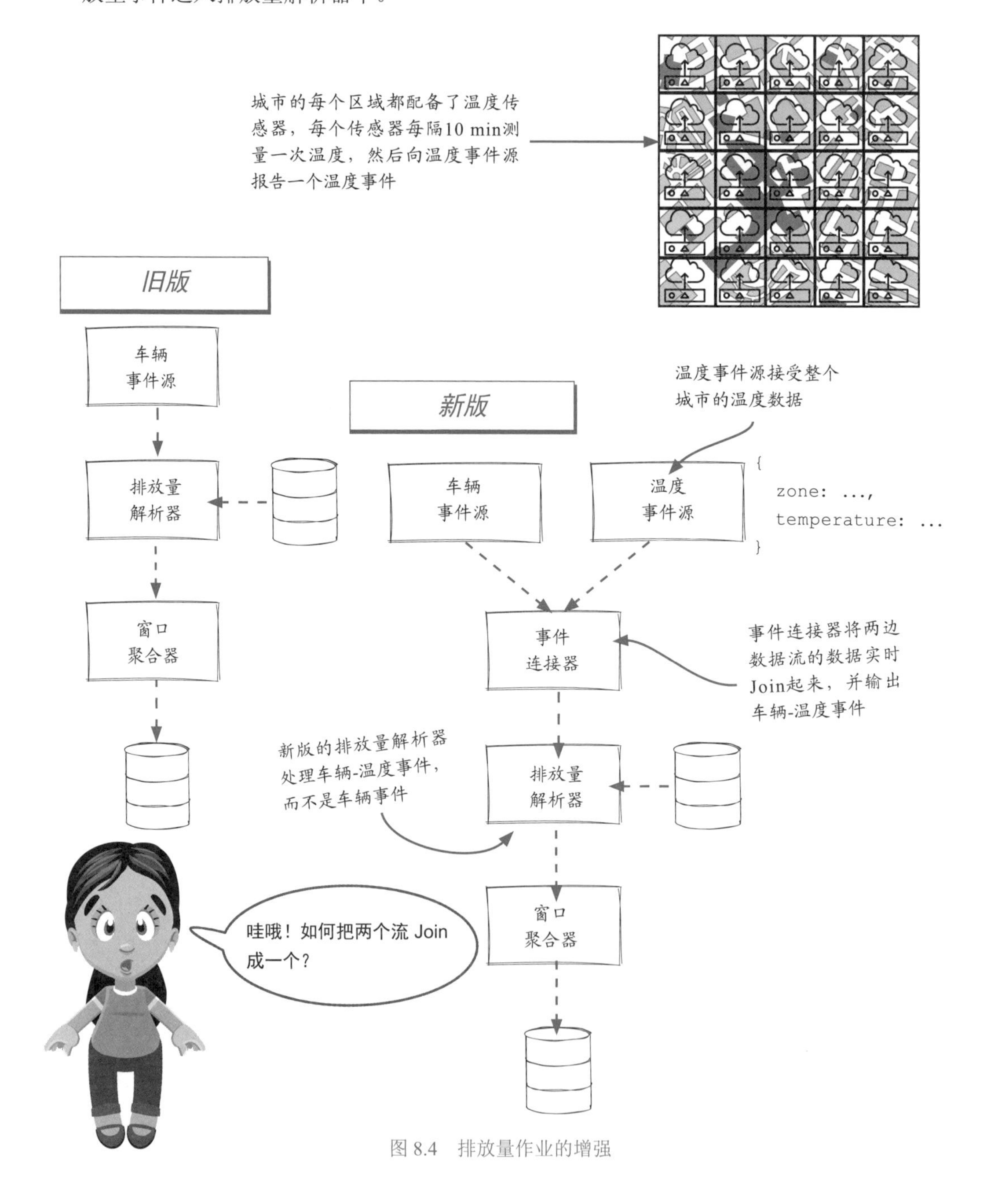

图 8.4 排放量作业的增强

8.6 聚焦 Join

从图 8.5 中可以看出，新版的主要变化如下：

- 新增的数据源将温度事件接入流作业中。
- Join 算子将两个流合并成一个。

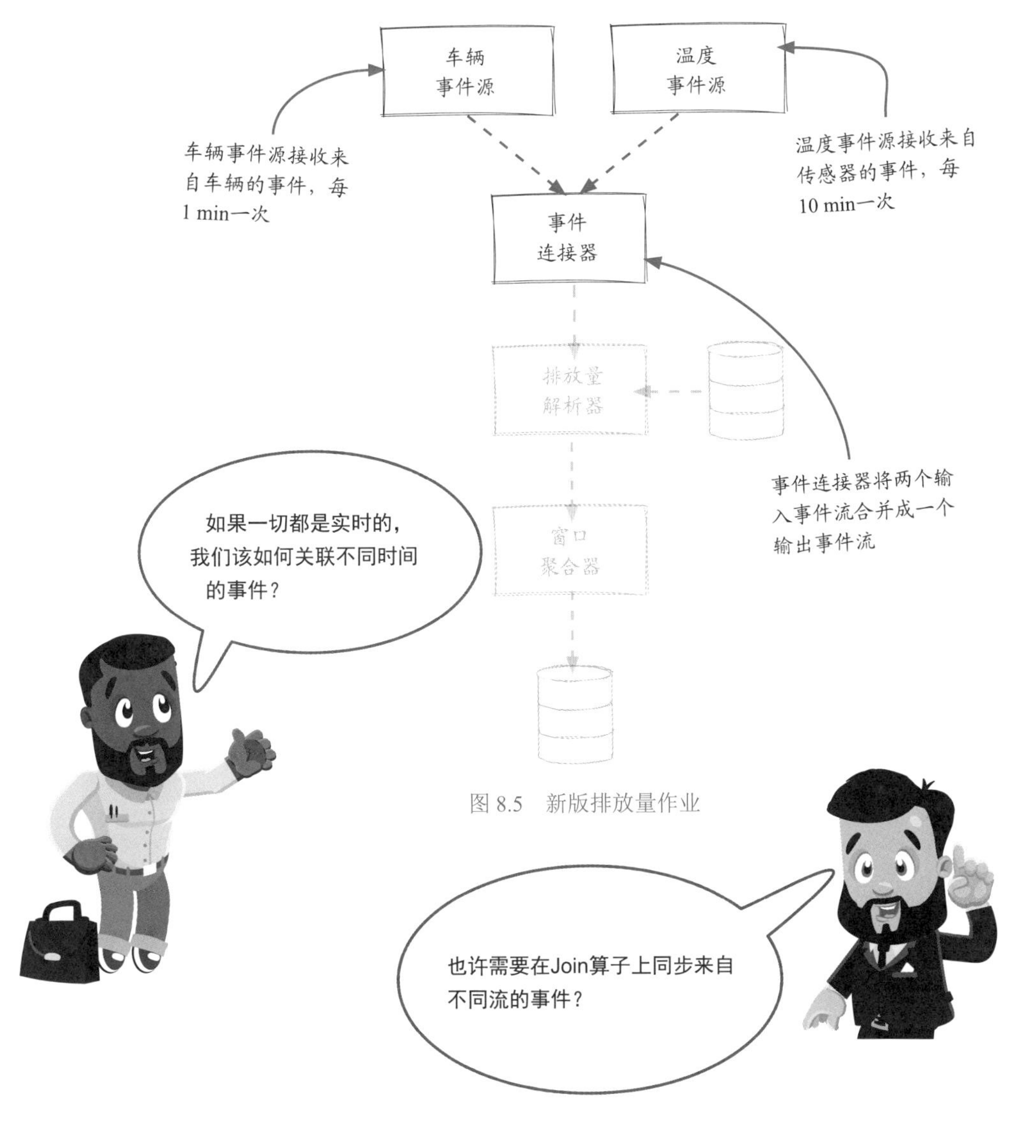

图 8.5　新版排放量作业

温度事件源的工作方式与普通的事件源一样，负责将数据接入流作业。关键变化在于新增的事件连接器 (Join 算子)，它有两个输入事件流和一个输出事件流。事件是实时到达的，通常来自不同流的事件不大可能完全同步。如何在 Join 算子中将不同类型的事件合并起来？让我们来仔细看看。

8.7 到底什么是 Join

当提到 Join 算子时，很自然会想到 SQL。毕竟，Join 是来自关系数据库的术语。

Join 是 SQL 的一种语句，它从一个表中抽取一定数量的字段，并将它们与另一个或多个表中的另一组字段结合起来，以产生合并的数据。图 8.6 展示了关系数据库中的 Join 操作。流式 Join 将在后面几页中讨论。

车辆事件表

make	model	year	zone
XXX	AA	2020	3
YYY	CC	2013	1
ZZZ	DD	2017	2
XXX	AA	2008	1
XXX	BB	2014	1
ZZZ	EE	2021	3
ZZZ	EE	2018	5

温度表

zone	temperature
1	95.4
2	94.3
3	95.1
4	95.2
5	95.3

这两张表有一个共同的字段：zone。这就是两张表之间的关系

```
SELECT v.time, v.make, v.model, v.year, t.zone, t.temperature
FROM vehicle_events v
INNER JOIN temperature t on v.zone = t.zone;
```

上述两张表 Join 的结果大概是这样的

Join 结果表

make	model	year	zone	temperature
XXX	AA	2020	3	95.1
YYY	CC	2013	1	95.4
ZZZ	DD	2017	2	94.3
XXX	AA	2008	1	95.4
XXX	BB	2014	1	95.4
ZZZ	EE	2021	3	95.1
ZZZ	EE	2018	5	95.3

图 8.6 关系数据库中的 Join 操作

8.8 流 Join是如何工作的

怎样才能对不断变化和更新的数据进行 Join 呢？如图 8.7 所示，关键是要把温度事件转换成一个表。

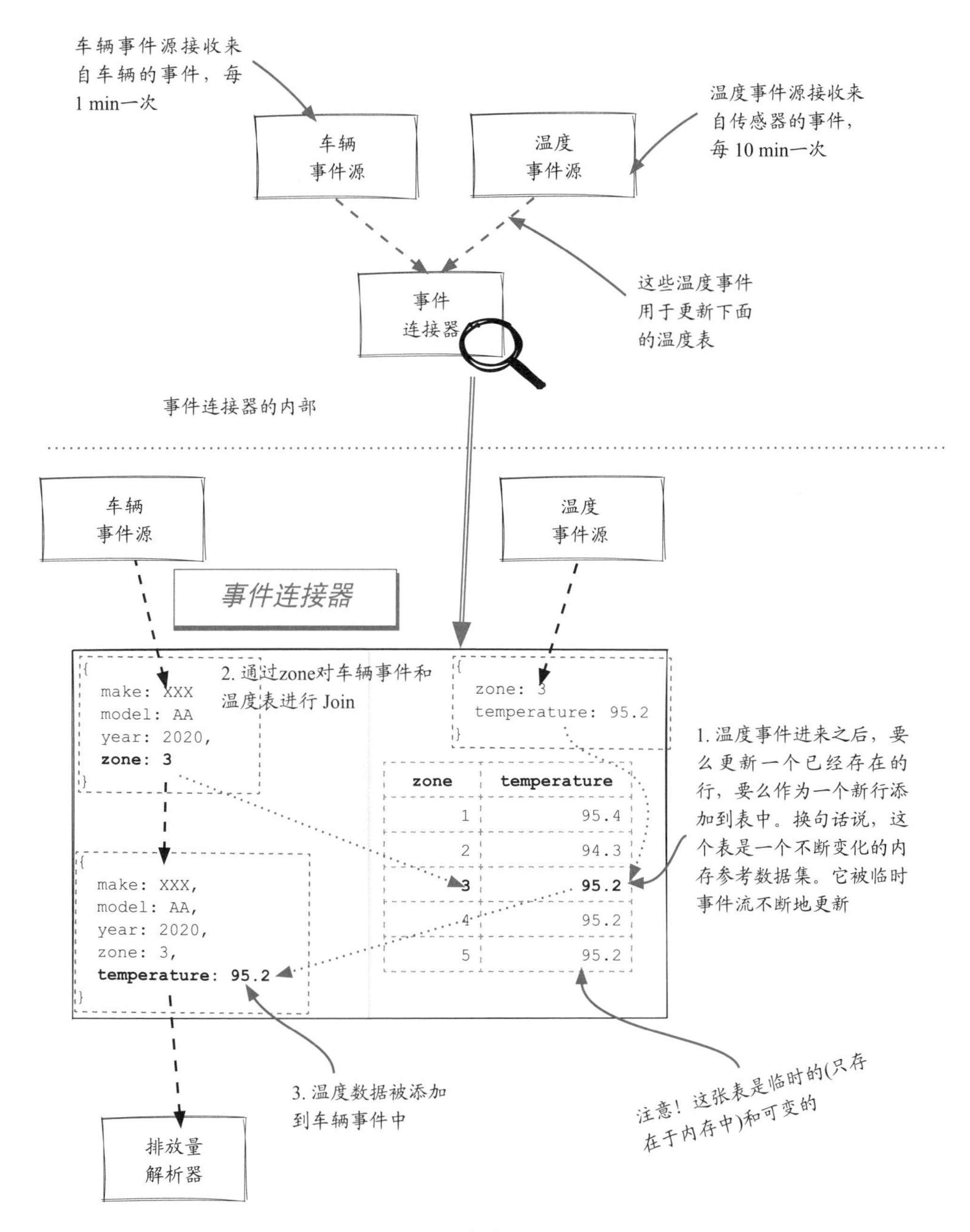

图 8.7 如何进行 Join

8.9 流式 Join 是一种不同的扇入方式

第 4 章讨论了欺诈检测的场景，我们将来自上游分析器的欺诈评分汇总，以确定交易是不是欺诈交易。评分聚合器也是同一类型的算子吗？

答案是否定的。从图 8.8 中可以看出，在评分聚合器中，所有输入的数据流都有相同的事件类型。算子不需要知道每个事件来自哪个流，它只要应用相同的逻辑即可。在事件连接器中，两个输入流中的事件是完全不同的，在算子中的处理方式也不同。评分聚合器是 Merge 算子，而事件连接器是 Join 算子。它们都是扇入 (fan-in) 算子。

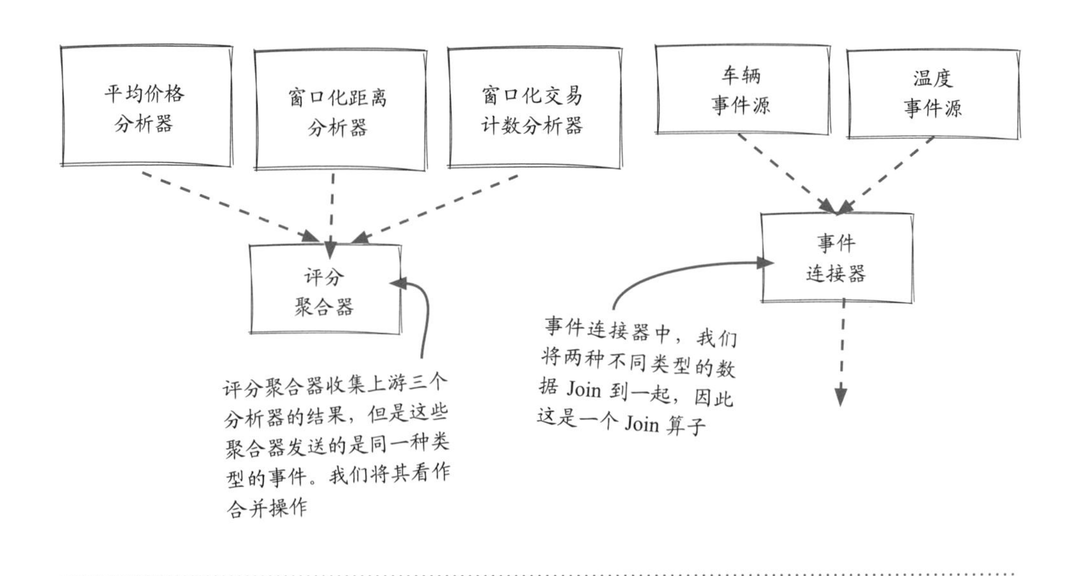

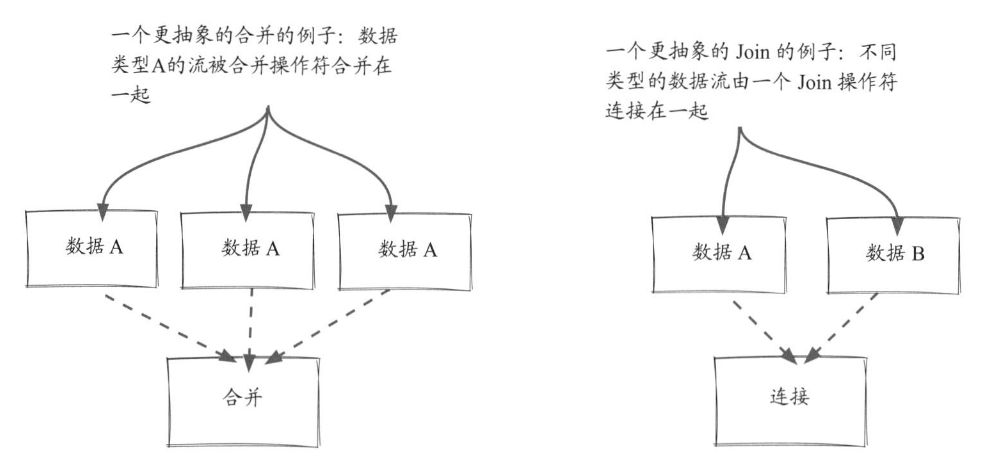

图 8.8 合并操作与连接操作的对比

8.10 车辆事件与温度事件

注意，在 Join 算子中，温度事件被转换为临时的温度表，但车辆事件作为流来处理，如图 8.9 所示。为什么要转换温度事件而不是车辆事件？为什么不把两个流都转换为表？这些问题在你构建自己的系统时可能很重要。

首先，每个输入车辆事件都应当对应一个输出事件，因此，车辆事件应当像流一样流经算子。其次，将车辆事件作为查询表来处理的方法可能更复杂。系统中的车辆比区域多得多，所以若把车辆事件保存在临时内存表中，成本会高得多。此外，我们只需要每个区的最新温度，但车辆事件应被更仔细地管理 (添加和删除)，因为每个事件都很重要。

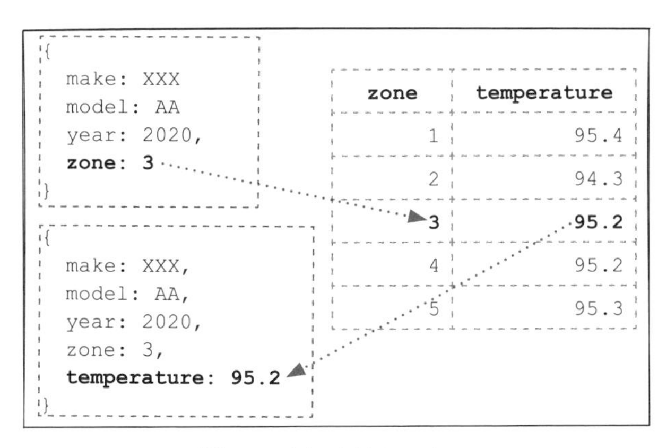

图 8.9 车辆事件与温度事件

总之，如果把车辆事件放到一个表中，然后把它们与温度事件流 Join 起来，表中每个区都会有多条记录，因此结果将是一批事件而不是单个事件，如图 8.10 所示。

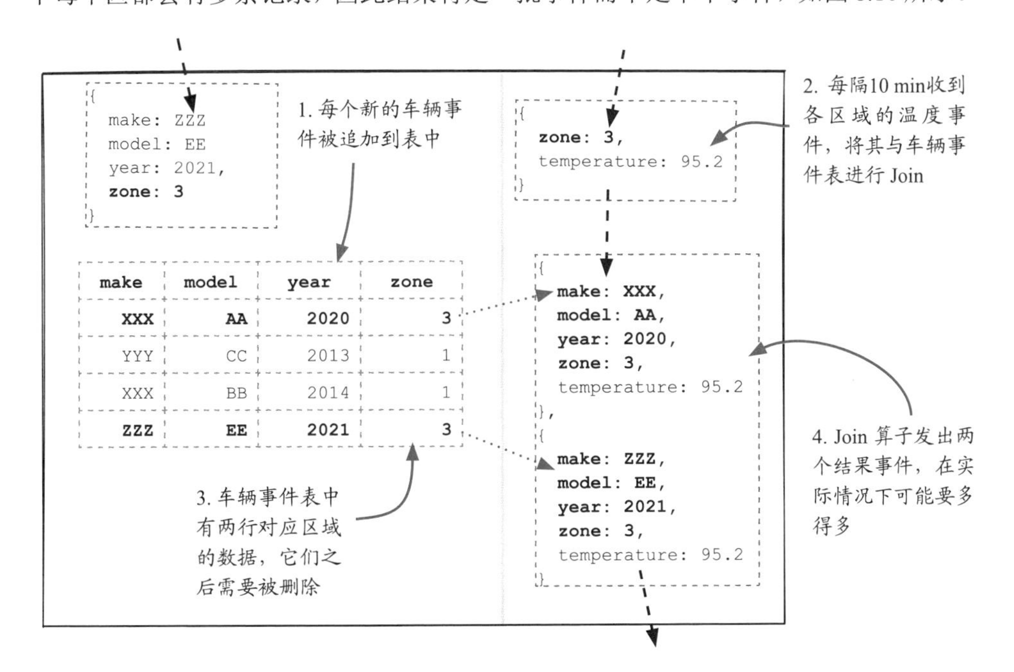

图 8.10 将车辆事件表与温度事件流 Join 起来

8.11 表：流的物化视图

我们在这里要抽象一点：温度事件和温度表之间是什么关系？了解它们之间的关系可能有助于我们了解温度事件的特殊之处，并在构建新的流系统时做出更好的决定。

温度数据的一个重要特性是，在任何时刻，我们只需要保留每个区的最新温度。这是因为我们只关心每个区的最新温度，而不是个别变化或温度历史。图 8.11 显示了接收和处理两个温度事件之前和之后温度表的变化。

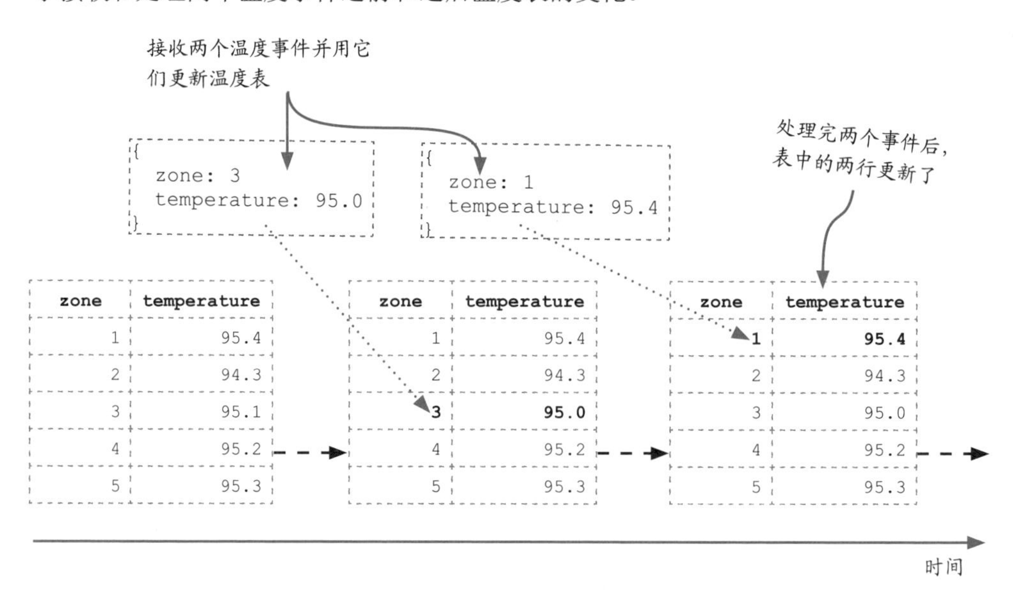

图 8.11 温度事件和温度表

每个温度事件都被用来更新表上的最新数据。因此，每个事件都可以看作表中数据的变化，而事件流则是变化日志 (change log)。

在另一端，当一次 Join 发生时，查找是在温度表上进行的。在任何时刻，温度表都是截至特定时间点的所有事件被应用后的结果。因此，该表可以看作温度事件的物化视图 (materialized view)。物化视图也带来了一个有趣的效果，事件间隔不那么重要了。在这个例子中，每个区的温度事件的间隔是 10 min，但无论间隔是 1 s 还是 1 h，系统都会以同样的方式工作。

8.12 物化车辆事件更低效

另一方面，相比于温度事件，物化车辆事件更低效。车辆一直在城市中移动，同一辆车的每个事件都需要包含在 Join 结果中，而不是只要最新的一个。因此，车辆事件表基本上是一个待处理的车辆事件的列表 (见图 8.12)。另外，车辆的数量很可能远远大于正常情况下区域的数量。总之，与温度事件相比，物化车辆事件更加复杂，而且效率更低。

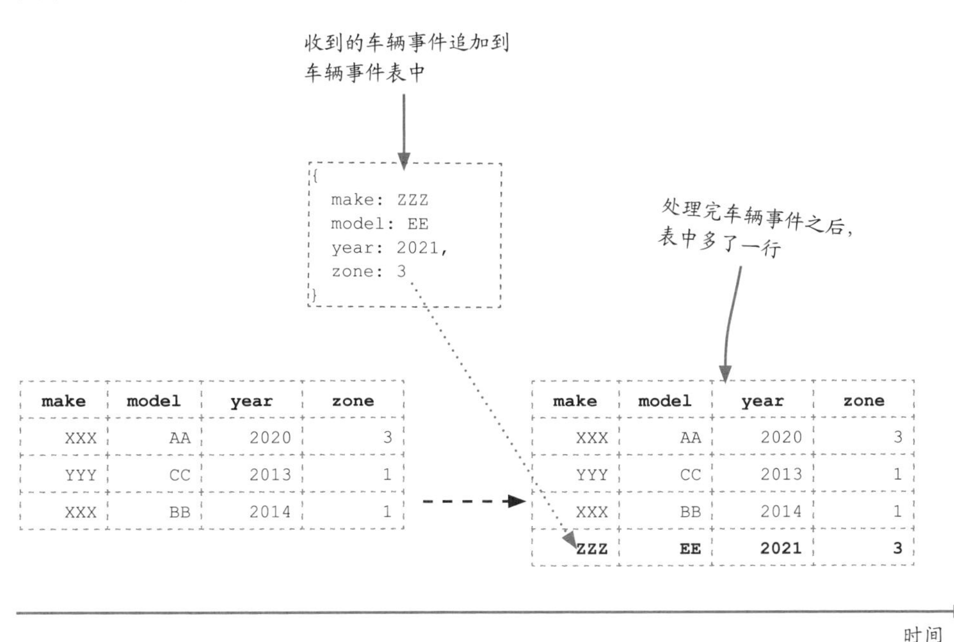

图 8.12 车辆事件和车辆事件表

图 8.12 显示，车辆事件被追加到表中，而不是用来更新行。虽然我们可以做一些事情来提高效率，比如添加一个额外的计数 (count) 列以聚合具有相同 make、model、year 和 zone 的行，而不是简单地将车辆事件追加到表的末尾，但是，很明显温度事件比车辆事件更容易物化。在现实世界的问题中，当涉及 Join 算子时，类似属性是决定如何处理流的一个重要因素。

8.13 数据完整性问题

对于团队计划中的区域，排放量作业能够很好地追踪区域内的排放量。但你猜怎么着？人们会以不合适的方式使用应用程序，如图 8.13 所示，车辆驶入了未知领域。

图 8.13　未知领域

为什么会发生这个问题？如何解决这个问题？我们需要研究不同类型的 Join 算子。

8.14 这个 Join 算子的问题出在哪

这个 Join 算子的关键是获得特定区域 (zone) 的温度。让我们看看下面这个以表为中心的算子表示。在图 8.14 中，每个车辆事件都被表示为表中的一行，但请记住，车辆事件是像流一样一个接一个地处理的。另外需要注意的是，温度表是动态的，当新的温度事件出现时，温度值可能会改变。

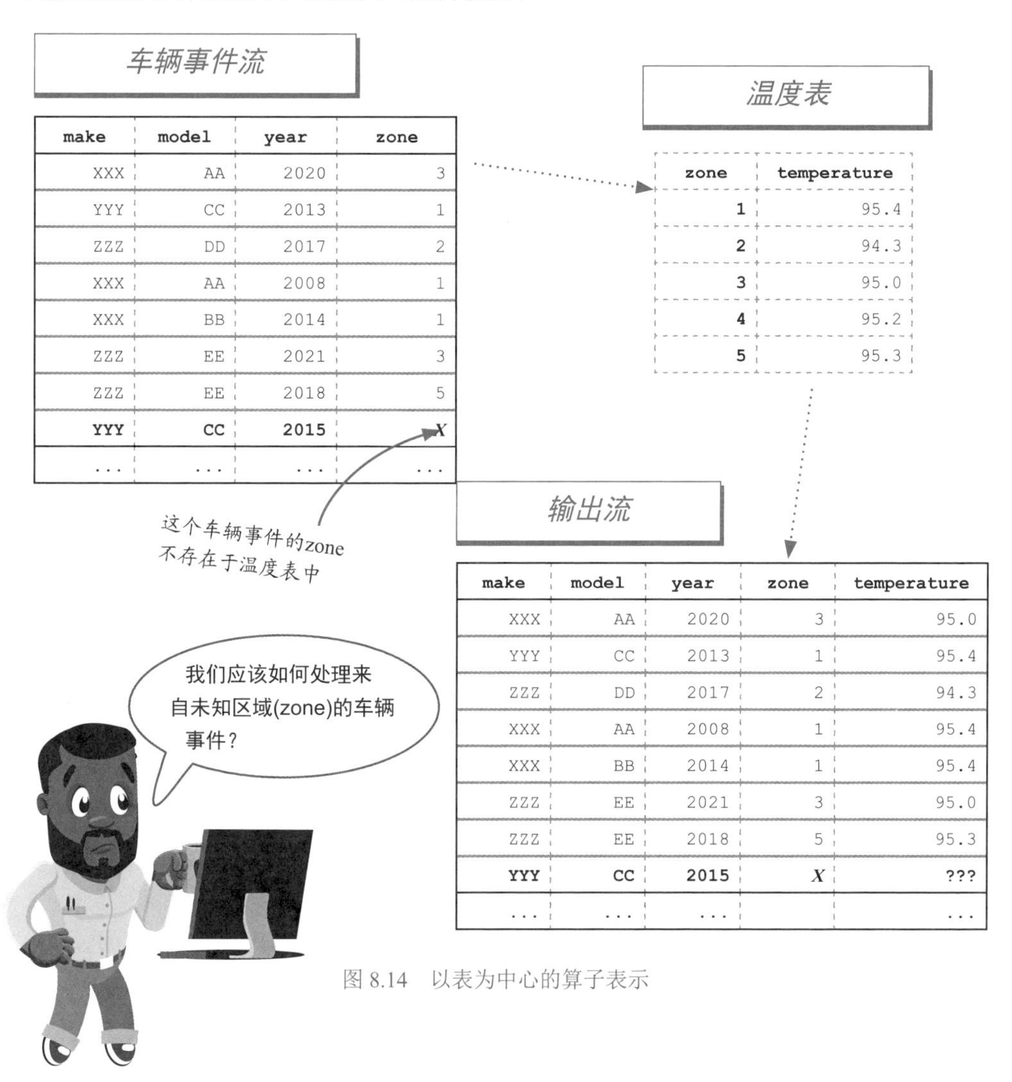

车辆事件流

make	model	year	zone
XXX	AA	2020	3
YYY	CC	2013	1
ZZZ	DD	2017	2
XXX	AA	2008	1
XXX	BB	2014	1
ZZZ	EE	2021	3
ZZZ	EE	2018	5
YYY	**CC**	**2015**	***X***
...	...	...	...

温度表

zone	temperature
1	95.4
2	94.3
3	95.0
4	95.2
5	95.3

输出流

make	model	year	zone	temperature
XXX	AA	2020	3	95.0
YYY	CC	2013	1	95.4
ZZZ	DD	2017	2	94.3
XXX	AA	2008	1	95.4
XXX	BB	2014	1	95.4
ZZZ	EE	2021	3	95.0
ZZZ	EE	2018	5	95.3
YYY	**CC**	**2015**	***X***	**???**
...	...	...		...

图 8.14 以表为中心的算子表示

现在，数据完整性问题源自一个特殊情况：最后一个车辆事件中的 7 区不在温度表中。我们现在该怎么做？为了回答这个问题，需要先讨论两个新的概念：Inner Join 和 Outer Join。

8.15 Inner Join

如图 8.15 所示，Inner Join 只处理在温度表中有匹配的 zone 的车辆事件。

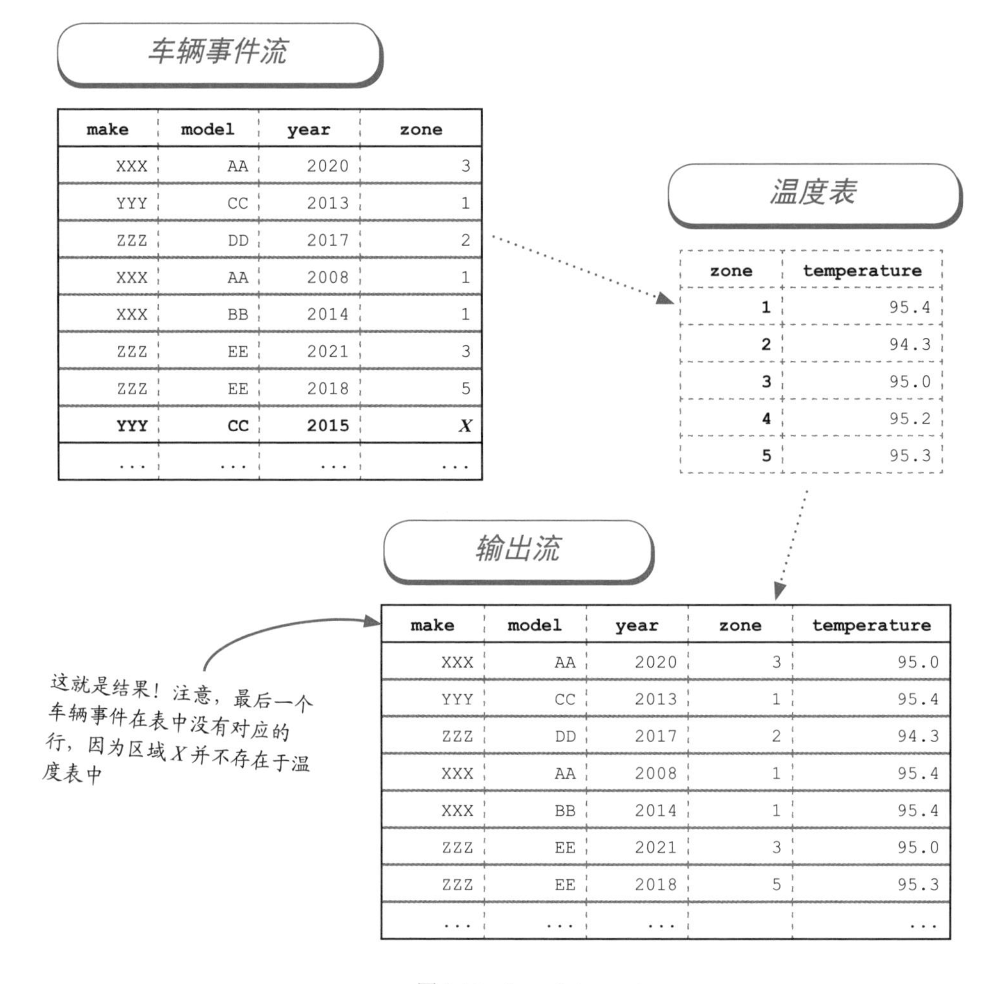

图 8.15 Inner Join

如果你仔细观察上面的 Join 结果，你会发现结果中没有与区域 *X* 相关的行。这是因为 Inner Join 只返回有匹配值的数据行，而温度表中没有区域 *X*。

经过 Inner Join，由于车辆事件被丢弃，这些未知区域的排放将被遗漏。这是一个理想的行为吗？

8.16　Outer Join

从图 8.16 中可以看出，Outer Join 与 Inner Join 不同，因为它包含指定列或数据上的匹配和不匹配的行。因此没有事件会被遗漏，尽管结果中可能会有一些不完整的事件。

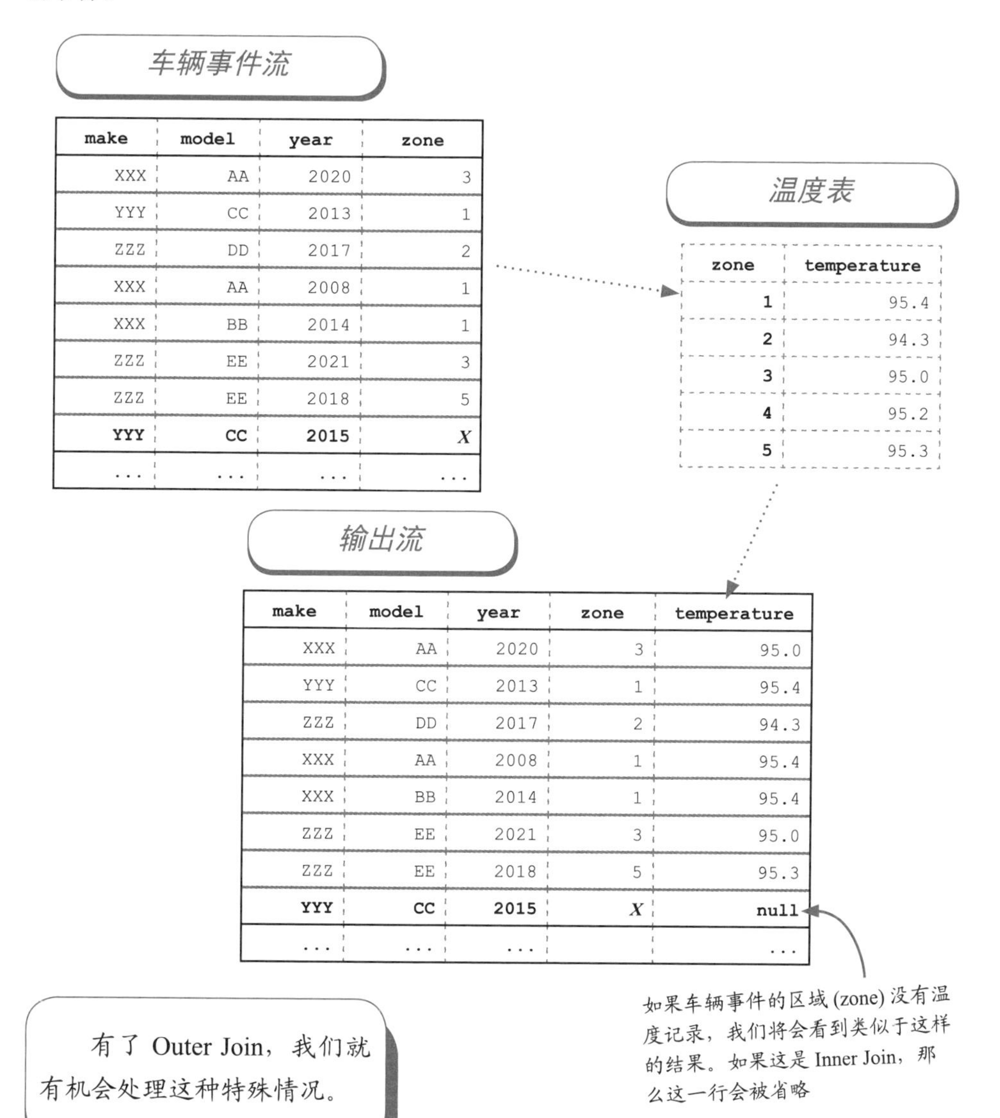

图 8.16　Outer Join

团队决定做一个 Outer Join 来捕获不匹配的行并在之后处理它们。

8.17 Inner Join 与 Outer Join

对于温度表中没有匹配数据的情况，Inner Join 和 Outer Join 处理车辆事件的行为不同。如图 8.17 所示，Inner Join 只返回两边都有匹配值的结果，但是对于 Outer Join，无论温度表中是否有匹配数据，它都会返回结果。

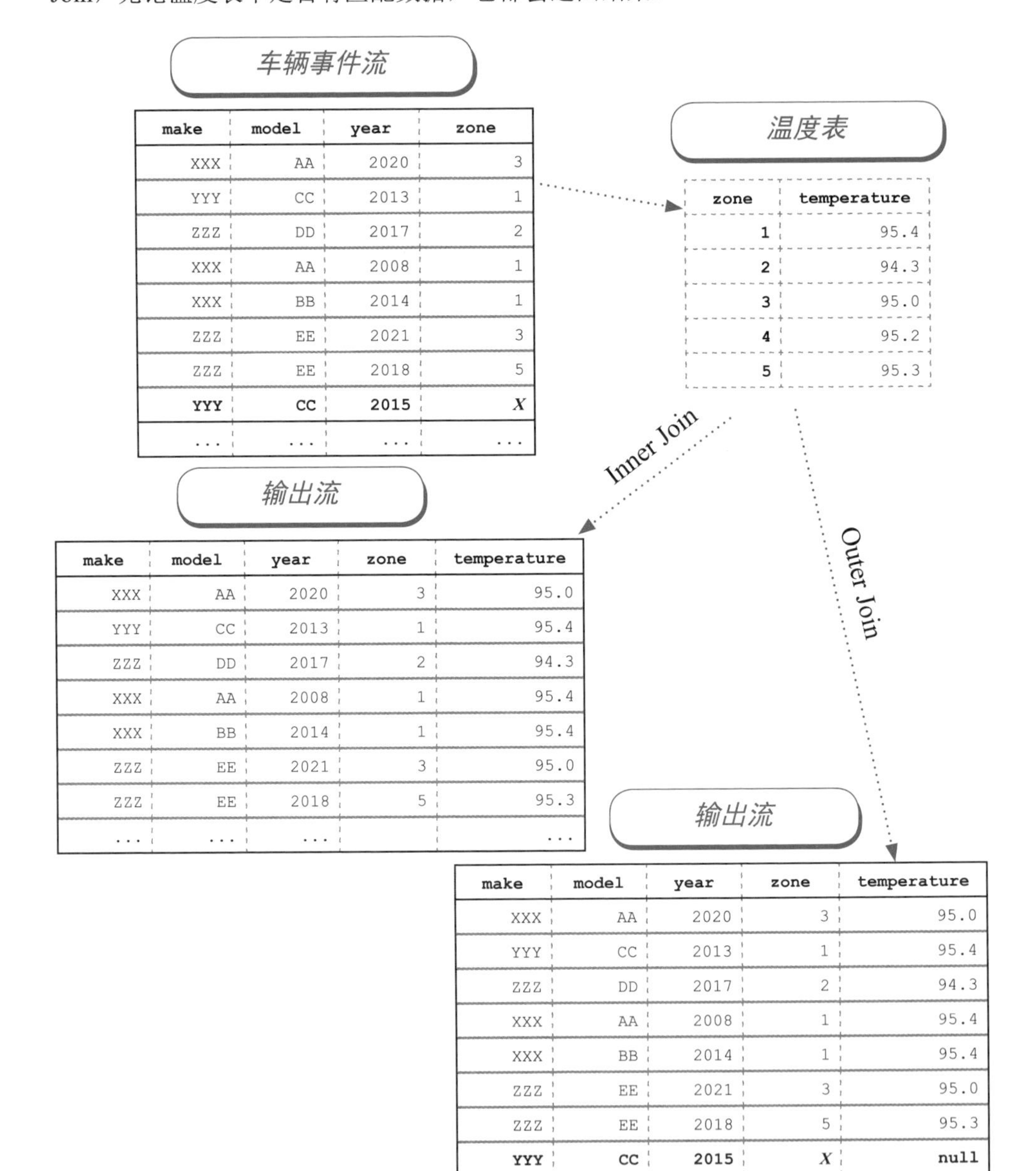

车辆事件流

make	model	year	zone
XXX	AA	2020	3
YYY	CC	2013	1
ZZZ	DD	2017	2
XXX	AA	2008	1
XXX	BB	2014	1
ZZZ	EE	2021	3
ZZZ	EE	2018	5
YYY	**CC**	**2015**	***X***
...	...	...	...

温度表

zone	temperature
1	95.4
2	94.3
3	95.0
4	95.2
5	95.3

输出流（Inner Join）

make	model	year	zone	temperature
XXX	AA	2020	3	95.0
YYY	CC	2013	1	95.4
ZZZ	DD	2017	2	94.3
XXX	AA	2008	1	95.4
XXX	BB	2014	1	95.4
ZZZ	EE	2021	3	95.0
ZZZ	EE	2018	5	95.3
...	...	...		...

输出流（Outer Join）

make	model	year	zone	temperature
XXX	AA	2020	3	95.0
YYY	CC	2013	1	95.4
ZZZ	DD	2017	2	94.3
XXX	AA	2008	1	95.4
XXX	BB	2014	1	95.4
ZZZ	EE	2021	3	95.0
ZZZ	EE	2018	5	95.3
YYY	**CC**	**2015**	***X***	**null**
...	...	...		...

图 8.17 Inner Join 与 Outer Join

8.18 不同类型的 Join

如果你熟悉数据库中的 Join 子句，应该记得有几种不同类型的 Outer Join：Full Outer Join(或 Full Join)、Left Outer Join(或 Left Join)和 Right Outer Join(或Right Join)。图 8.18 描述了各种 Join 算子在 SQL 数据库中的差异。

只返回两个表中都有匹配值的结果

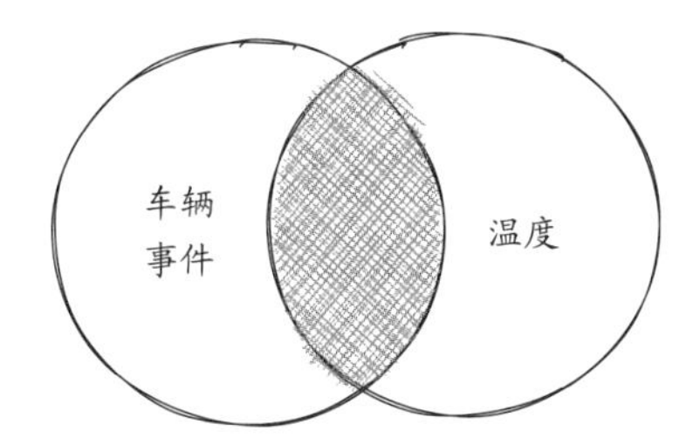

返回两个表中的所有结果

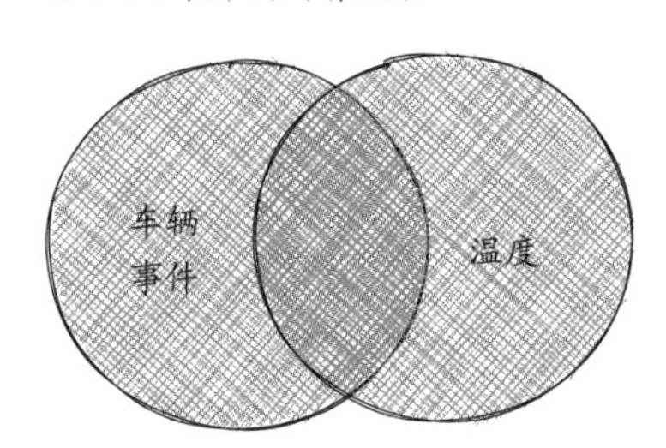

返回车辆事件表中的所有结果以及温度表中的匹配行

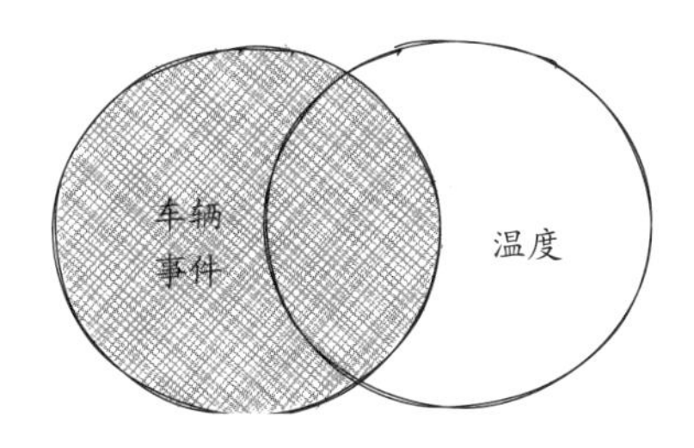

返回温度表中的所有结果以及车辆事件表中的匹配行

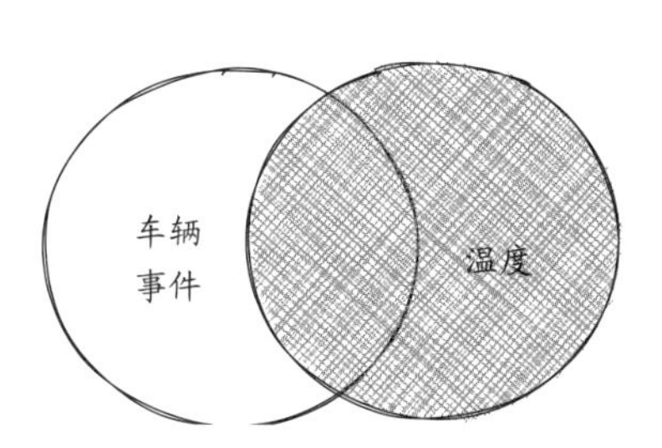

图 8.18 各种 Join 算子

8.19 流系统中的 Outer Join

现在我们了解了 SQL 数据库中的 Inner Join 和 Outer Join。流计算基本上也是如此。一个区别是，在很多情况 (比如 CO_2 排放量作业) 下，其中一个输入流的事件被一个接一个地处理，而其他流则被物化为要 Join 的表。通常来说，这个特殊的流被视为左流，而要物化的流是右流。因此，事件 Join 算子使用的是一个 Left Outer Join。

如图 8.19 所示，通过 Left Outer Join，团队可以识别出在计划区域外移动的车辆，并将平均温度填入所产生的车辆温度事件而非直接将它丢弃，以此改善数据完整性问题。现在的结果更加准确了。

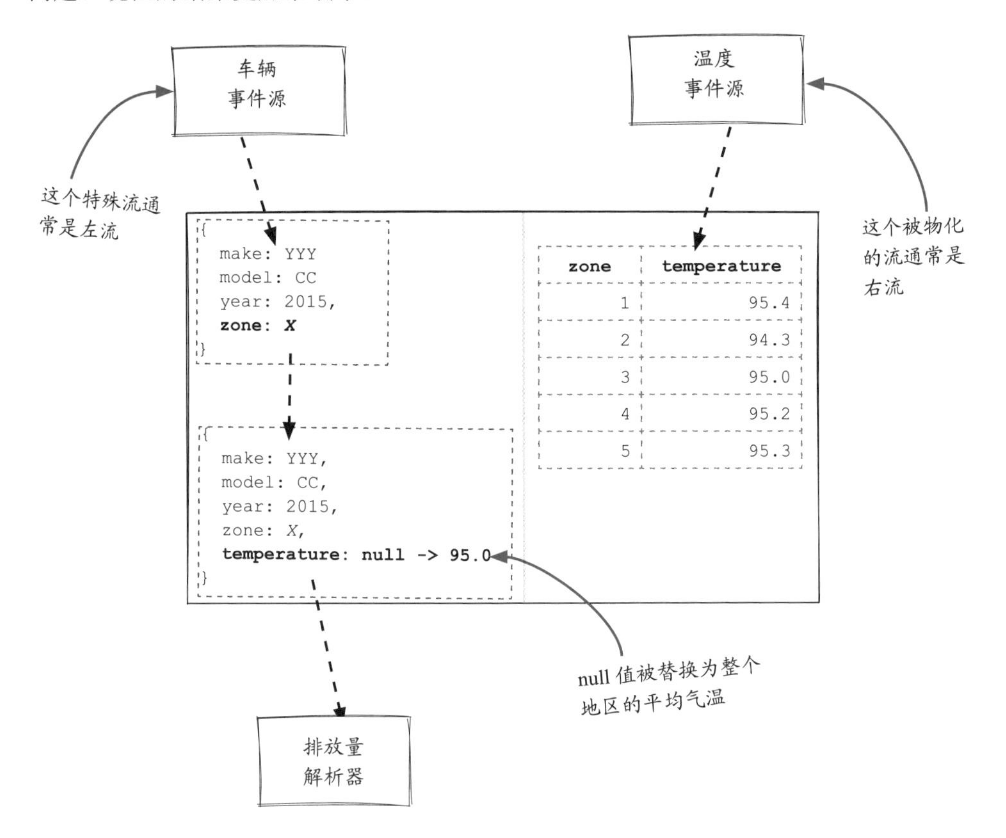

图 8.19 流系统中的 Left Outer Join

注意，在更复杂 (也更有趣) 的情况下，可能有一个以上的右流，不同类型的 Join 可以应用于它们。

8.20 新问题：网络连接

修复了数据完整性问题后，团队又于几周后注意到另一个问题：温度表中的一些数值看起来很奇怪。经过调查，他们找到了根本原因：一个传感器有网络连接问题，有时它每隔几个小时 (而不是每隔 10 min) 才能成功地报告温度 (见图 8.20)。这个问题可以通过修复设备的网络连接来解决，但与此同时，我们能否让系统对连接问题更有弹性？

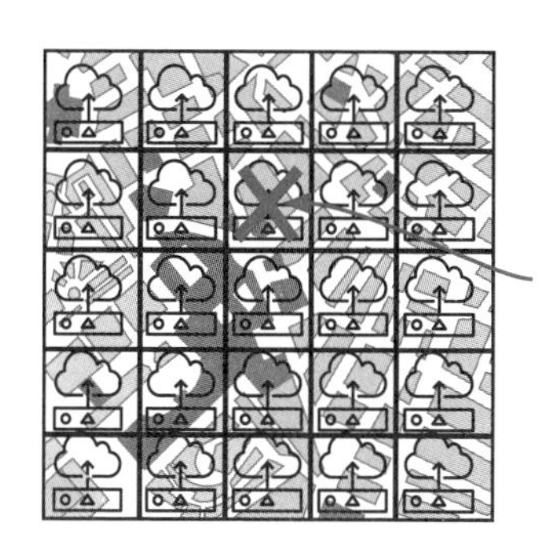

zone	temperature
1	95.4
2	94.3
3	**91.2**
4	95.2
5	95.3

图 8.20 网络连接问题示例

一般来说，流计算系统必须考虑到它们的一些事件源可能并不可靠。

8.21 窗口 Join

为了处理不可靠的 Join，我们先了解一个新的概念：窗口 Join。顾名思义，窗口 Join 是一个结合了窗口和 Join 的算子。上一章详细地讨论了窗口的计算。这一章的讨论不涉及细节，所以你可以先读这一章而不用担心。

有了窗口 Join，排放量作业和原始版本的工作方式类似：车辆事件被逐一处理，温度事件则被物化到一张查找表中，如图 8.21 所示。然而，温度事件的物化基于固定的时间窗口，而非连续的事件。更具体地说，温度事件首先被收集到一个缓冲区，然后每隔 30 min 按批物化到一张空表中。如果所有的传感器都能在窗口内成功报告数据，那么计算将会照常进行；然而，万一窗口内没有收到传感器的温度事件，查找表中的相应行就是空的，这时 Join 算子可以从邻近区域估计出当前区域的温度值。在图 8.21 中，区域 2 和区域 4 的温度被用来估计区域 3 的温度。利用窗口 Join，可以确保表中的所有温度数据都是最新的。

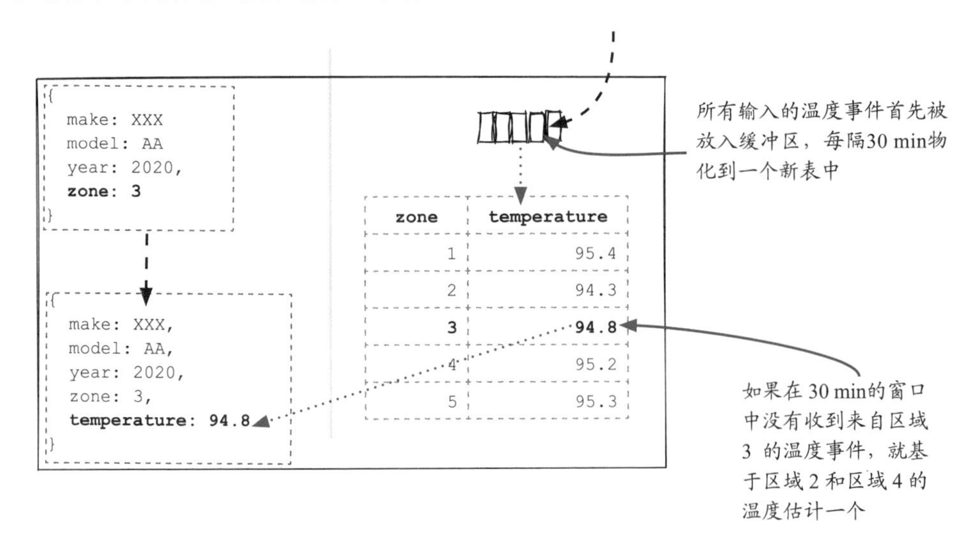

图 8.21 窗口 Join

在将连续物化改成基于窗口的物化的过程中，我们略微牺牲了温度变化的延迟(温度每隔 30 min 而不是 10 min 更新一次)，但回报是，我们得到了一个更健壮的系统，可以自动检测和处理一些意外情况。

8.22 两表 Join 而不是流表 Join

结束本章之前，我们看一下这样的示例方案：先将两个流转换为表，然后用 CO_2 排放监测系统将两个表 Join 起来 (见图 8.22)。这个方案中，该组件可以大致分成两个步骤：物化和 Join 。首先，两个输入的数据流被物化为两个表。然后，将 Join 逻辑应用于这些表，并将结果发送到下游组件中。通常，物化步骤中会使用窗口化，而 Join 操作则与 SQL 数据库中的 Join 非常相似。注意，每个输入的流可以应用不同的窗口化策略。

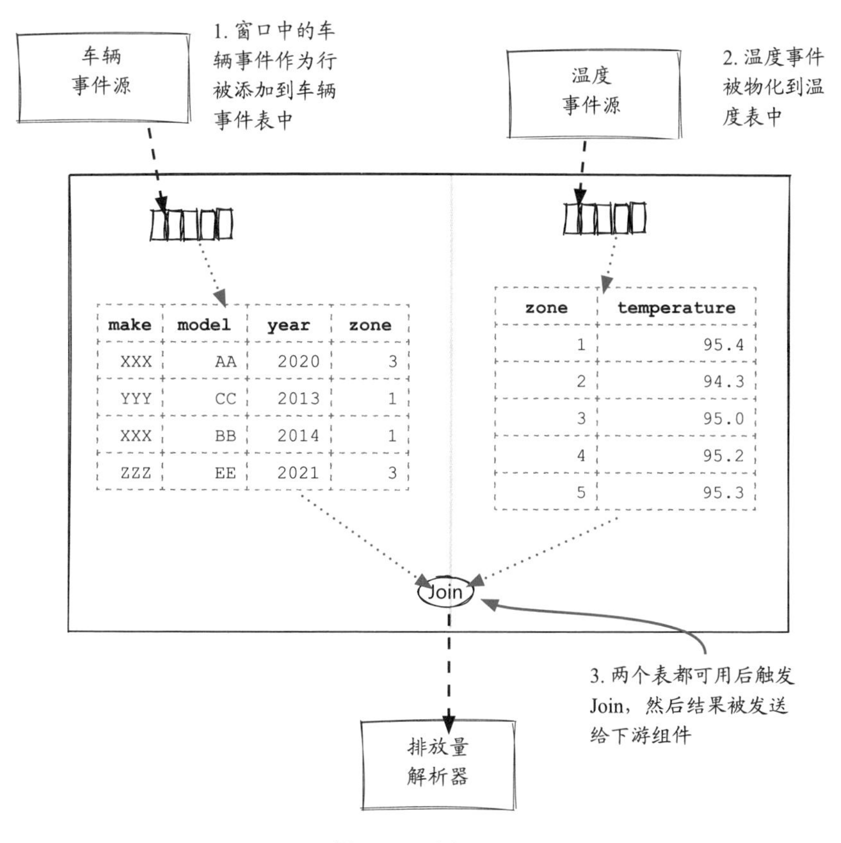

图 8.22　两表 Join

因为整个过程是相当标准的，所以开发者可以专注于 Join 计算，而不必担心对流的处理方式不同。这在构建更复杂的 Join 算子时可能是个优势，因此务必了解它。另一方面，延迟可能不够理想，因为事件是以小批而不是以连续方式处理的。总之，开发人员需要根据需求选择最佳选项。

8.23 重新审视物化视图

前面讨论过，物化温度事件比物化车辆事件更高效。我们还提到过，通常情况下一个特殊流中的事件被一个接一个地处理，而其他流被物化为临时表 (见图 8.23)。但也可以将所有流物化并 Join 这些表。好奇的读者可能会问：我们能不能用原始的温度事件而不是物化视图来 Join？

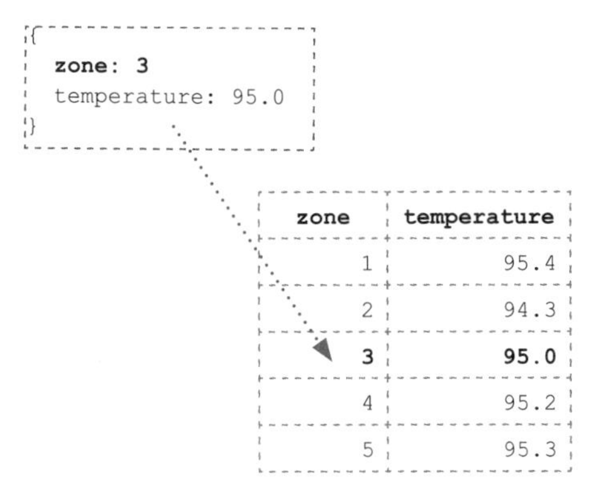

图 8.23 物化视图

我们来试试把所有的温度事件维护成一个列表，而避免使用临时表。为了避免内存耗尽，我们将放弃超过 30 min 的温度事件。对于每个车辆事件，我们需要通过比较车辆事件中的区域 ID 和列表中每个温度的区域 ID 来搜索温度列表中某个区域的最后温度。最后结果是一样的，但如果有查找表 (比如哈希表或者二叉搜索树，或者以区域 ID 为下标的简单数组)，搜索的效率就会高很多。从以上比较中可以看出，物化视图其实可以被看作一种优化。事实上，在许多数据处理应用程序中，物化视图是一种常见的优化方式。

> 对于数据处理应用程序，物化视图是一种常见的优化方式。

既然目的是优化，只要能让算子更高效，我们就可以用更具创造性的方式管理事件。例如，现实世界中，传感器可能还会采集很多其他信息，比如噪音水平和空气质量。但因为我们在这项作业中只关心每个区域的实时温度，所以可以丢弃其他所有信息，而只从中提取温度数据并将其放入临时查询表。在你的系统中，如果能使你的流作业更高效，你也可以尝试从一个流中创建多个物化视图，或从多个流中创建一个物化视图，以构建更高效的系统。

8.24 小结

本章讨论了另一种类型的扇入运算符：Join。与合并算子类似，Join 算子有多个输入的流。然而，在 Join 算子中，并非对不同流的所有事件应用相同的逻辑，而是对来自不同流的事件进行不同的处理。

类似于 SQL 数据库中的 Join 子句，Join 也分成多种类型。理解 Join 对于解决数据完整性问题很重要：

- Inner Join 只返回在两个表中有匹配值的结果。
- Outer Join 总是会返回结果，而不管两张表中是否有匹配的数据。有三种类型的 Outer Join：Full Outer Join (或称 Full Join)、Left Outer Join (或称 Left Join) 以及 Right Outer Join (或称 Right Join)。

在 CO_2 排放量监测系统中，车辆事件像流一样处理，而温度事件则用作查询表。表是流的物化视图。在本章最后，我们还了解到窗口可以和 Join 一起使用，并认识了另一种构建 Join 算子的方式：将所有输入的流物化为表，然后将它们 Join 起来。

第9章 反压

本章内容：

- 反压的介绍
- 何时触发反压
- 反压如何在本地和分布式系统中工作

> “永远不要相信一台你无法扔出窗口的计算机。”
>
> ——Steve Wozniak

构建任何分布式系统时都须为意料之外的事件做好准备，流计算系统也不例外。在本章中，我们将学习流系统中广泛支持的故障处理机制——反压 (backpressure)，它能帮助流系统在一些非正常情形下保持正常运作。

9.1 可靠性很关键

在第 4 章中，团队建立了一个流处理系统 (见图 9.1) 来处理交易和检测信用卡欺诈行为。这套系统运行良好，到目前为止客户都很满意。然而，主管有一个非常合理的担忧。

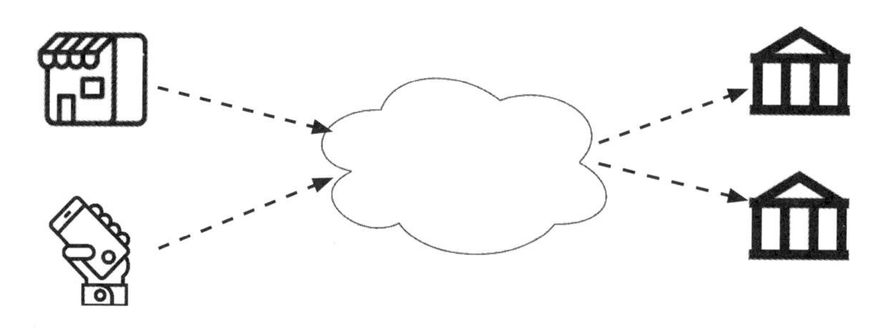

图 9.1　流处理系统示例

9.2 回顾系统

首先，让我们回顾一下该系统的结构，如图 9.2 所示。

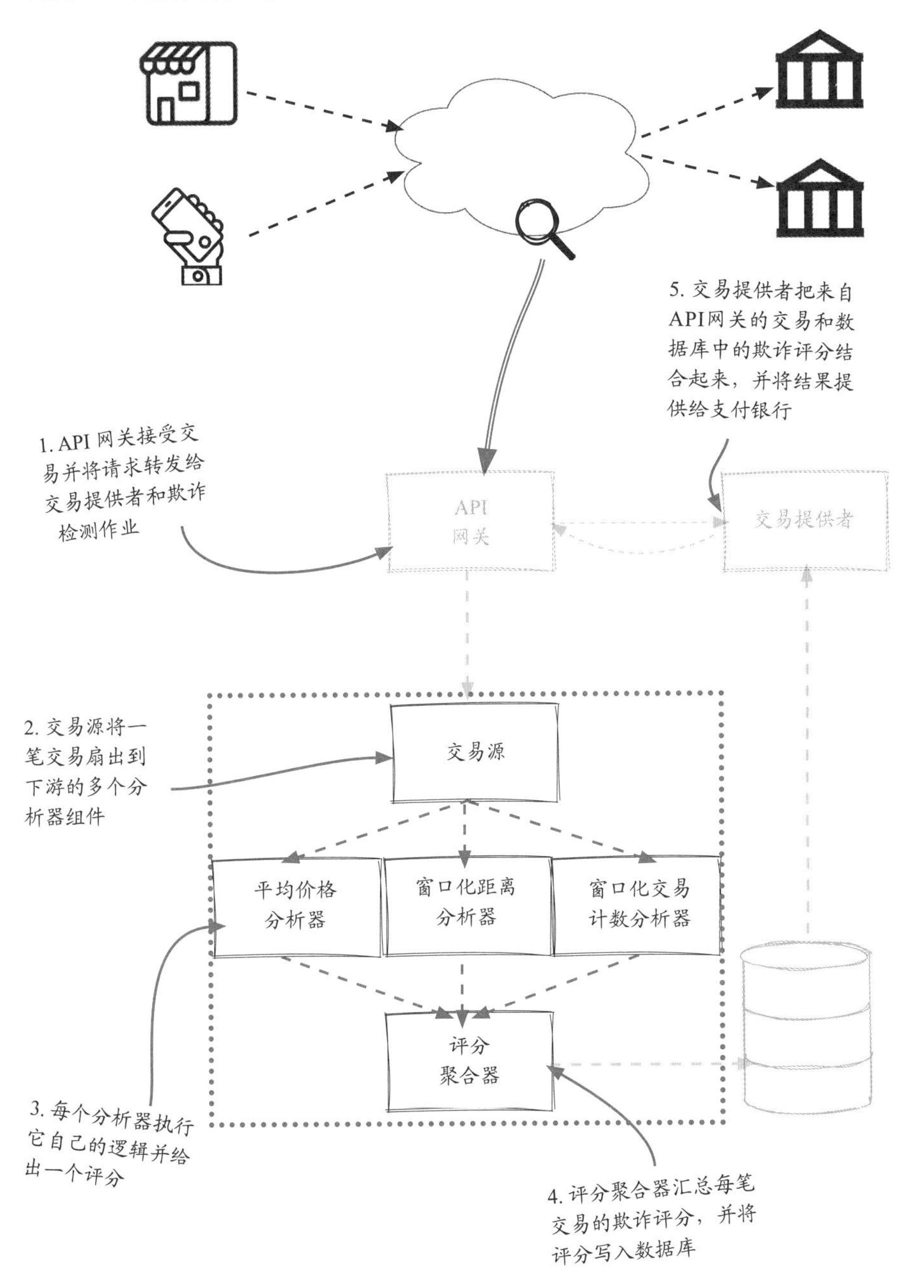

图 9.2　流处理系统的结构

9.3 精简的流作业

流计算系统越来越流行的原因是人们对即时数据的需求，而即时数据有时可能是难以预测的。流系统中的组件或依赖的外部系统，如图 9.3 中评分聚合器依赖的评分数据库，可能无法处理流量，而且它们可能偶尔会有自己的问题。让我们来看看欺诈检测系统中可能出现的几个问题。

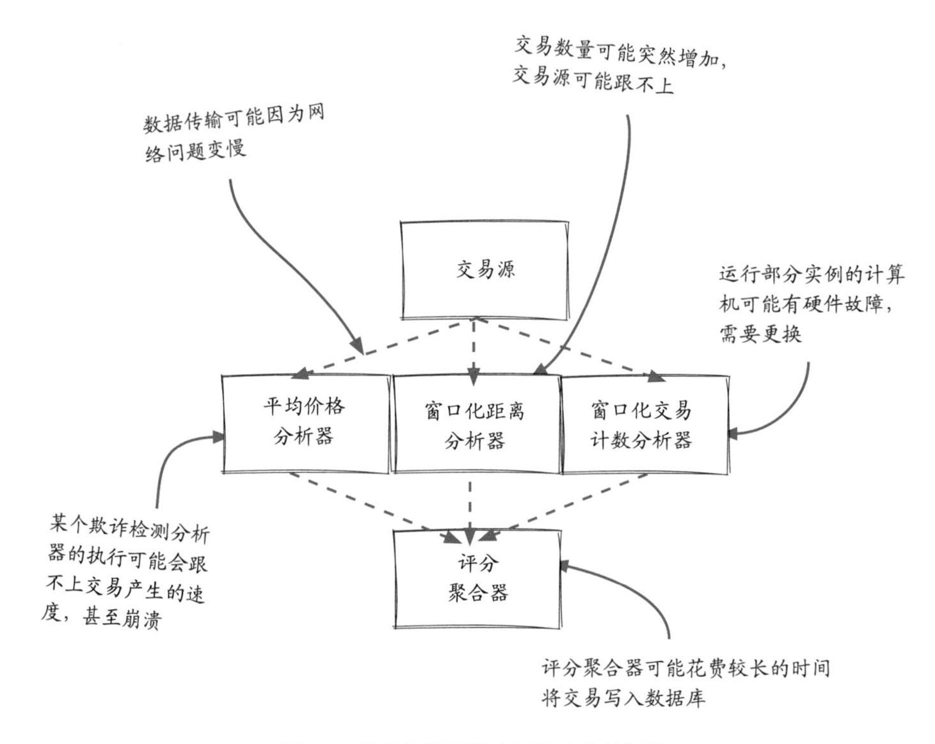

图 9.3 欺诈检测系统中可能出现的问题

要知道，故障处理是所有分布式系统都无法回避的问题，我们的欺诈检测系统也不例外。世上总有意外发生，为了防止问题扩大，有必要设置一些安全保护机制。

思考：

如果实例的处理进度落后或自身崩溃怎么办?

9.4 新概念：容量、利用率和空余率

熟悉以下相关概念对讨论反压有帮助：

- **容量** (capacity) 是一个实例可以处理的最大事件数。在现实世界中，容量不是那么容易测量的，因此经常用 CPU 和内存利用率来估计这个数字。注意，在一个流系统中，各种实例可以处理的事件数量可能非常不同。
- **容量利用率** (capacity utilization) 是实际正在处理的事件数与容量的比率 (以百分比的形式表示)。一般来说，更高的容量利用率意味着更高的资源效率。
- **容量空余率** (capacity headroom) 与容量利用率相反——空余率表示一个实例在当前流量的基础上还能额外处理的事件。一般来说，空余率更多的实例可以对意外的数据或问题有更大的弹性，同时意味着分配了更多的资源但没有被完全使用。

图 9.4 以具体的示例描述了这些概念。

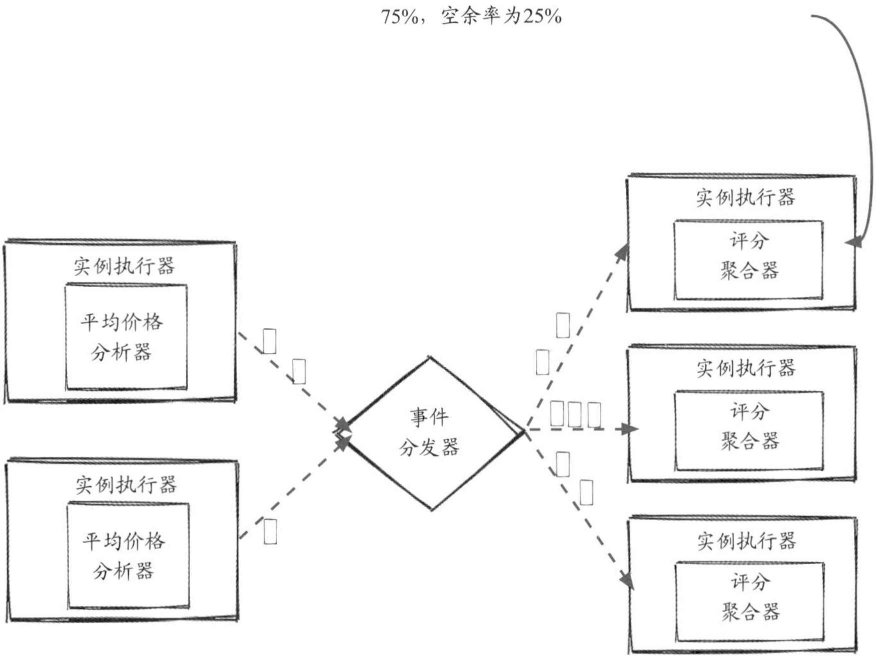

图 9.4 容量、利用率、空余率示例

9.5 进一步了解利用率与空余率

现实世界中的系统偶尔会发生意料之外的事情，导致容量利用率飙升。比如：

- 输入事件可能时不时地骤增。
- 硬件可能出故障，例如计算机因电源问题而重启，或者带宽被其他东西占用，导致网络性能变差。

构建分布式系统时，必须考虑到这些潜在的问题。有弹性的作业应该能够自己处理这些临时问题。如图 9.5 所示，在流计算系统中，如果有足够的空余率，作业应当在没有任何用户干预的情况下运行良好。

然而，空余率不可能是无限的 (何况它也不是免费的)。当利用率达到 100% 时，实例就会变得繁忙 (busy)，而反压就是下一道防线。

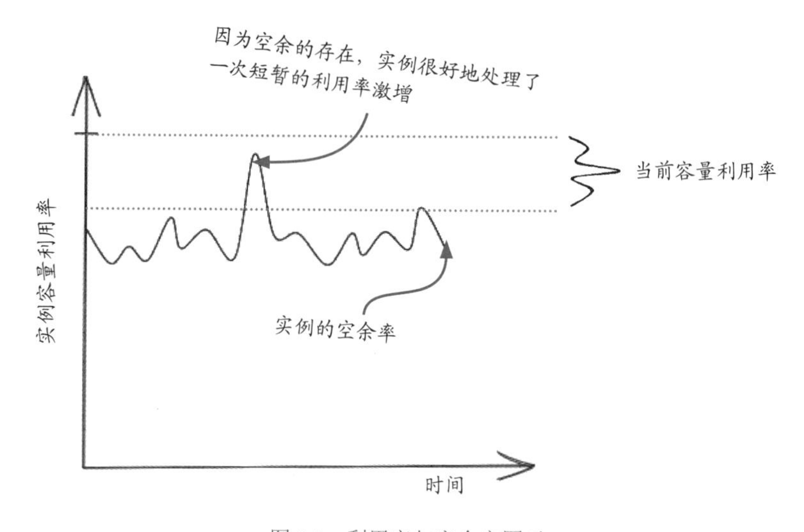

图 9.5 利用率与空余率图示

- 流作业中，不同实例的空余率可能不同。一般来说，组件的空余率是该组件所有实例的最小空余率，而作业的空余率是该作业中所有实例的最小空余率。理想情况下，作业中所有实例的容量利用率应处于相近水平。
- 对于关键系统 (如欺诈检测系统)，最好在每个实例上都留有足够大的空余率，这样作业对意外问题的容忍度会更高。

9.6 新概念：反压

当容量利用率达到 100% 时，事情就变得更加有趣了。让我们以欺诈检测作业 (见图 9.6) 为例进行深入分析。

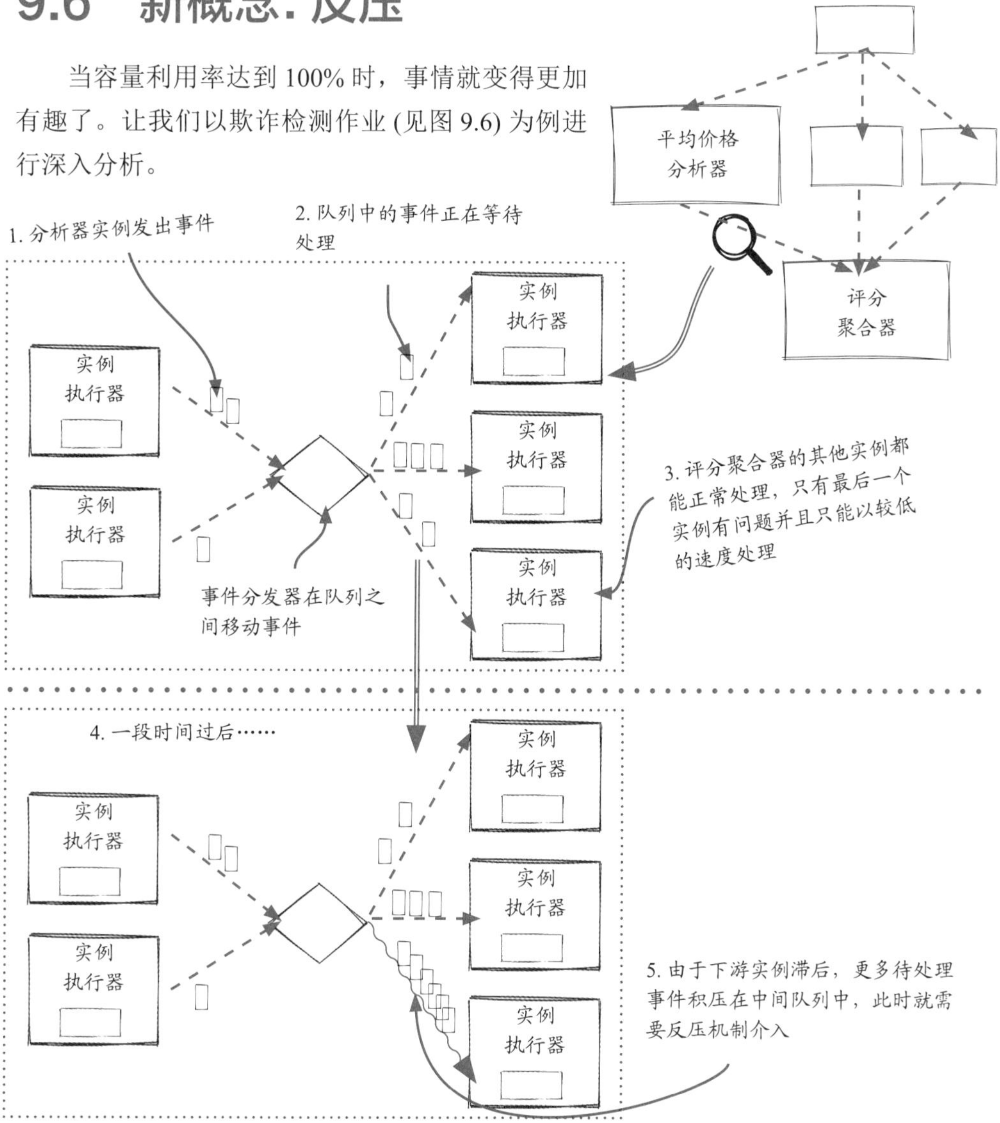

平均价格分析器
评分聚合器
1. 分析器实例发出事件
2. 队列中的事件正在等待处理
实例执行器
事件分发器在队列之间移动事件
3. 评分聚合器的其他实例都能正常处理，只有最后一个实例有问题并且只能以较低的速度处理
4. 一段时间过后……
5. 由于下游实例滞后，更多待处理事件积压在中间队列中，此时就需要反压机制介入

图 9.6 欺诈检测作业容量利用率图示

当实例变得繁忙，无法赶上输入的流量时，它的输入队列就会增长，最终耗尽内存。然后，这个问题会传播到其他组件，逐渐导致整个系统停止工作。反压是防止系统崩溃的机制。

从定义上说，反压是一种与数据流向相反的压力——从下游实例流向上游实例。当一个实例不能以输入流量的速度处理事件时 (或者换句话说，当容量利用率达到 100% 时)，就会发生反压。施加反向压力的目标是在流量超过系统可以处理的范围时减缓输入的流量。

9.7 测量容量利用率

当容量利用率达到 100% 时应当触发反压，但容量以及容量利用率并不容易测量或估计。决定实例可以处理多少事件的因素有很多，比如资源、硬件和数据。CPU 和内存使用量有一定用处，但对于反映容量还不太可靠。我们需要一个更好的方法，幸运的是，这样的办法是存在的。

我们知道，正在运行的流系统由进程以及它们间的事件队列组成。事件队列负责在实例间传输事件，就像流水线上工位之间的传送带。如图 9.7 所示，当一个实例的容量利用率达到 100% 时，处理速度就赶不上输入的流量了，于是实例的输入队列中的事件数量开始累积。因此，实例输入队列的长度可以用来检测该实例是否已经达到了最大容量。

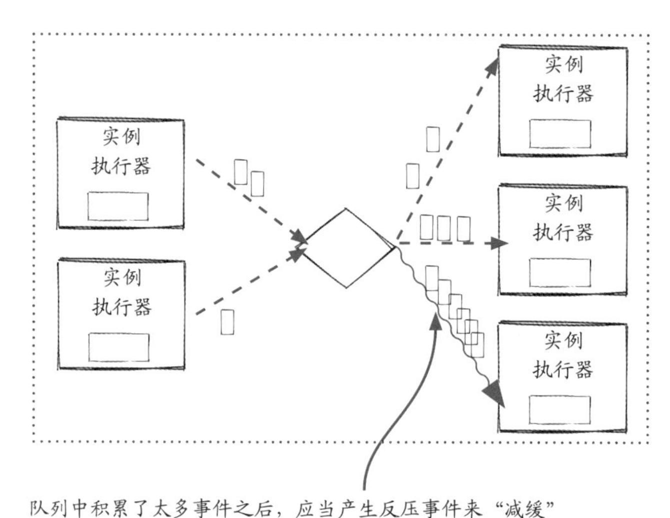

图 9.7　容量利用率图示

通常情况下，队列的长度应该在一个相对稳定的范围内变动。如果队列一直在增长，那么该实例很可能已经忙得无法处理流量了。

在接下来的几页中，我们先用本地的 Streamwork 引擎更详细地讨论反压问题，以获得一些基本的认识，然后转向更通用的分布式框架。

注意，反压对于临时性问题特别有用，比如实例的重启、依赖系统的维护，以及来自源的事件激增。流系统会优雅地处理它们：暂时放慢速度，之后再恢复，不需要用户干预。因此，重要的是了解反压能做什么和不能做什么，这样当系统出问题时你就可以从容不迫地掌控事态。

9.8 Streamwork引擎中的反压

让我们从简单明了的 Streamwork 引擎开始。作为一个本地系统，Streamwork 并没有复杂的反压逻辑，但这些信息有助于我们之后学习真实框架中的反压。

如图 9.8 所示，在 Streamwork 中，阻塞队列 (在队列满时试图添加更多事件或在队列空时试图取走事件，都会导致当前线程被暂停) 被用来连接进程。队列的长度不是无限的。每个队列都有一个最大容量，而容量是反压的关键。当一个实例无法足够快地处理事件时，它前面队列的消耗率会低于产生率。队列将开始增长，最终装满。之后，插入将被阻塞，直到有事件被下游实例消耗。其结果是，插入速度将减慢到与下游实例的事件处理速度相同。

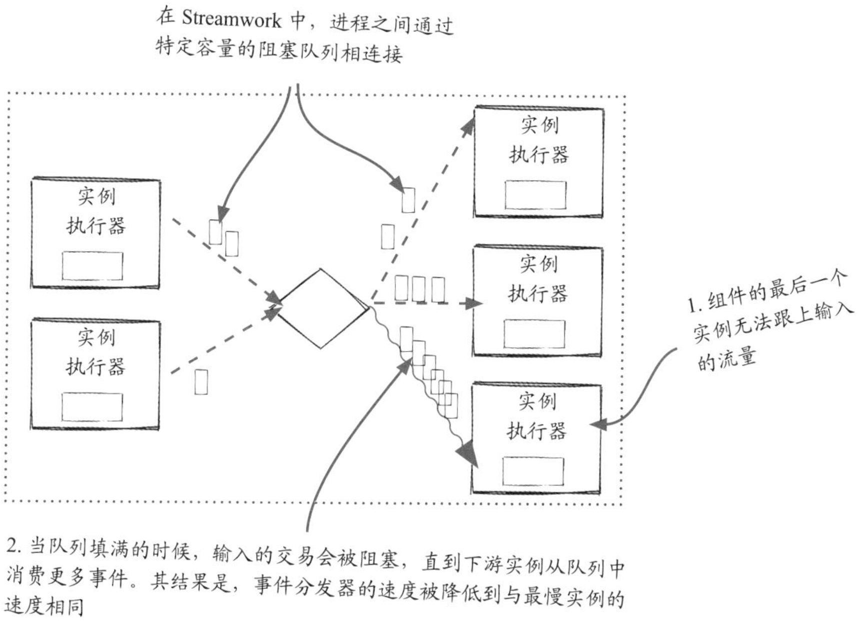

图 9.8 Streamwork 中的反压

9.9 Streamwork引擎中的反压：反向传播

事件分发器的减速还不是故事的结束。事件分发器减速后，它和上游实例之间的队列也会发生同样的事情。当这个队列满了，所有上游组件的实例都会受到影响。仔细观察图 9.9 中事件分发器前面的阻塞队列，它是由所有上游实例所共享的。

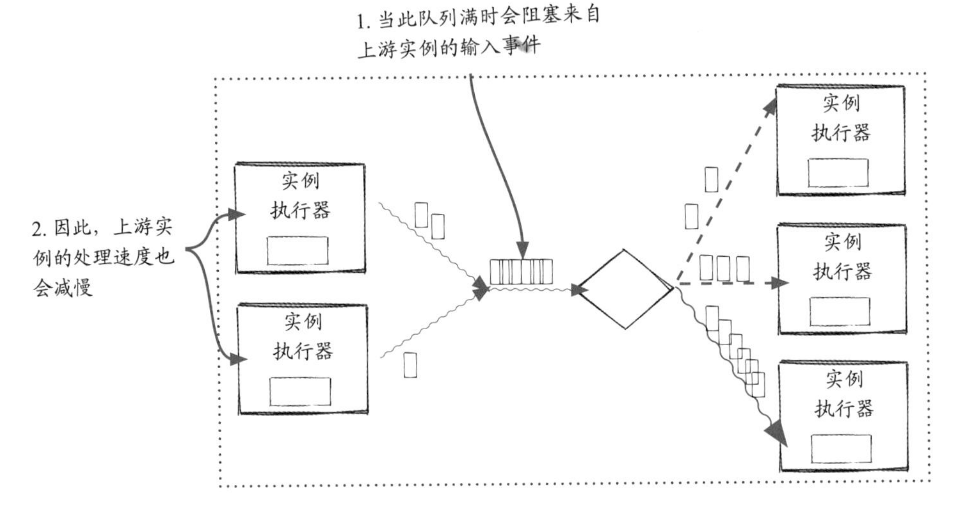

图 9.9 反向传播图示 1

如图 9.10 所示，如果这个组件前面存在扇入 (即存在多个直接的上游组件)，那么所有这些组件都会受到影响，因为事件被阻塞在同一个阻塞队列中。

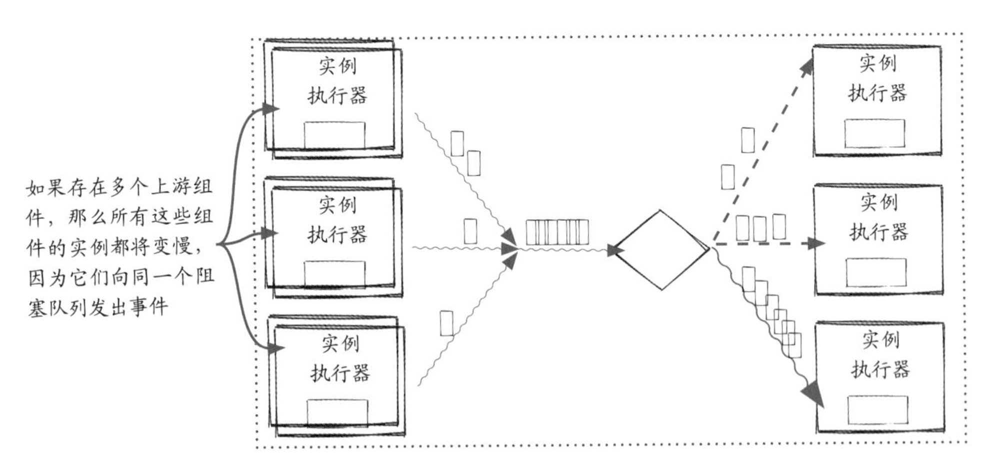

图 9.10 反向传播图示 2

9.10 我们的流作业在反压期间的情况

让我们以图 9.11 为例，来看一下当评分聚合器实例跟不上输入流量时，Streamwork 的反压机制如何影响欺诈检测作业。一开始只有评分聚合器以较低的速度运行。后来，上游的分析器也会因为反压而减慢速度。最终，反压会降低整体的处理能力，变成一个性能低下的作业，直到问题消失。

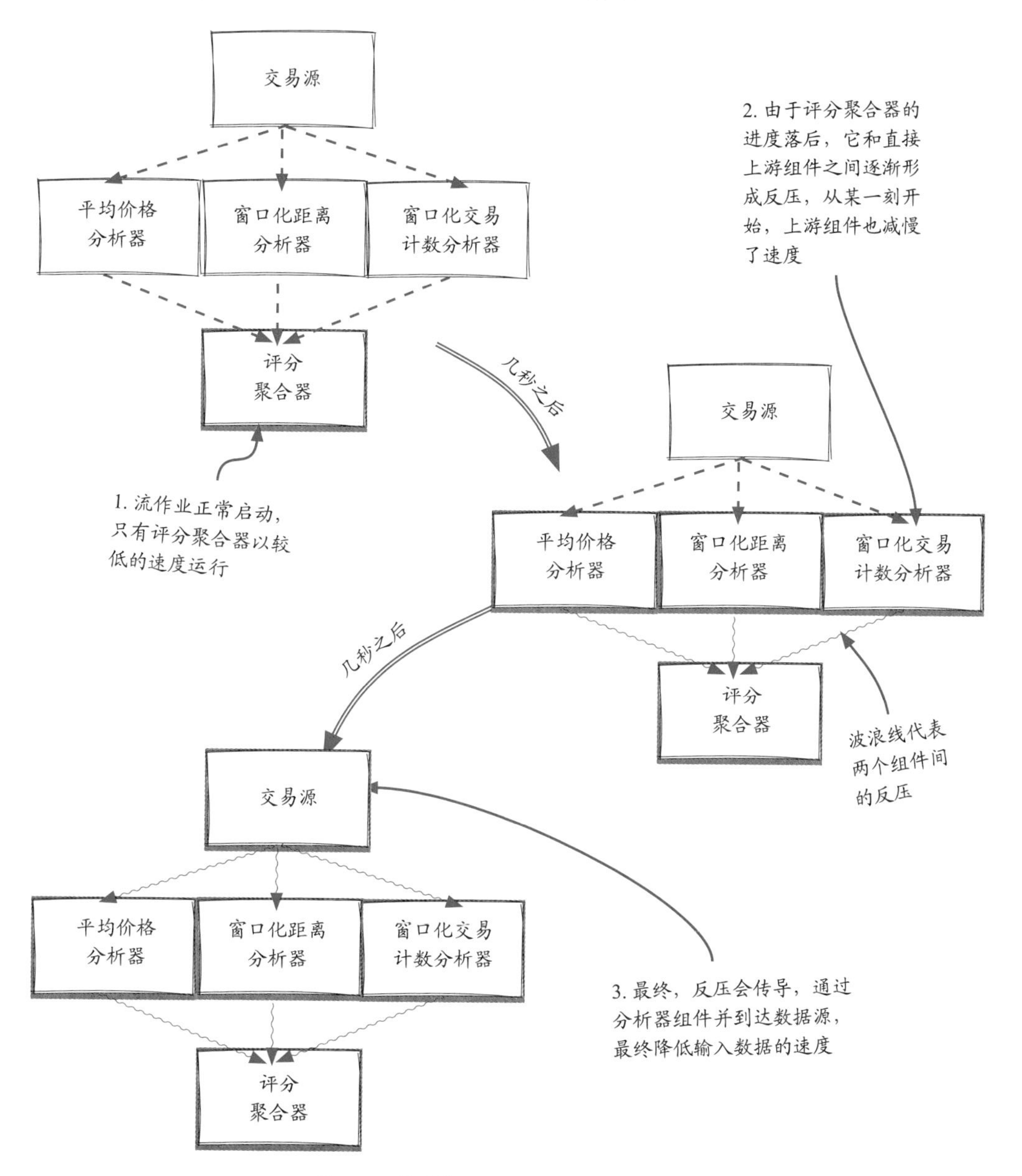

图 9.11 欺诈检测作业在反压期间的情况

9.11 分布式系统中的反压

本地系统中，可以简单地用阻塞队列检测和处理反压。然而在分布式系统中，事情就比较复杂了。我们分两步来讨论潜在的复杂性。

1. 检测繁忙实例
2. 反压状态

9.11.1 检测繁忙实例

检测繁忙实例是反压的第一步，这样系统就可以主动地做出反应。我们在第2章中提到，事件队列是流系统中广泛使用的数据结构，用于连接进程。虽然通常使用无界队列，但通过监测队列的大小，可以看出一个实例是否能跟上输入的流量。更具体地说，至少有两个不同的长度单位可以作为阈值。

- 队列中的事件数量
- 队列中事件的内存大小

如图9.12所示，当事件的数量或内存大小达到阈值时，队列一端的实例很可能有问题，引擎判断需要开启反压。

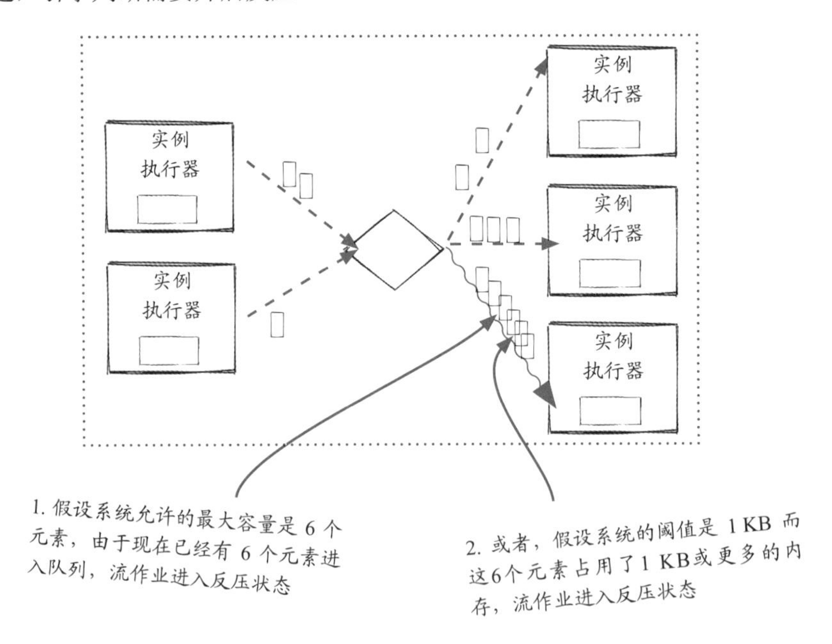

图9.12 检测繁忙实例图示

9.11.2 反压状态

开启反压状态后，就像 Streamwork 引擎那样，我们希望减慢输入事件的速度。然而，这项任务在分布式系统中比在本地系统中要复杂得多，因为实例可能运行在不同的计算机上，甚至是不同的地点。因此，流计算框架通常会停止输入事件而不是放慢速度，从而给繁忙的实例一点暂时的喘息空间。

- 停止上游组件的实例，或
- 停止数据源实例

还有一个选项，它虽然不那么常见，但本章后面将介绍该选项：放弃事件。这个选项听起来不可取，但当端到端延迟十分关键并且允许丢失事件时，这个选项可能很有用。基本上，这两个选项的区别在于对准确性和延迟的权衡。

图 9.13 解释了这两个选项。为了方便说明，我们添加了源实例；同时为了简洁起见，省略了一些中间队列和事件分发器的细节。

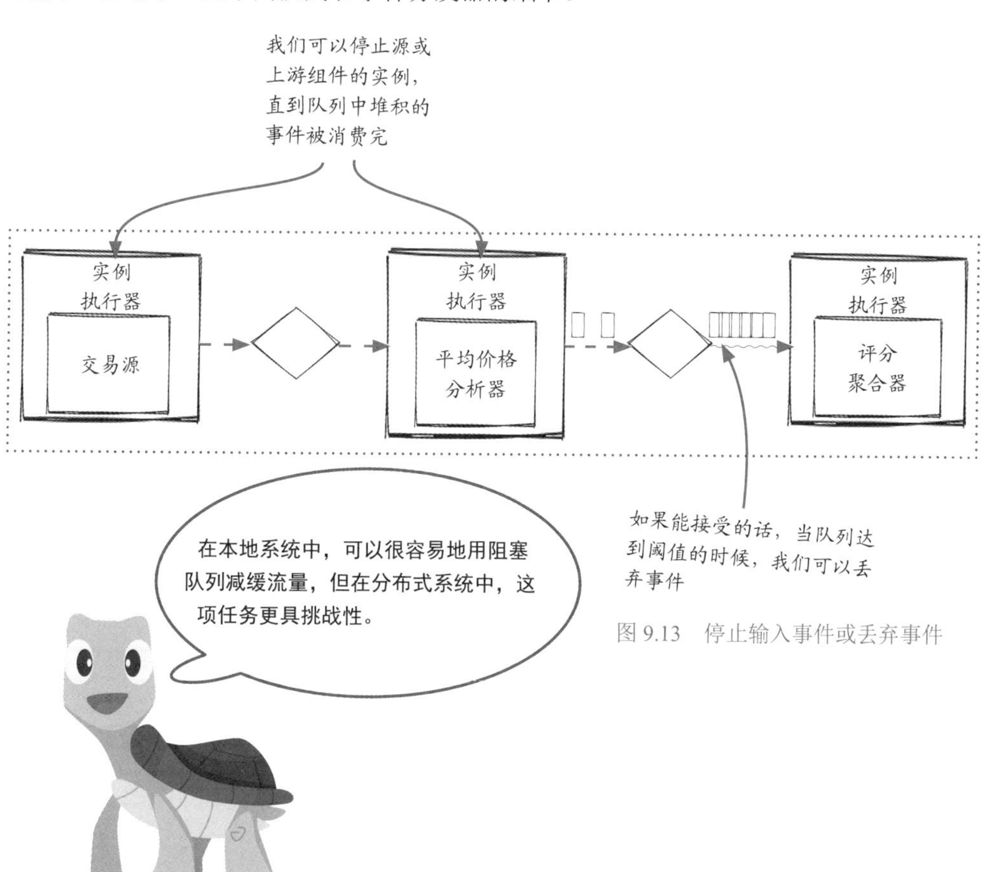

图 9.13 停止输入事件或丢弃事件

9.11.3 反压的处理: 停止数据源

在分布式系统中，停止数据源可能是实现反压最直接的方法。如图 9.14 所示，它使得慢速实例以及流作业中的其他实例可以逐渐消耗输入事件，在存在多个繁忙实例的情况下，这正是我们所期望的。

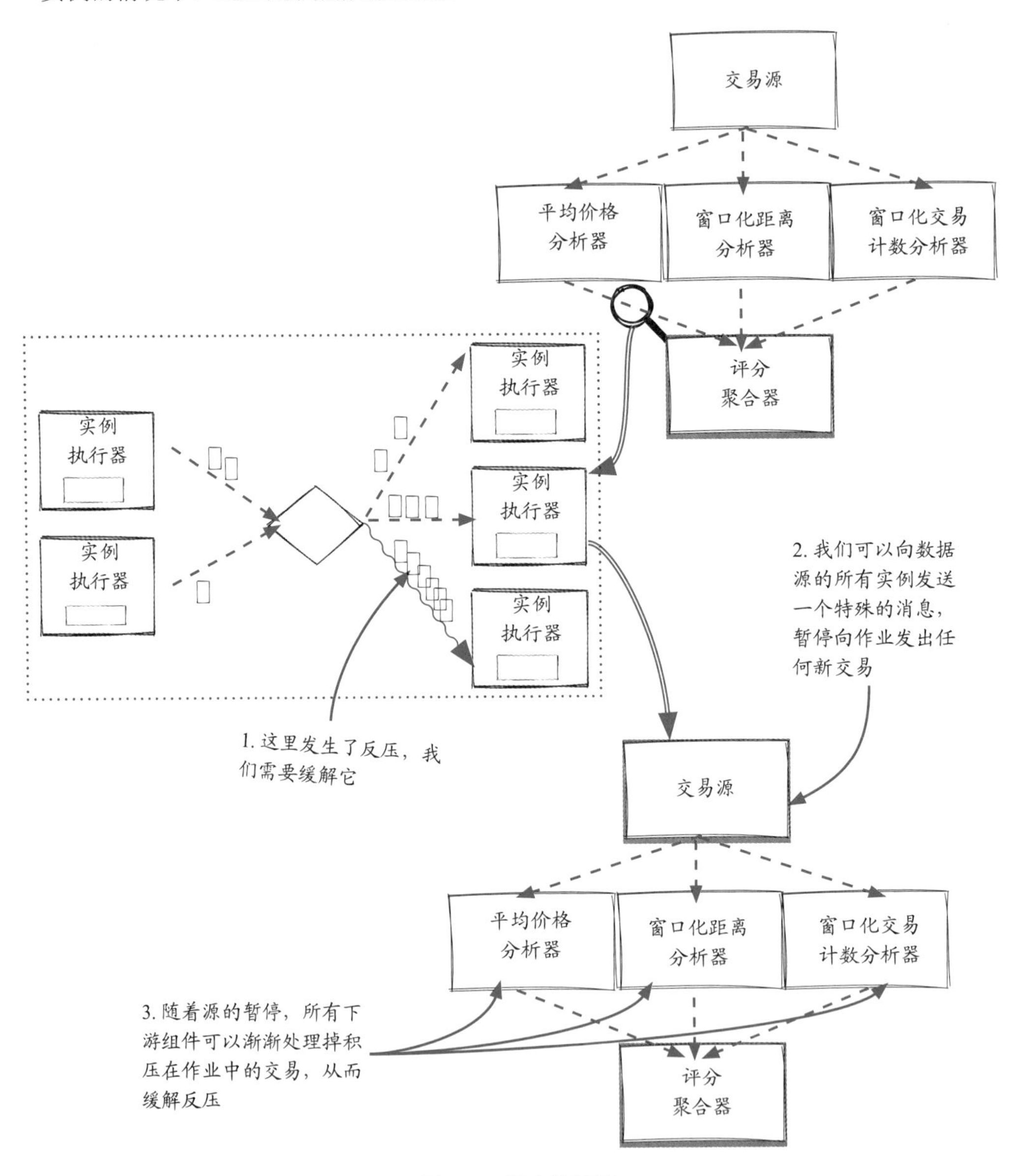

图 9.14 停止数据源

9.11.4 反压的处理：停止上游组件

图 9.15 显示，也可以在组件层面上停止输入事件。这种做法比之前的更精细 (某种程度上)。我们希望只有特定的组件或实例被停止，而不是所有的组件或实例都停止，我们还希望在反压广泛传播之前缓解反压。如果问题持续时间足够长，最终数据源还是会被停止。注意，这个选项在分布式系统中实现起来可能相对更复杂，而且开销更大。

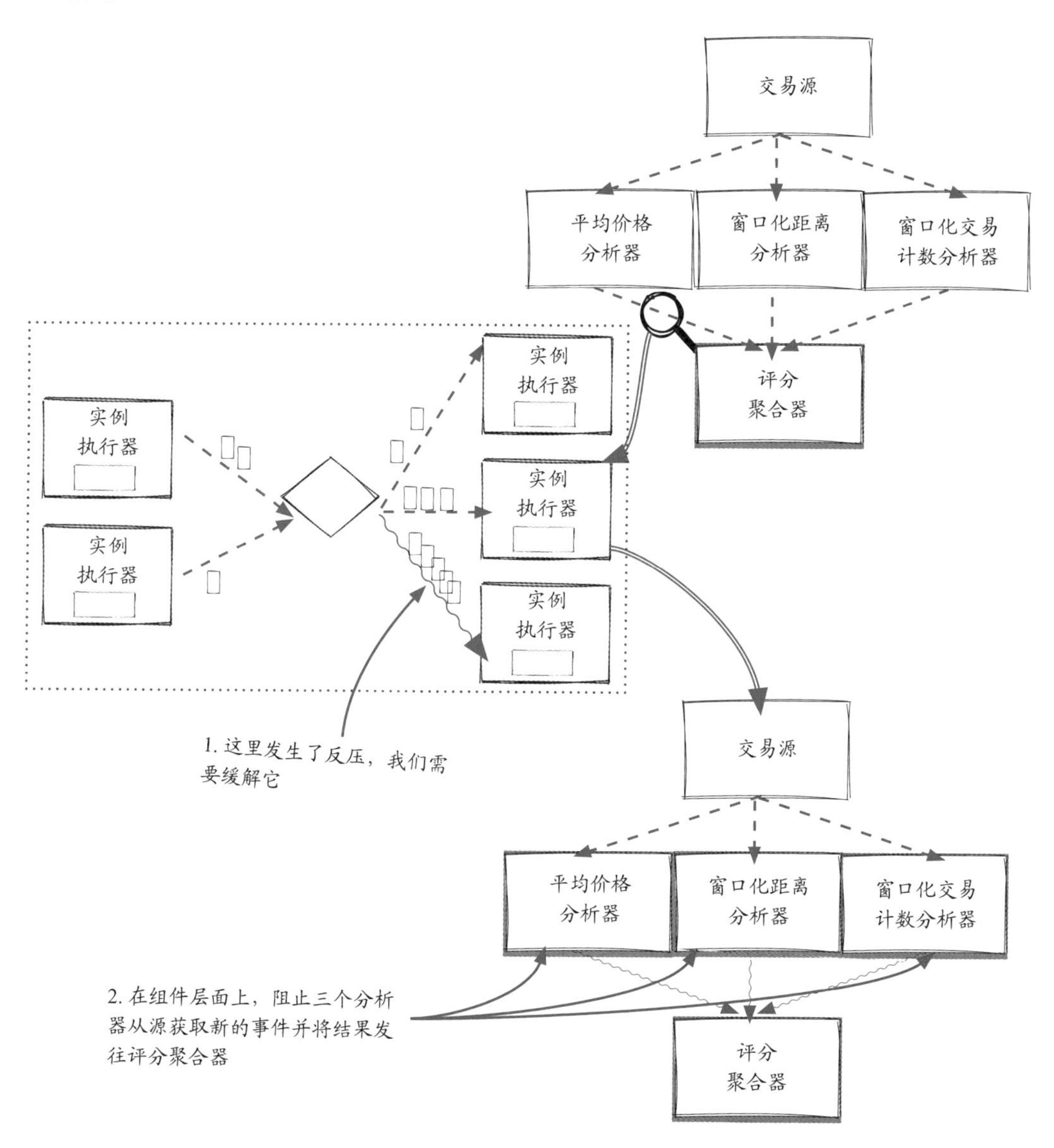

图 9.15 停止上游组件

9.11.5 解除反压

假设作业处于反压状态一段时间后，繁忙的实例已经恢复了(希望如此)，下一个关键问题是，如何结束反压状态从而恢复流量？

答案也在意料之内(因为它与启动反压的检测很相似)：监测队列的大小。检测是否需要反压时，我们检查队列是否太满，而这次我们检查队列是否足够空，这意味着队列中的事件数量已经低于低阈值，有足够的空间容纳新事件。图 9.16 展示了一个具体的示例。

注意，解除反压并不意味着慢速实例已经恢复了。相反，它只是意味着队列中有空间可以容纳更多的事件。

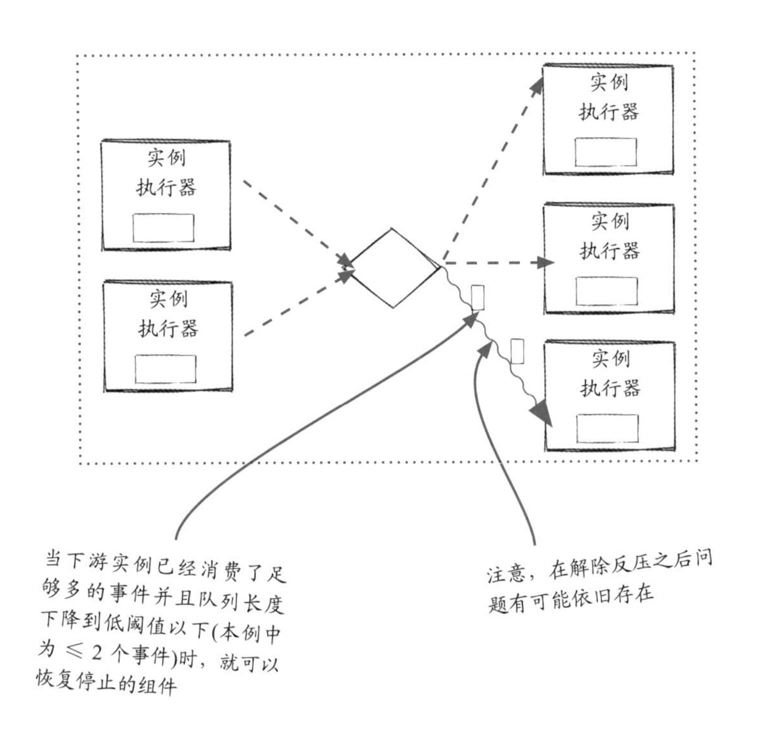

图 9.16 解除反压示例

这里需要记住的一个重要问题是，反压是一种被动的机制，目的在于使慢速实例和整个系统免遭更严重的问题(比如崩溃)。它并没有真正解决慢速实例本身的任何问题并使之运行得更快。因此，如果慢速实例在输入事件恢复后仍然无法追赶上，则可能会再次触发反压。我们先看下检测和解除反压的阈值，之后再讨论这个问题。

9.12 新概念：反压水位

在开启和解除反压状态时，我们检查中间队列的大小并将其与相应的阈值进行比较。下面来看这两个阈值以及一个新概念——反压水位 (backpressure watermark)。它们通常是流框架提供的配置选项。

- 反压水位代表进程间中间队列的高、低利用率。
- 当队列中的数据量高于高水位时，应该开启反压状态 (如果尚未开启的话)。
- 当处于反压状态中，而触发反压的队列中的数据量低于低水位时，可以解除反压。注意，0 并不是理想的低水位，因为这意味着在解除反压和新事件到达队列期间，之前繁忙的实例将无事可做。

流作业在处理事件时，队列中的数据量时高时低。理想情况下，这些数字总是在低水位和高水位之间，所以事件被全速处理。图 9.17 以具体数据解释了反压水位。

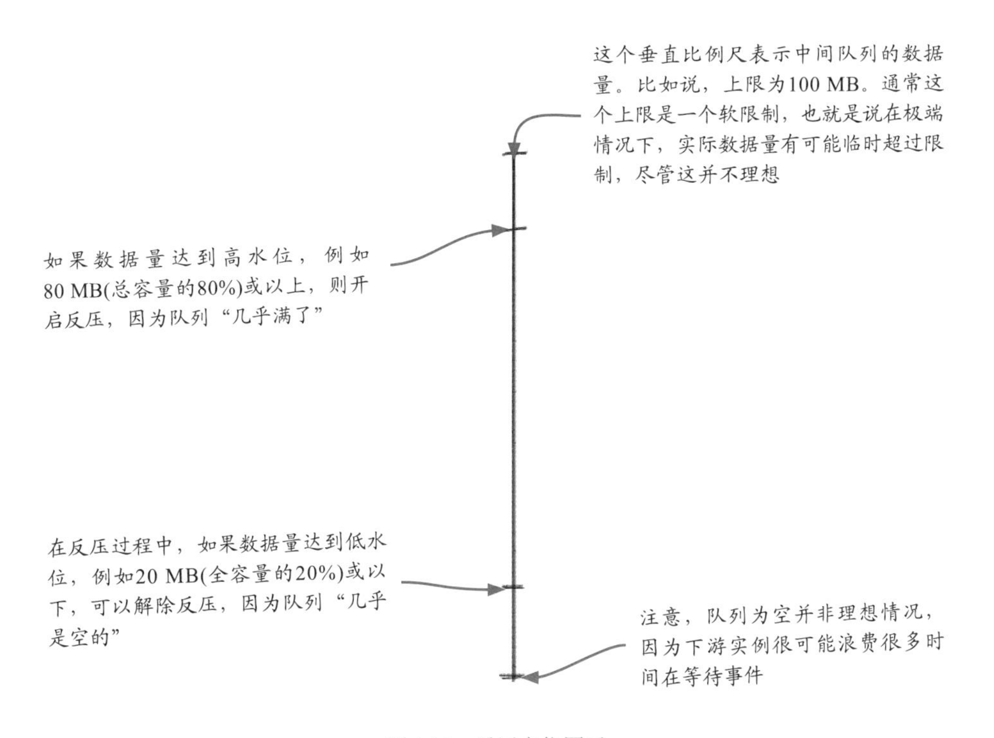

图 9.17 反压水位图示

9.13 处理滞后实例的另一种办法：丢弃事件

反压能够保护系统，保持任务正常运行。多数情况下，它的效果很好，但在某些特殊情况下还有另一种选择：简单地丢弃事件 (见图 9.18)。

这种方法中，当检测到滞后实例时，系统不会停止事件的输入并在之后恢复，而是直接丢弃发送到实例输入队列中的新事件。

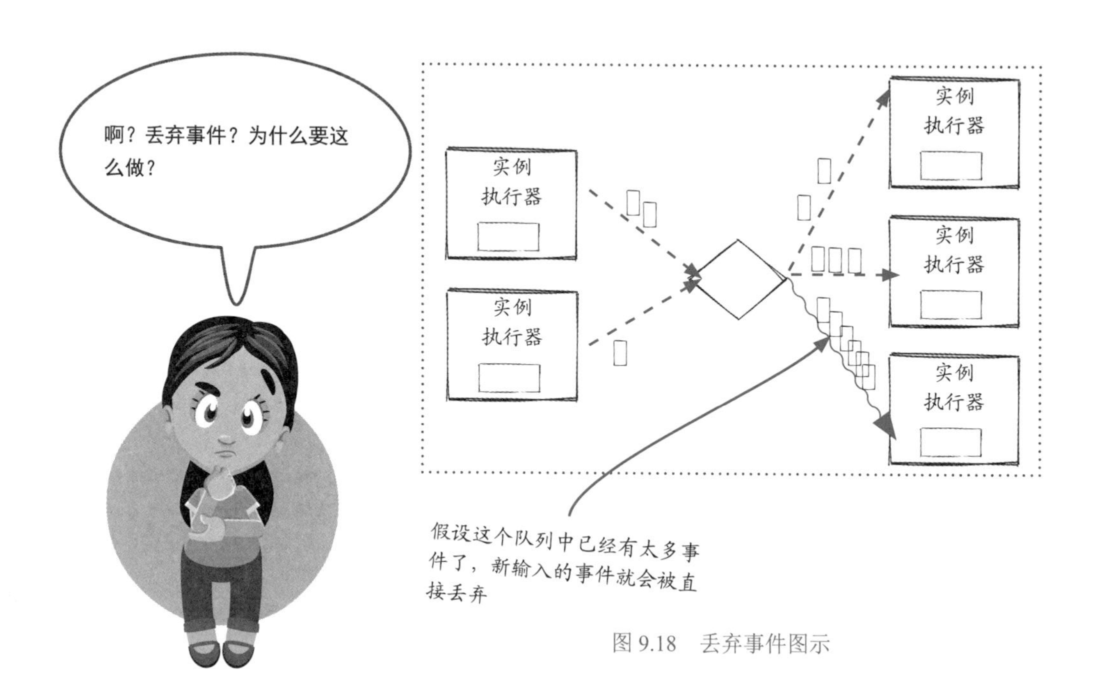

图 9.18 丢弃事件图示

这个做法听起来可能很吓人，因为会导致结果不准确。完全正确！如果你还记得第 5 章中谈到的送达语义，你会注意到这个选项应该只在至多一次送达的情况下使用。

然而，它可能并不像听起来那么可怕。只有当有实例赶不上流量时，结果才是不准确的，如果系统配置正确，这种情况应该很少。换句话说，几乎在所有时候结果都是准确的。我们曾多次提到，反压是一种自我保护机制，用于极端情况下防止系统崩溃。反压状态对于流作业来说不是一个理想的状态。如果它经常发生在你的流作业上，你应该重新审视系统，找出问题根源并解决。

9.14 为什么要丢弃事件

为什么要在系统中丢弃事件？许多人对此感到好奇。在设计流作业时一定要问自己这个问题：在实例故障或者跟不上工作负载的情况下，你是否愿意用准确性换取端到端延迟？

以社交平台为例，为了实时跟踪用户互动数量(如“赞”的个数)，在第二个方法中，计数总是最新的，尽管它不完全准确。如果 100 个实例中有 1 个受到影响，那么误差预计在 1% 以内。如果应用反压来停止事件输入，计数将是准确的，但在反压状态下计数的刷新会有延迟，因为系统被减慢了。反压状态解除后，它也需要时间来追上最新的事件。如果问题是持续性的，那么在问题得到解决之前将始终无法得到最新的计数，这可能比 <1% 的误差更糟糕。

简单来说，通过丢弃事件，你可以得到实时性更优、结果也基本上足够准确的系统。

回到欺诈检测的作业上——延迟对我们来说至关重要。暂停数据处理几分钟并等待反压恢复的方案对我们来说是不可接受的。相对而言，不增加延迟并继续处理的方案可能更可取，尽管会略微牺牲准确性。当然，一定要通知工程师尽快调查和解决根本问题。监测丢弃事件的数量对于我们了解当前状态和结果的准确性十分重要。

9.15 反压可能是内部持续性问题的表面症状

反压是流系统中用于处理临时问题 (如实例崩溃和输入流量激增) 的重要机制，以避免更严重的问题。流系统可以在问题消失后自动恢复正常状态，而不需要用户干预。换句话说，依靠反压，流系统对突发问题更有弹性，对分布式系统来说，这是个理想的性质。理论上，如果反压在流系统中从未发生过，那再好不过了，但是你知道的，生活并不完美，也永远不会完美。反压是必要的安全网。

我们希望问题是暂时的，反压可以处理，但这都取决于实际情况。实例也很可能不会自己恢复，不得不依靠干预解决根本问题。这些情况下，持续性的反压就是一个症状。通常有两种持续性问题，需要区别对待：

- 实例停止工作，反压将永远不会解除。
- 实例仍在工作，但它无法追赶上进入的流量。反压在解除后不久就会再次触发。

9.15.1 实例停止工作，反压不会解除

这种情况下，队列中的事件不会被消费掉，反压状态根本不会解除。这种情况的解决方法很直接：修复实例。重启实例可能是一个直接的补救方案，不过重要的是弄清楚根本原因并处理。通常情况下，这个问题会引出需要修复的 bug。

9.15.2 实例无法追赶上，反压会再次触发

如果实例追不上流量，情况就更复杂了。这种情况下，当队列中的数据被消费完时，处理任务可以暂时恢复，但很快反压就会再次触发。让我们仔细看下这种情形。

9.16 如果问题是持续性的，暂停和恢复动作可能会导致抖动

现在，我们来看看所谓的抖动 (thrashing) 效果。如果背后问题是持续性的，当作业开启反压状态时，队列中的事件被各实例消费完，随后，一旦反压状态解除，随着新的数据事件再次涌入实例，不久又会开启反压状态。如图 9.19 所示，抖动就是反复开启和解除反压的循环。

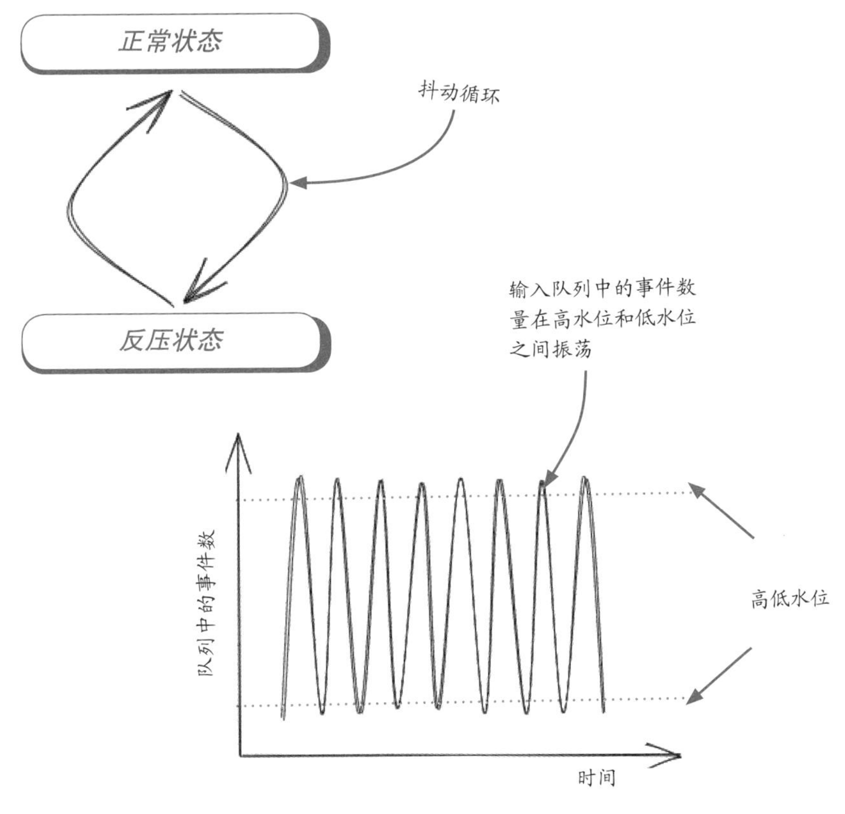

图 9.19 抖动图示

如果情况没有改变，发生抖动是预料之中的事。如果同一个实例仍然赶不上流量，队列中的数据量会再次增加，直至达到高水位，再次触发反压。而在下一次反压得到解除后，循环很可能再次发生。实例的输入队列中的事件数量看起来如图 9.19 所示。为了从抖动中恢复，我们需要找到根本问题并解决。

9.17 处理抖动

如果观察到抖动，你可能需要考虑为什么实例的处理速度不够快。例如，是否有什么内部问题导致实例变慢，或者是否要扩大你的系统规模？通常有两方面的原因——流量或组件。

- 来自数据源的事件流量可能已经永久性地超出了作业能处理的量。这种情况下，作业很可能需要扩大规模以处理增加的流量。更具体地说，可能需要首先提升作业中慢速组件的并行度(特定组件的实例数，更多细节请参阅第3章)。
- 由于某些原因，一些组件的处理速度变慢了。你可能需要研究一下这些组件，看看是否有需要优化或调整的地方。注意，组件的依赖项也要考虑在内。当流量模式发生变化时，某些依赖项的运行速度会变慢，这并不罕见。

重要的是了解数据和系统

当实例不能以输入流量的速度处理事件时，就会出现反压。这是一种防止系统崩溃的强大机制，但是对于你——系统的设计者来说，重要的是了解数据和系统并弄清楚是什么原因导致反压的。现实世界的系统中有各式各样的问题，本书不可能涵盖所有问题。尽管如此，我们希望你理解基本的概念，这将帮助你在正确的方向上调查问题。

9.18 小结

本章讨论了一个被广泛支持的机制：反压。具体来说，包括：

- 反压发生的时机和原因。
- 流框架如何检测并通过反压来处理问题。
- 停止输入流量或丢弃事件——它们的原理以及如何取舍。
- 如果背后的问题没有消失，我们该怎么办。

反压是流系统中一个重要的机制，了解它的细节原理将帮助你维护和改进你的系统。

第10章 有状态计算

本章内容：

- 有状态和无状态组件的介绍
- 有状态组件如何工作
- 相关技术

“重启试试。”

——IT人员

第 5 章中说到了状态 (state)。在许多计算机程序中，状态是个重要的概念。例如，游戏的进度、文本编辑器中的当前内容、表格中的数据、浏览器中打开的网页都是程序的状态。当一个程序被关闭并再次打开时，我们希望它能恢复到正确的状态。在流系统中，正确处理状态也很重要。本章将更详细地讨论流系统中如何使用和管理状态。

10.1 流作业的迁移

系统维护是使用分布式系统的日常工作之一，比如：发布带有缺陷修复或新功能的新版本，升级软件或硬件以使系统更安全或高效，处理软硬件故障以保持系统运行，等等。

AJ和Sid决定将流作业迁移到新的、更高效的硬件上，以降低成本并提高可靠性。这是个重大的维护任务，必须谨慎进行。

10.2 系统使用量作业中的有状态组件

有状态组件对于有内部数据的组件非常有用。我们在第 5 章的系统使用量作业上下文中简要地讨论了它们。现在，是时候来看看其内部到底是如何工作的。

前几章简要地讨论了有状态组件，在我们的流作业中有几处需要用到它。

为了让流作业能在重启后恢复处理，组件的每个实例需要事先将其关键内部数据 (状态) 作为检查点持久化到外部存储。当实例重新启动时，可将数据加载回内存，重新设置实例并恢复之前的处理。

如图 10.1 所示，不同的组件需要持久化的数据也不同，在系统使用量作业中：

- **交易源**需要记录处理的偏移量。偏移量表示交易源组件从数据源 (事件日志) 中读取的位置。
- **交易计数**对系统使用量分析器十分重要，需要被持久化。
- **使用量记录器**没有任何数据要保存。

因此，前两个组件必须是有状态 (stateful) 组件，最后一个则是无状态 (stateless) 组件。

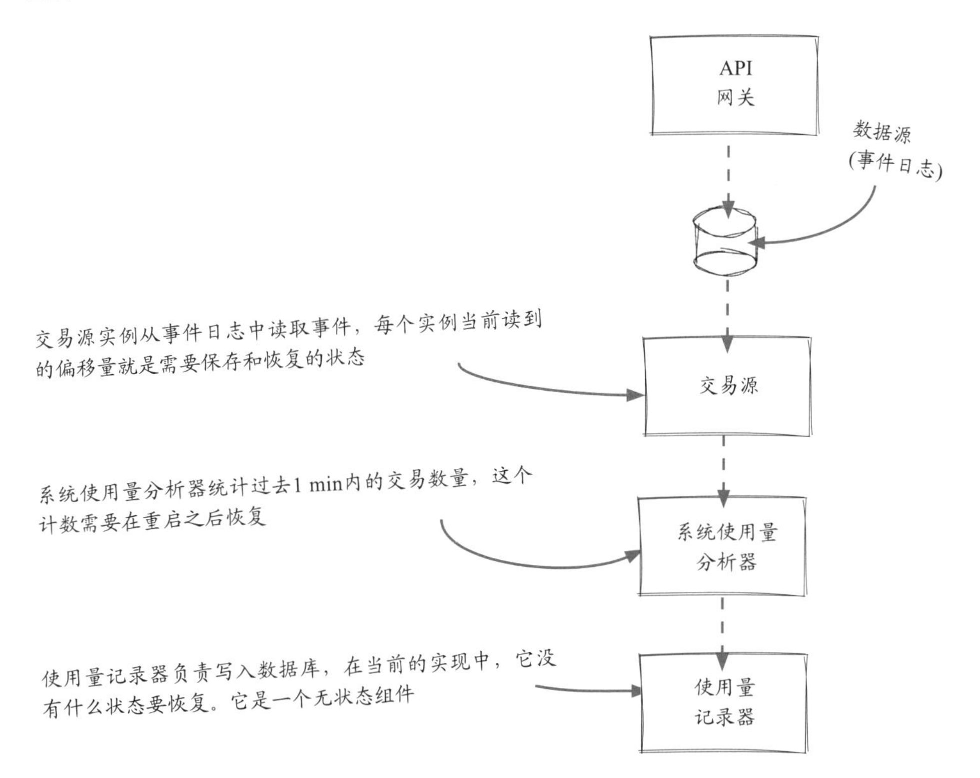

图 10.1 系统使用量作业中的组件

10.3 回顾: 状态

深入探讨之前，我们先回顾一个非常基本的概念：状态。正如第 5 章所解释的，状态是每个实例内部的数据，会在实例处理事件时发生变化。例如，交易源组件的状态是每个实例从数据源读取的位置 (即偏移量)。读取新事件时，偏移量也会向前移动。图 10.2 显示了交易源实例处理两个交易前后的状态变化。

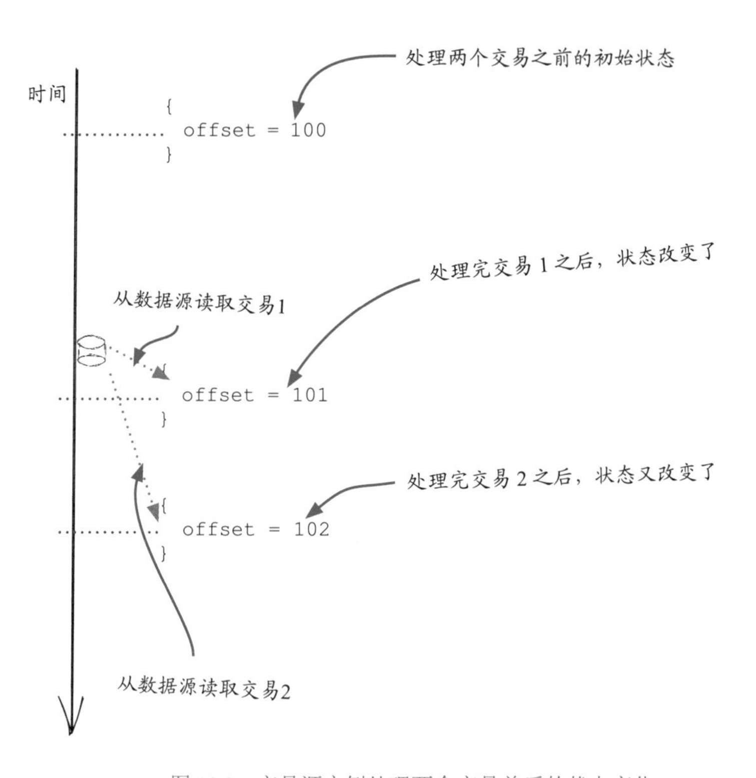

图 10.2 交易源实例处理两个交易前后的状态变化

10.4 不同组件的状态

当涉及多个不同组件的状态时，事情就更有趣了。在第 7 章中，我们提到过，事件的处理时间对于不同的实例是不同的，因为事件会先到达某个实例，然后流向另一个实例。同样地，对于同一个事件，在不同的实例中，状态的变化也发生在不同的时刻。图 10.3 显示了交易源实例和系统使用量分析器实例在处理两个交易前后的状态变化。

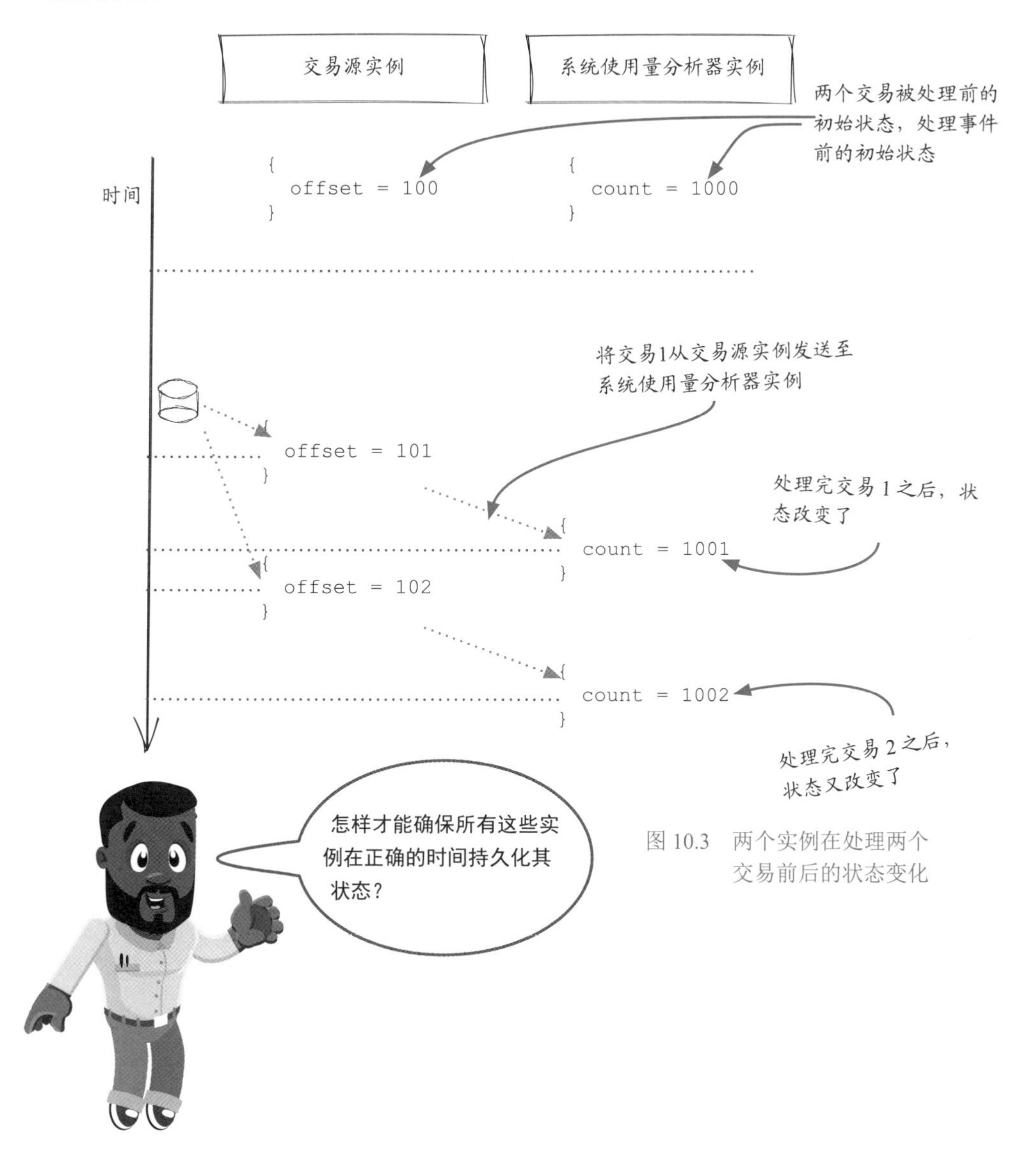

图 10.3 两个实例在处理两个交易前后的状态变化

10.5 状态数据与临时数据

到目前为止，状态的定义是直截了当的：处理事件时，实例内会改变的数据。这个定义是正确的，但有些数据可能是临时的，重启实例时并不用恢复这些数据。通常来说，实例状态不包括这些临时数据。

例如，缓存 (cache) 是用于提高性能的一种常见技术。缓存是指把一个组件放在代价较高的计算 (比如复杂函数或远程请求) 前面，以保存其结果并避免重复执行。通常来说，缓存不被认为是实例的状态数据，尽管在处理事件时它可能改变，但实例重启后，即使没有缓存，也能正常工作。使用量记录器实例中的数据库连接也是一个临时数据，因为实例重启后可以重新建立连接。

另一个例子是欺诈检测作业中的交易源组件 (见图 10.4 左侧)。在其内部，每个实例都知道它从数据源加载的最后一个交易事件的偏移量。然而，就像第 5 章中讨论的那样，因为低延迟对该作业至关重要，所以更优的做法是实例重启时直接跳到最新的交易，而不是恢复到先前的偏移量。这项作业中的偏移量是临时的，它不应该被看作状态数据，因此该组件是一个无状态组件。

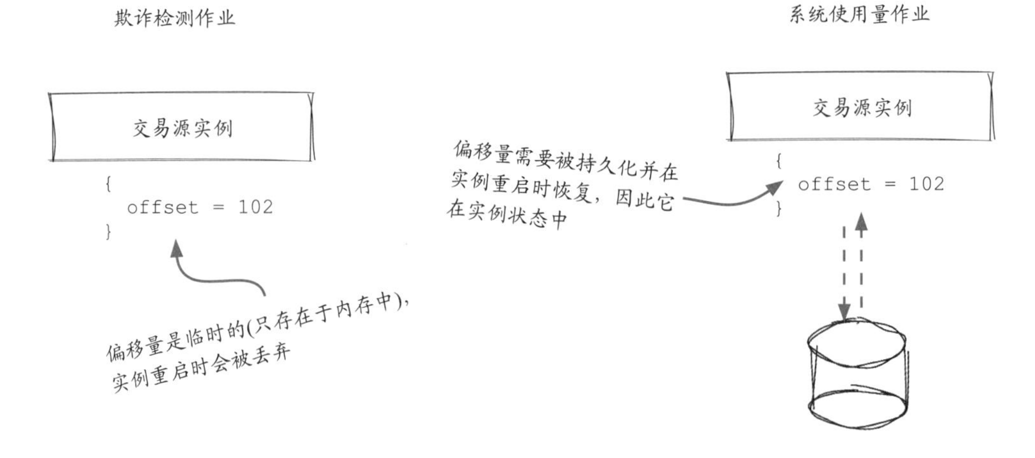

图 10.4　临时数据与状态数据示例

总之，实例状态只包含关键的数据，实例可以依靠它回滚到之前的某一时刻，并从那里继续。临时数据在流系统中通常不被当作状态。

10.6 有状态组件与无状态组件：代码实现

系统使用量作业以及欺诈检测作业中都用到了交易源组件，并且其工作方式类似。唯一区别是，该组件在系统使用量作业中是有状态的，而在欺诈检测作业中是无状态的。我们来比较一下它们的代码，看看有状态组件的不同之处。

- setupInstance() 函数有一个额外的 state 参数。
- 增加了 getState() 函数。

```
class TransactionSource extends StatefulSource {
  EventLog transactions = new EventLog();
  int offset = 0;
  ......
  public void setupInstance(int instance, State state) {
    SourceState mstate = (SourceState)state;
    if (mstate != null) {
      offset = mstate.offset;
      transactions.seek(offset);
    }
  }

  public void getEvents(Event event, EventCollector eventCollector) {
    Transaction transaction = transactions.pull();
    eventCollector.add(new TransactionEvent(transaction));
    offset++;
    system.out.println("Reading from offset %d", offset);
  }

public State getState() {
    SourceState state = new SourceState();
    State.offset = offset;
    return new state;
  }
}
```

在系统使用量作业中使用的有状态版本

用state对象存储的数据初始化实例

实例的state对象包含事件日志的当前偏移量

```
class TransactionSource extends Source {
  EventLog transactions = new EventLog();
  int offset = 0;
  ......
  public void setupInstance(int instance) {
    offset = transactions.seek(LATEST);
  }

  public void getEvents(Event event, EventCollector eventCollector) {
    Transaction transaction = transactions.pull();
    eventCollector.add(new TransactionEvent(transaction));
    offset++;
    system.out.println("Reading from offset %d", offset);
  }
}
```

欺诈检测作业中的无状态版本

10.7 系统使用量作业中的有状态数据源和算子

在第 5 章中，我们看过 TransactionSource 和 SystemUsageAnalyzer 的代码，现在我们来比较下这两者。一般来说，有状态数据源和算子处理状态的方法很相似。

```
class TransactionSource extends StatefulSource {
  MessageQueue queue;
  int offset = 0;
  ......
  public void setupInstance(int instance, State state) {
    SourceState mstate = (SourceState)state;
    if (mstate != null) {
      offset = mstate.offset;        ← 用state对象存储的数据设置实例
      log.seek(offset);
    }
  }

  public void getEvents(Event event, EventCollector eventCollector) {
    Transaction transaction = log.pull();
    eventCollector.add(new TransactionEvent(transaction));
    offset++;        ← 当从事件日志中读取出新事件并发送到下游组件时，偏移量会发生变化
  }

public State getState() {
    SourceState state = new SourceState();
    State.offset = offset;
    return new state;        ← 实例的state对象包含事件日志的当前偏移量
  }
}

class SystemUsageAnalyzer extends StatefulOperator {
  int transactionCount;

  public void setupInstance(int instance, State state) {
    AnalyzerState mstate = (AnalyzerState)state;
    transactionCount = state.count;        ← 构建实例时，用 state 对象初始化该实例
  }

  public void apply(Event event, EventCollector eventCollector) {
    transactionCount++;        ← 处理事件时，count变量改变

    eventCollector.add(transactionCount);
  }

  public State getState() {
    AnalyzerState state = new AnalyzerState();
    State.count = transactionCount;        ← 创建state对象来定期保存实例数据
    return state;
  }
}
```

10.8 状态和检查点

与之前的无状态组件相比，有状态组件中新增了两个需要开发者实现的函数：

- getState() 函数将实例数据转换为状态对象。
- setupInstance() 函数用状态对象重建实例。

我们看看内部到底发生了什么，这能帮助你创建高效、可靠的作业以及排查问题。

在第 5 章中，我们把检查点定义为可被实例用来恢复到以前状态的数据。流计算引擎，或者更准确地说，实例执行器和检查点管理器 (回忆一下单一责任原则)，负责在以下两种情况下调用这两个函数：

- 实例执行器定期调用 getState() 函数来获取每个实例的最新状态，然后将状态对象发送给检查点管理器以创建检查点，如图 10.5 所示。

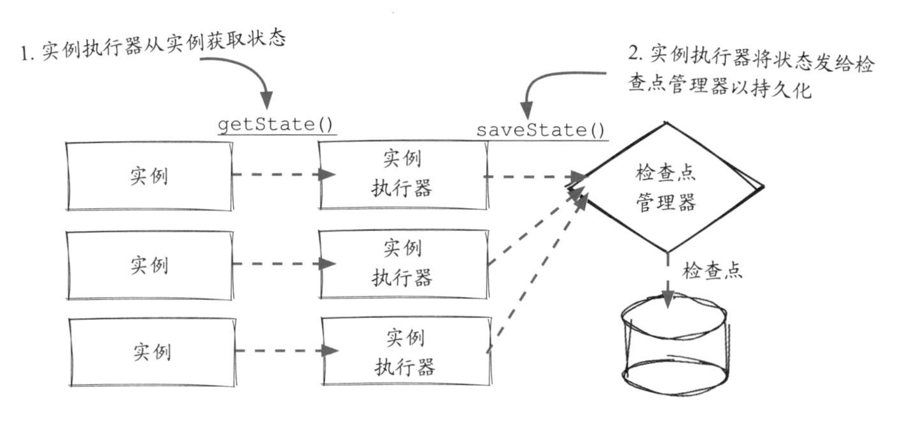

图 10.5 调用 getState() 函数的场景

- 在图 10.6 中，实例执行器创建实例之后调用 setupInstance() 函数，检查点管理器加载最新的检查点。

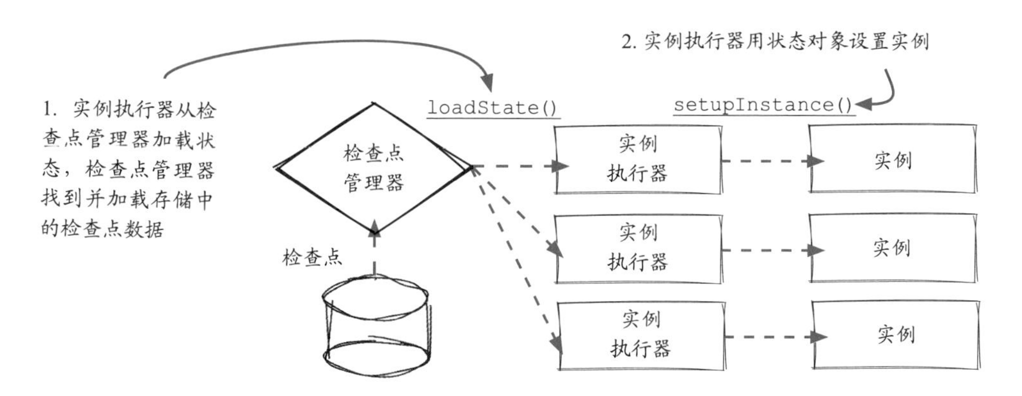

图 10.6 调用 setupInstance() 函数的场景

10.9 创建检查点：时机很重要

实例执行器负责调用实例的 getState() 函数来获取当前状态，然后将其发给检查点管理器以保存到检查点中。但有个问题是，实例执行器如何知道触发以上过程的正确时机？

一个直觉上的答案可能是用时钟来触发：所有的实例执行器都在同一时间触发该过程。就像计算机休眠那样，将内存中的东西都转储到磁盘上，唤醒时再将数据加载到内存中，通过这种方式，可以获得整个系统的快照 (snapshot)。

然而，在流系统 (见图 10.7) 中，这种技术并不奏效。当开始创建检查点时，一些事件已经被某些组件处理了，但下游的组件还没有处理。如果以这种方式创建检查点并将其用于重建实例，不同实例的状态将是不同步 (out of sync) 的，之后的结果就会不正确。

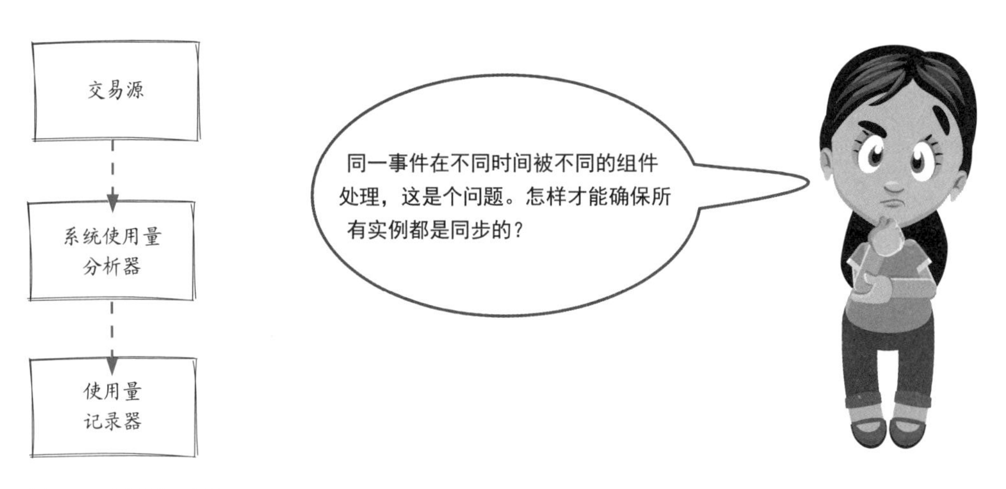

图 10.7 流系统示例

例如，一个正在运行的流作业中，每个事件由数据源组件的某个实例 (即交易源) 处理，然后发到下游组件的相应实例 (即系统使用量分析器)。这个过程不断重复，直到流过所有组件。因此，每个事件在不同组件上的处理时间是不同的，并且，同一时刻不同的组件也在处理不同的事件。

为了避免不同步问题并确保结果的正确性，不应使用时钟时间，而应使用基于事件的时间 (event-based time) 导出所有实例的状态：在处理完同一个交易之后进行导出。

10.10 基于事件的时间

对于流系统的检查点，时间是由事件ID(而不是时钟时间)衡量的。例如，在系统使用量作业中，交易源刚刚处理完并发出交易#1001，所以它处于交易#1001的时间；此时，系统使用量分析器处于交易#1000的时间之后，等它处理及发出交易#1001之后，它将会处于交易#1001的时间。图10.8同时展示了时钟时间和基于事件的时间。为了简单起见，假设每个组件只有一个实例。多实例的情况将在后面讨论实现的时候涉及。

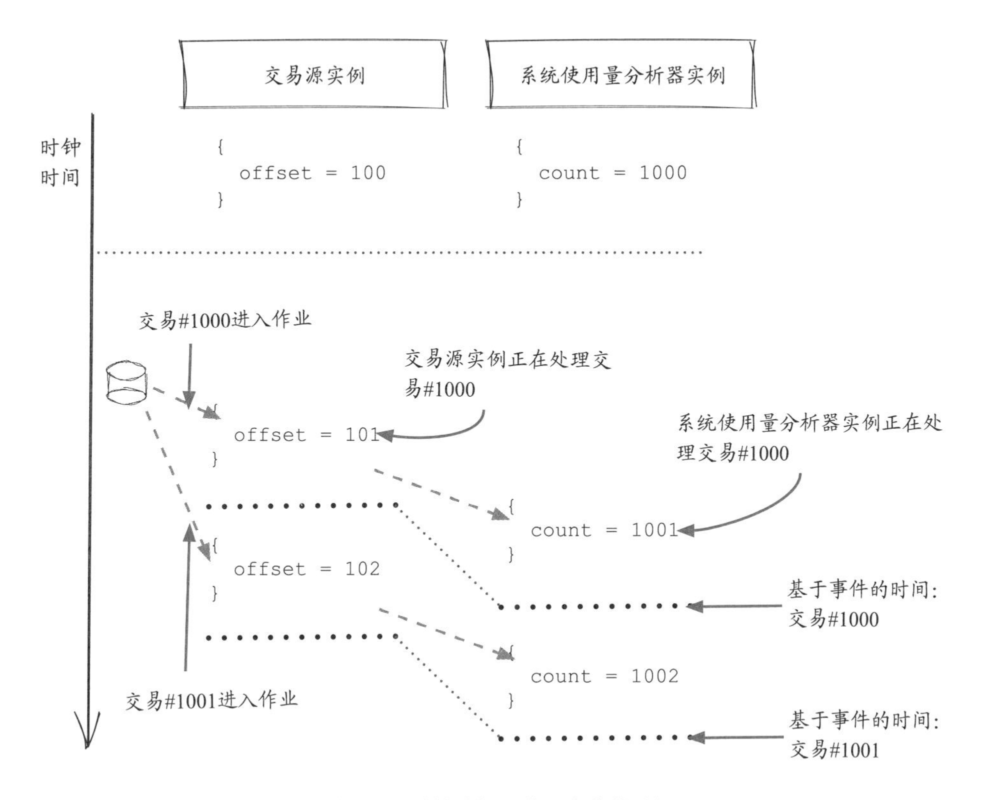

图10.8 时钟时间和基于事件的时间

有了基于事件的时间，所有的实例都可以在同一时机导出状态，从而创建有效的检查点。

10.11 用检查点事件创建检查点

那么，流计算框架中如何实现基于事件的时间呢？像事件一样，时间这个概念贯穿了流计算这个话题的始终。听起来是不是很有趣？

基于事件的时间听起来很简单，但有个问题：通常，每个组件都会创建出多个实例，每个事件都由其中一个实例处理。这些实例之间是如何同步的呢？这里需要引入一种新的事件类型，即控制事件 (control event)，其路由策略与数据事件不同。

到目前为止，我们见过的所有流作业都是在处理数据事件 (data event)，如车辆事件和信用卡交易。控制事件并不包含要处理的数据，相反，它们包含流作业模块间通信的数据。为了创建检查点，我们需要用检查点事件通知流式作业中的所有实例：是时候创建检查点了。可能还有其他类型的控制事件，但本书中只会用到检查点事件。

从图 10.9 中可以看出，检查点管理器定期生成一个具有唯一 ID 的检查点事件，并将其发往源组件，或者更准确地说，源组件实例的实例执行器。然后，实例执行器将检查点事件插入常规数据事件流中，检查点事件的旅程就此开始。

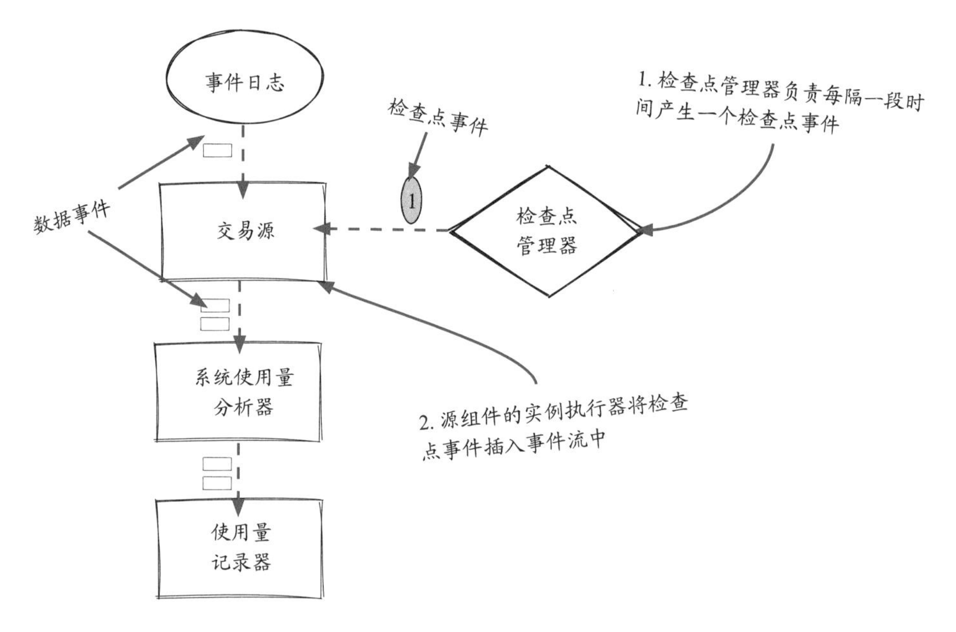

图 10.9 用检查点事件创建检查点

注意，包含用户逻辑的源组件的实例并不知道检查点事件的存在。它们只知道 getState() 函数被实例执行器调用以获取当前状态。

10.12 实例执行器如何处理检查点事件

每个实例执行器都会重复以下过程：

- 调用 getState() 函数并将状态发送给检查点管理器。
- 将检查点事件插入输出流中。

仔细观察图 10.10，你会发现每个检查点事件还包含一个检查点 ID。检查点 ID 可以被看作一种基于事件的时间。当一个实例执行器将状态对象发送给检查点管理器时，检查点 ID 也会包含在状态对象内，因此检查点管理器知道这个实例在这个时间处于这个状态。出于同样的目的，ID 也被包含在检查点对象中。

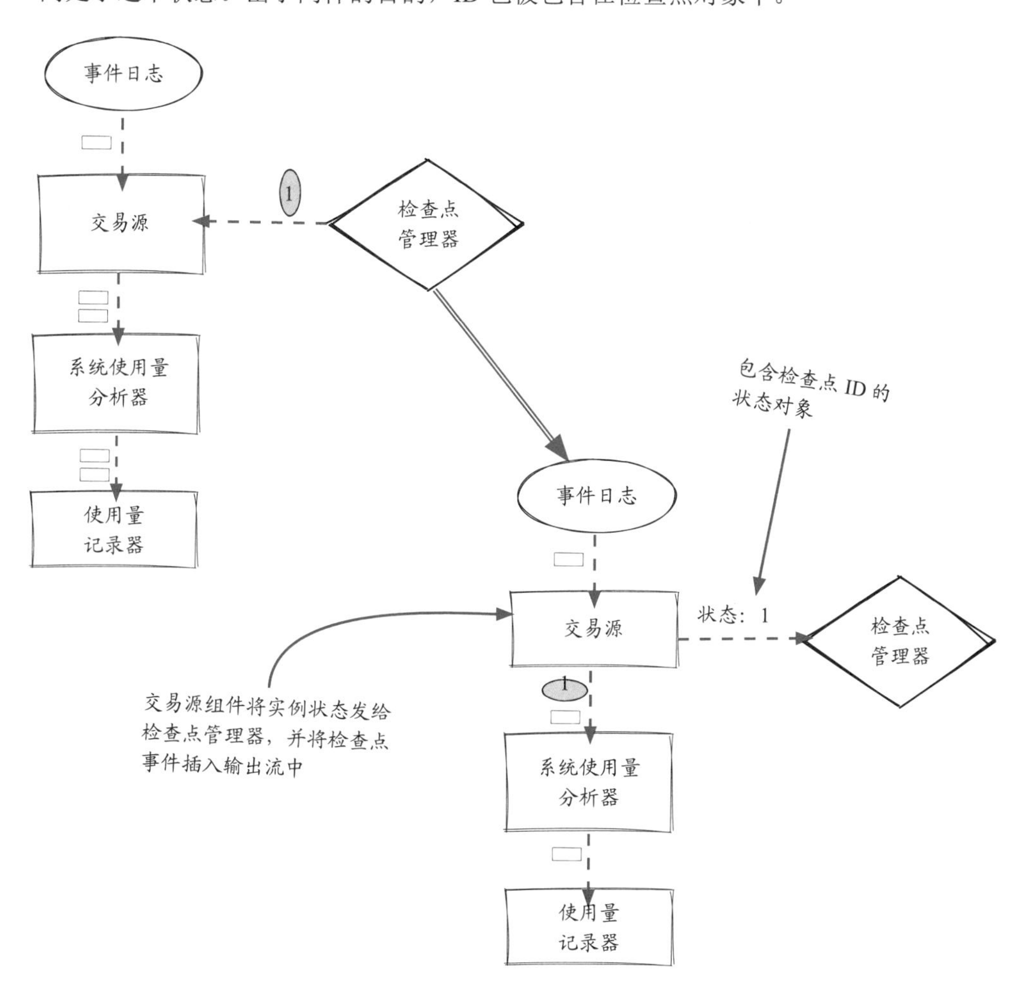

图 10.10 实例执行器如何处理检查点事件

10.13 流过作业的检查点事件

检查点事件被源实例执行器插入事件流之后，它将在作业中流动并访问作业中所有算子的实例执行器。图 10.11 显示交易源和系统使用量分析器相继处理了 ID 为 1 的检查点事件。

最后一个组件——使用量记录器没有状态，所以它通知检查点管理器：该事件已处理完毕，不带状态对象。然后，检查点管理器知道检查点事件已经访问过作业中的所有组件，检查点最终完成，并可以持久化到存储中。

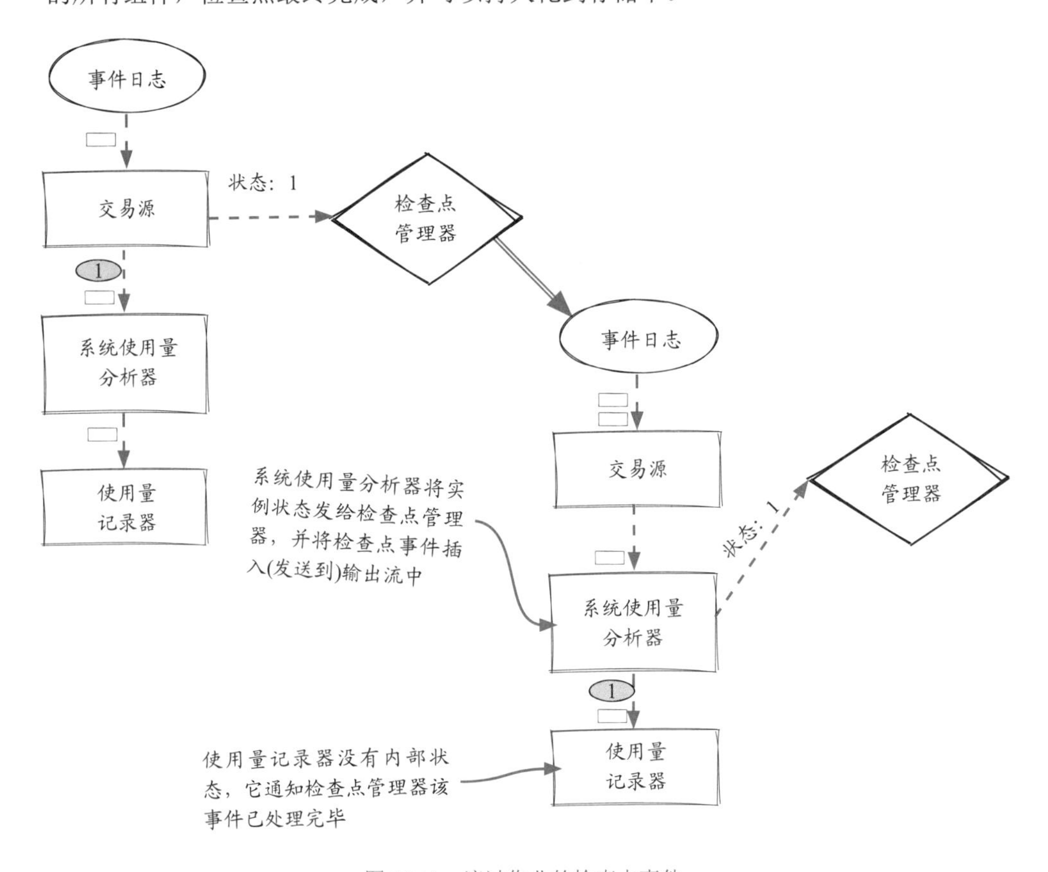

图 10.11 流过作业的检查点事件

总之，检查点事件在作业中的流动与普通事件类似，但并不完全相同。下面我们再深入了解一下。

10.14 在实例层面用检查点事件创建检查点

检查点事件在组件间流动，当实例执行器依次收到检查点事件时，它们将状态对象发给检查点管理器。在图 10.12 展示的例子中，所有组件的状态对象都是在相同的两个事件 (即 200 和 201) 之间创建的。

别忘了每个组件可能有多个实例。第 4 章讲过，每个事件都会根据分组策略被路由到某个特定的实例。检查点事件的路由非常不同，我们来仔细看看。(注意，这一页和下一页对部分读者来说可能有点太详细了。如果你有这种感觉，请随意跳过。)

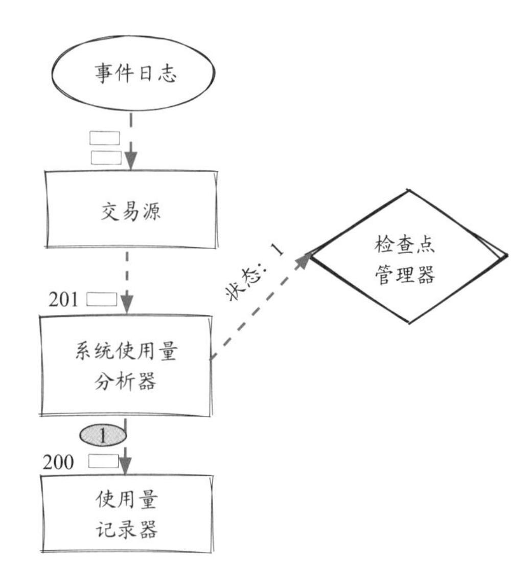

图 10.12 检查点事件的流动

我记得每个组件可能有多个实例？能正确处理它们吗？

简单的答案是，所有这些实例都需要接收检查点事件，以正确地触发 getState() 调用。在我们的 Streamwork 框架中，事件分发器负责同步和分发检查点事件。让我们先从分发开始 (因为它比较简单)，然后在下一页讨论如何同步。

如图 10.13 所示，当事件分发器收到上游的检查点事件时，它会向下游组件的每个实例发出一个事件的副本。相比之下，对于数据事件，通常只有下游组件的某一个实例会收到它。

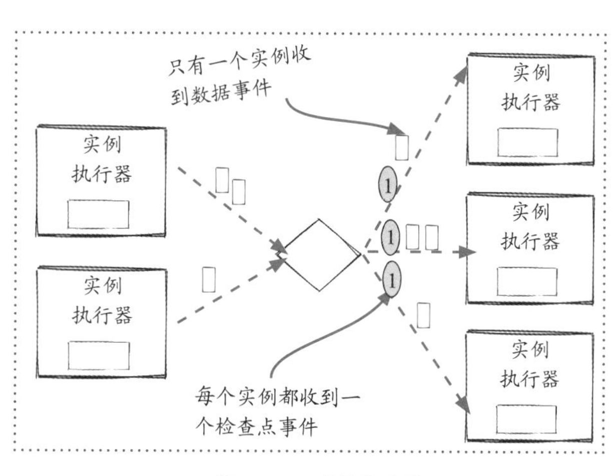

图 10.13 事件的分发

10.15 检查点事件的同步

检查点事件的分发很简单，但同步稍有些棘手。检查点事件的同步发生在事件分发器接收输入的检查点事件的过程中。每个事件分发器都会接收来自多个实例的事件(事实上它也可以接收多个组件的事件)，因此每个上游实例执行器都应发来一个检查点事件。如图 10.14 所示，这些检查点事件很少恰好同时到达，那么在这种情况下应该怎么做呢？

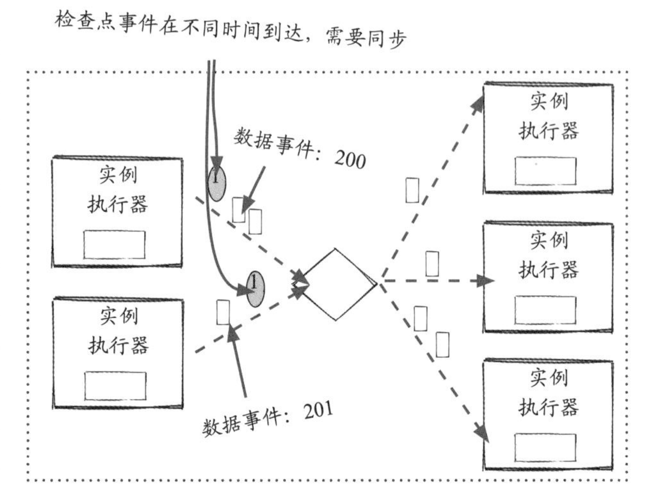

图 10.14 检查点事件需要同步的情形

图 10.14 中，考虑基于事件的时间，检查点事件 #1 所代表的时间处于数据事件 #200 和 #201 之间。这一检查点事件会被所有的实例执行器收到，因此，有可能像图中所示的那样，一个实例比其他实例更早处理完检查点事件。这种情况下，事件分发器收到第一个检查点事件后，会阻塞该检查点事件所在的事件流，直至收到其他所有输入连接上的检查点事件。换句话说，检查点事件被视为屏障 (barrier) 或阻塞器 (blocker)。图 10.14 的例子中，下方连接先传来检查点事件，事件分发器将阻塞数据事件 #201 的处理，并继续处理来自上方输入连接的事件(数据事件 #200 和之前的事件)，直至收到检查点事件。

事件分发器收到来自两个连接的检查点事件 #1 后，由于没有其他输入连接需要等待，它可以向所有下游实例执行器发出检查点事件，并开始消费数据事件。结果如图 10.15 所示，数据事件 #200 在检查点事件 #1 和数据事件 #201 之前被事件分发器分发。

图 10.15 检查点事件的同步

10.16 检查点加载和向后兼容性[①]

讨论完如何创建检查点，让我们来看看如何加载和使用检查点。与重复发生的创建过程不同，检查点的加载在流作业的整个生命周期中只发生一次：在启动的时候。

如图 10.16 所示，当流作业启动时 (例如：当实例刚刚崩溃时，作业需要在相同的集群上重新启动；或像 AJ 和 Sid 那样进行任务迁移时，作业实例需要转移到其他机器上启动)，每个实例执行器从检查点管理器请求相应实例的状态数据，检查点管理器再去访问检查点存储，找到最新的检查点，并将数据返回给实例执行器。之后，各个实例执行器用收到的状态数据来创建实例，所有实例创建完成后，流作业开始处理事件。

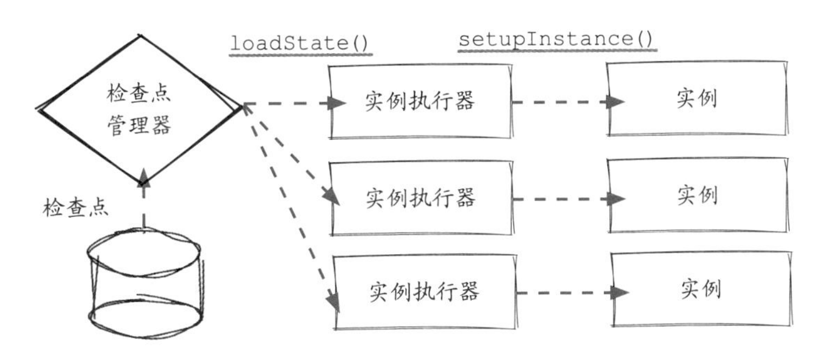

图 10.16　检查点加载

上述过程很简单，但有一个问题：向后兼容性 (backward compatibility)。检查点是在作业的上次运行中创建的，恢复时，我们用检查点中的状态数据构建新实例。如果作业只是被重新启动 (无论手动或自动)，那不会有什么问题，因为实例的逻辑和之前一样。然而，如果有状态组件的逻辑发生了变化，开发者必须确保新的实现能兼容旧的检查点，这样实例状态才能被正确地恢复。如果不满足这个要求，作业可能会从一个错误的状态开始，也可能会停止工作。

一些流框架将重新部署所用的检查点看作一种特殊类型的检查点：保存点 (savepoint)。保存点和一般的检查点类似，但它们是手动触发的，开发者拥有更多的控制权。开发者选择流框架时也应当考虑这一因素。

① 译者注：向后兼容性 (backward compatibility) 指兼容更早的版本，也称向下兼容性。中英文中对“前”“后”的理解有所不同，这里按照英文语境的习惯，“向后”代表更早的版本。

10.17 检查点存储

有关检查点的最后一个话题是存储。从图 10.17 中可以看出，检查点通常定期创建，并带有一个单调递增的检查点 ID。这一过程由引擎管理，并持续不断地进行，直到流作业停止。

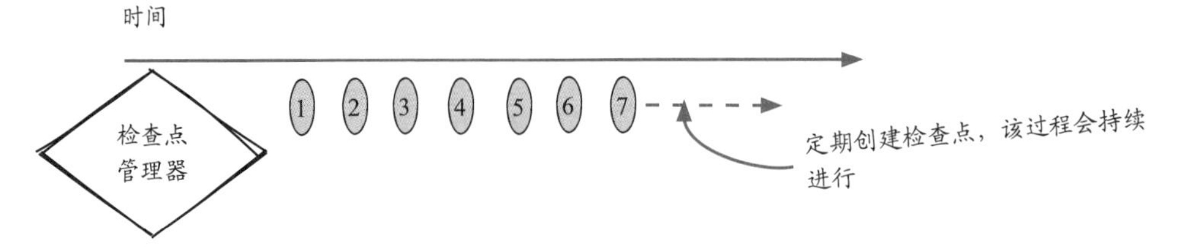

图 10.17　检查点的创建

当实例被重新启动时，只有最近的检查点会被用于初始化实例(见图 10.18)。理论上，我们可以仅为流作业保留一个检查点，新的检查点创建完成后就取代旧的。

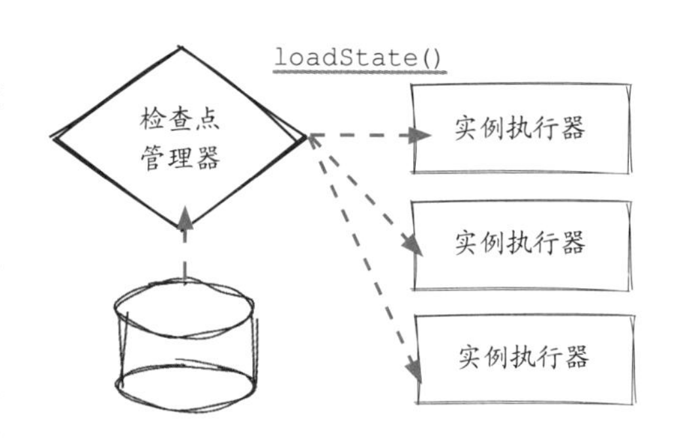

图 10.18　检查点的加载

然而，生活总是充满意外。例如，如果某些实例丢失而检查点尚未完成，检查点的创建就会失败；或者检查点的数据因为磁盘故障而损坏，无法加载。为了让流系统更可靠，通常在存储中保留最近 N 个检查点，如图 10.19 所示，而旧的检查点可以被丢弃，N 通常是可配置的。如果最近一个检查点无法使用，检查点管理器将回退到第二近的检查点，并尝试用它来恢复流作业。若有必要，还可以进一步回退到更早的检查点，直到有一个加载成功。

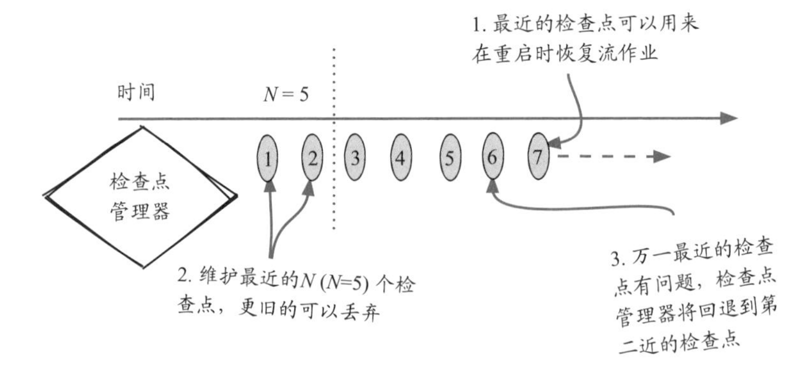

图 10.19　检查点的存储

10.18 有状态组件与无状态组件

我们已经了解了不少有状态组件以及检查点的细节。现在是时候休息一下，从总体视角思考有状态组件的利弊。毕竟，有状态组件不是没有代价的。真正的问题是，我到底该不该使用有状态组件？

事实上，只有你 (也就是开发者) 才能给出最终答案。不同的系统有不同的需求，某些系统即使功能类似，运行方式也可能完全不同，因为输入事件流量的模式 (比如吞吐量、数据量、基数[①]等) 是不同的。表 10.1 也许可以帮你做出更好的决定，以构建更好的系统。本章的其余部分将谈论两种实用的技术，以便用无状态组件来支持有状态组件的一些有用的特性。

表 10.1 有状态组件与无状态组件

特点 \ 组件	有状态组件	无状态组件
准确性	• 有状态计算对于恰好一次语义很重要，它能保证 (实际上的) 准确性	• 没有准确性的保证，因为实例状态不是由框架管理的
延迟 (当发生错误时)	• 发生错误后，实例会回滚到之前的状态	• 发生错误后，实例将继续在新的事件上工作
资源使用	• 需要更多的资源来管理实例状态	• 不需要资源来管理实例状态
维护负担	• 有更多的进程 (如检查点管理器、检查点存储) 需要维护，而且向后兼容性很关键	• 没有额外的维护负担
吞吐量	• 如果检查点管理器没有调整好，吞吐量可能下降	• 处理高吞吐时没有额外开销
代码	• 需要实现实例的状态管理	• 不需要额外的逻辑
依赖项	• 需要检查点存储	• 没有外部依赖

> 我们仅应在必要时使用有状态组件，以便使作业尽可能简单，并减轻维护负担。

① 译者注：基数 (cardinality) 指数据包含的互不相同的值的数量。

10.19 手动管理实例状态

从对比中可以看出，有状态组件的优势在于准确性。一旦发生问题，需要重启实例时，流引擎会帮助管理和回滚实例状态。除了增加维护负担之外，引擎管理的状态也有一些限制，其中一个明显的限制是，检查点不能创建得太频繁，否则会产生过多的额外开销，并降低系统性能。此外，一些组件可能更希望有不同的时间间隔，这对于引擎管理的状态也是行不通的。因此，有时候需要考虑手动管理实例状态。我们以系统使用量作业为例来看看它是如何工作的。

图 10.20 展示了带有状态存储的系统使用量作业。不同实例各自独立地将状态保存到存储中。就像我们之前讨论的那样，绝对时间是不行的，因为不同实例同一时刻正在处理的事件不同。由于我们手动管理状态，现在没有检查点事件来提供基于事件的时间。此时怎样同步不同的实例呢？

管理状态是否有其他的方式？

关键是要有一些共享的东西能被所有组件和实例用来实现同步。一个解决方案是依靠交易 ID。例如，交易源实例存储偏移量，系统使用量分析器实例每分钟在存储中记录交易 ID 和当前计数。当作业被重新启动时，交易源实例从外部存储中加载偏移量，然后将它们回退一点 (一些事件或几分钟前)，并从那里重新启动。系统使用量分析器实例从存储中加载最近的交易 ID 和计数。之后，分析器实例可以跳过输入的事件，直至找到状态中的交易 ID，此后就可以恢复常规计数。在这个解决方案中，交易源和系统使用量分析器可以用不同的方式管理它们的实例状态，因为这两个组件不再因为检查点 ID 而紧耦合，所以开销更低，灵活性也更高，这对一些实际用例可能很重要。

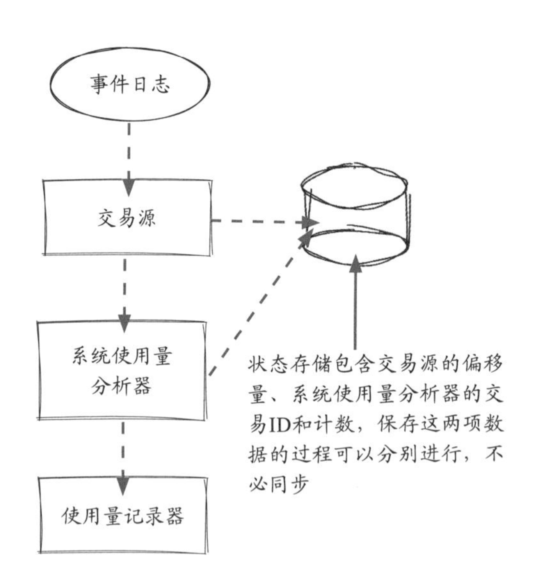

图 10.20 带有状态存储的系统使用量作业

10.20 Lambda 架构

另一种流行且有趣的技术被称为Lambda 架构。这个名字听起来很花哨，但别紧张，它并没那么复杂。

为了理解该技术，回顾下第 1 章中批处理和流处理系统的对比。虽然流处理系统可以实时产生结果，但批处理系统通常容错能力更好，因为一旦出了问题，它可以丢弃所有临时数据，从头重新处理事件批。因此，最终结果是准确的，因为每个事件都被恰好一次地计入最终结果。另外，由于批处理系统能更高效地处理大量事件，某些情况下可以应用在实时场景下难以使用的更复杂的计算。

Lambda 架构的原理相当简单：在同一事件数据上并行运行一个流作业和一个批作业。如图 10.21 所示，在此架构中，流作业负责生成实时结果，这些结果绝大多数情况下是准确的，但出问题时不保证准确性；另一方面，批处理作业负责生成准确的结果，但延迟较高。

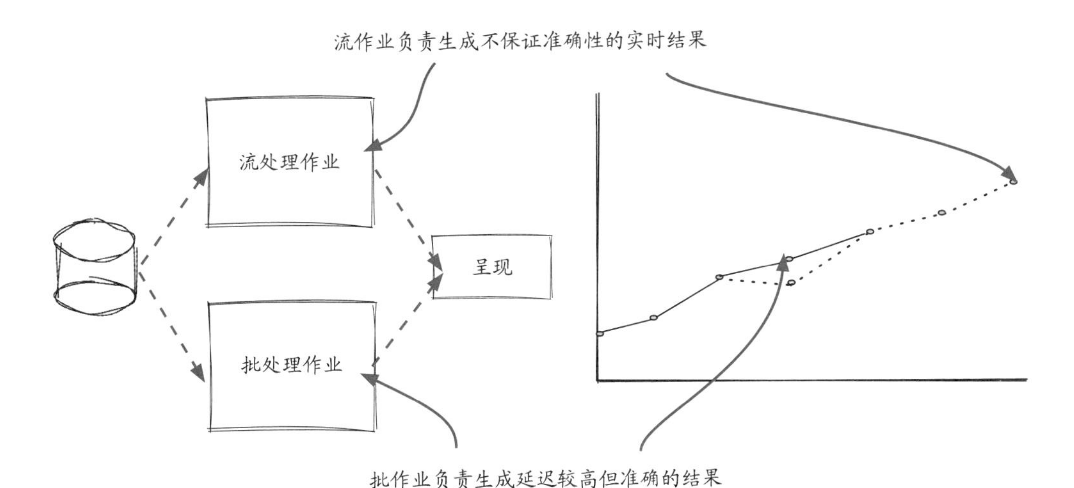

图 10.21 Lambda 架构

Lambda 架构需要建立和维护两个系统，而且两组结果的综合呈现可能更加复杂。然而，对流作业来说，准确性要求更加宽松，因此它可以专注于它擅长的事情：实时处理事件。

10.21 小结

本章重新仔细审视了实例的状态，然后，深入探讨了流作业中如何管理实例状态以及检查点，包括：

- 通过检查点事件创建检查点
- 检查点的加载和向后兼容性
- 检查点存储

简单对比了有状态组件和无状态组件之后，我们还学习了两种流行的技术，以得到有状态组件的一些好处而不产生额外的负担：

- 手动管理实例状态
- Lambda 架构

10.22 练习

1. 将系统使用量作业转换为无状态作业的做法有什么优缺点？你能通过手动管理实例状态来改进吗？如果发生硬件故障，要在不同的机器上重启实例的话会发生什么？

2. 由于延迟要求，欺诈检测作业主要为实时处理进行优化。这里有哪些权衡？如何用 Lambda 架构来改进它？

第11章 总结：流系统中的高级概念

本章内容：

- 回顾流系统中更复杂的主题
- 了解今后的学习方向

> “成功不在于是否曾经摔倒，而在于能否重新站起来。”
>
> ——Vince Lombardi

你做到了！你已经到达本书第II部分的末尾，我们已经详细地讨论了多个主题。下面快速回顾一下前面的内容以加强记忆。

11.1 真的结束了吗

本书的作者认为本书可以结束了，但读者们很可能还会继续多年的学习和实践。实际上，对于作者们来说，编写本章也是对我们之前的学习过程的反思——这真是一段奇妙的旅程！同样，我们希望读者朋友们也像我们一样，能从本书的内容中受益。

你将从本章学到什么

本书的后半部分已经涵盖了许多复杂的主题。本章将回顾其中的要点。在职业生涯的开始阶段，你可能不需要深入了解所有这些主题，但它们可以在你成为实时系统专家的道路上提供助力。毕竟，学好这些主题并不是件容易的事。

11.2 窗口计算回顾

如图 11.1 所示，并非所有的流作业都一次处理一个事件。某些情况下，应将事件 (基于时间或计数) 分组。

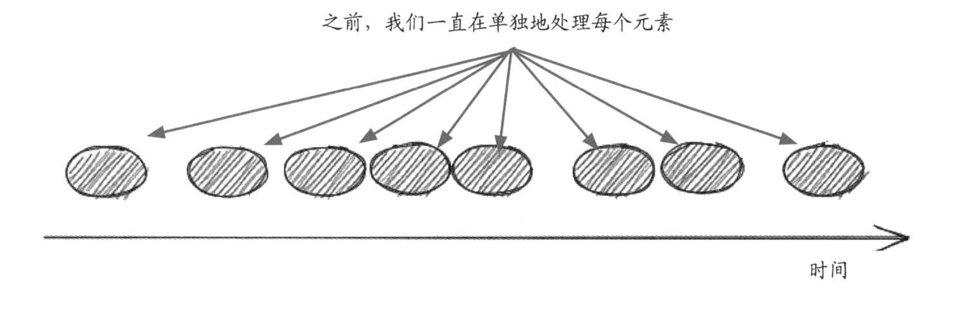

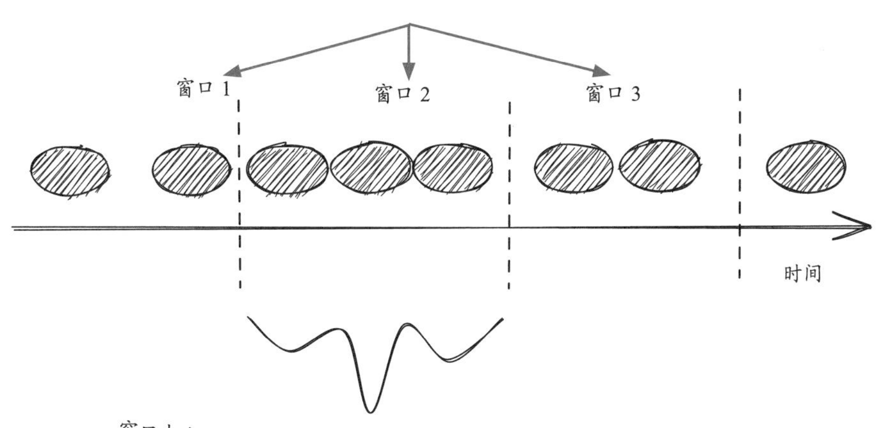

图 11.1　单独处理与分组处理

11.3 主要窗口类型回顾

一个窗口的创建和定义完全由开发者决定。这里以欺诈检测作业为例，展示了三种基本的窗口类型。注意，图 11.2 ～图 11.4 中使用的是基于时间的窗口。

11.3.1 固定窗口

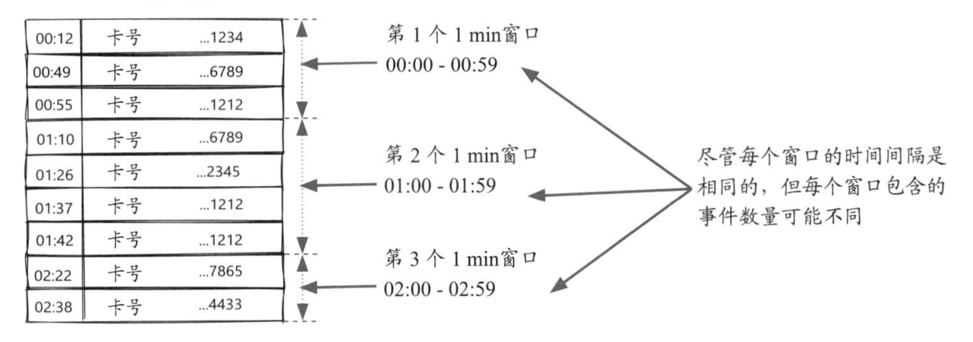

图 11.2　固定窗口示例

11.3.2 滑动窗口

你可以用滑动窗口保留一组滚动的数据，这些数据用于参照并决定一个事件是否应该被标记为欺诈

窗口 1
窗口 2
窗口 3
窗口 4
窗口 5

00:12	卡号	...1234
00:49	卡号	...6789
00:55	卡号	...1212
01:10	卡号	...6789
01:26	卡号	...2345
01:37	卡号	...1212
01:42	卡号	...1212
02:22	卡号	...7865
02:38	卡号	...4433

图 11.3　滑动窗口示例

11.3.3 会话窗口

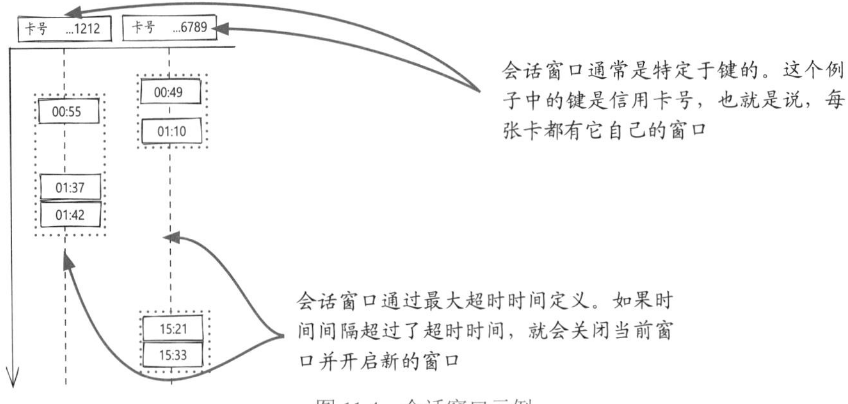

图 11.4　会话窗口示例

11.4　实时 Join 数据回顾

第 8 章介绍了实时 Join 数据 (见图 11.5)。这种情况下，我们有两种不同类型的事件从同一地理区域发出。我们需要决定如何连接两种类型不同且具有不同的时间间隔的事件。

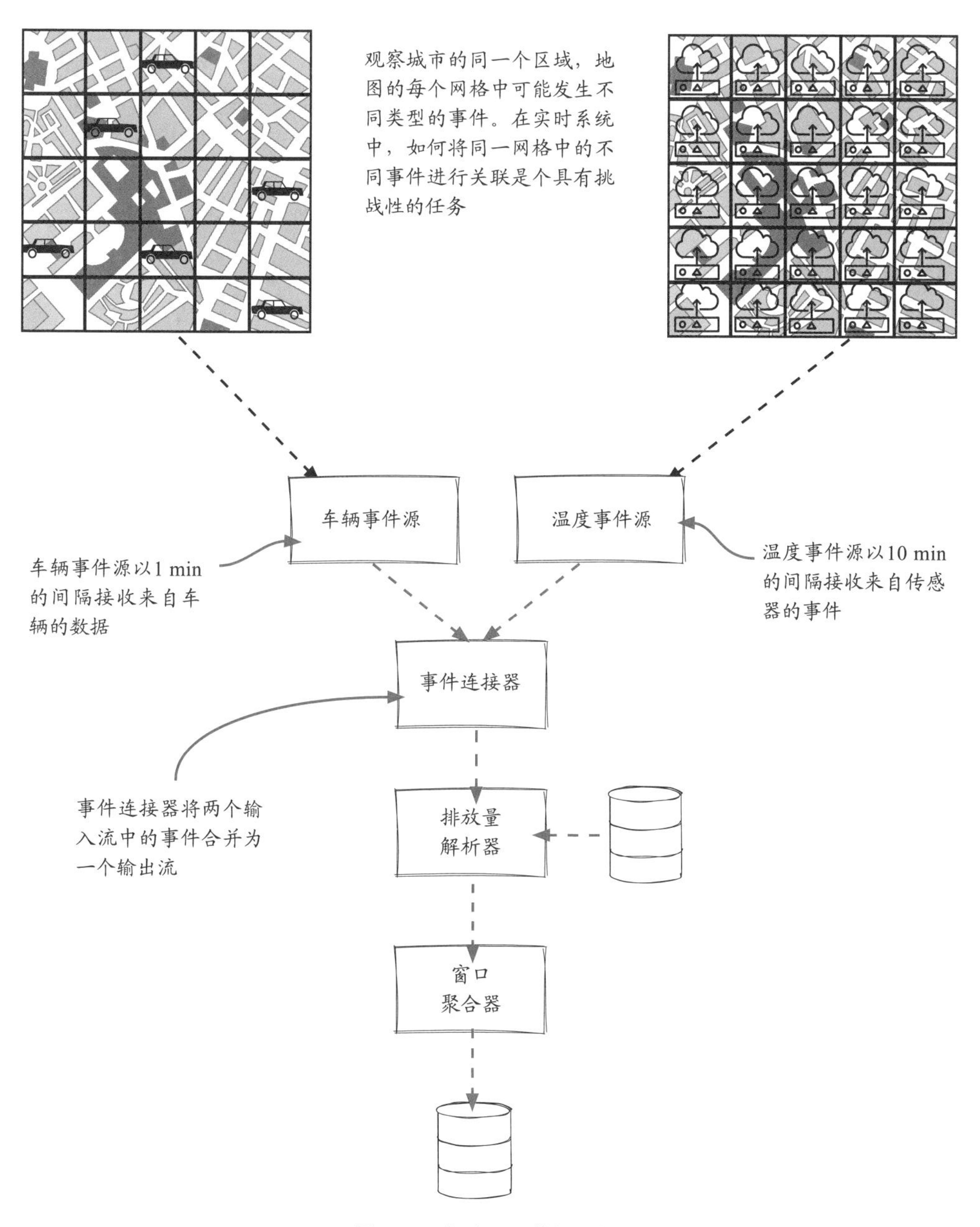

图 11.5　实时 Join 数据示例

11.5 SQL与流式 Join回顾

我们大多数人都 (足够) 熟悉 SQL 中的 Join 子句。流系统中的 Join 也类似，但不完全相同。一种典型的用法是，将其中一个输入流看作流，而将另一个 (或多个) 流转换成临时内存表以查找相应的数据 (如图 11.6 所示)。该表可以看作流的物化视图。

需要记住以下两件事：

1. 流式 Join 是另一种类型的扇入。
2. 流可以被持续地物化成表或使用窗口。

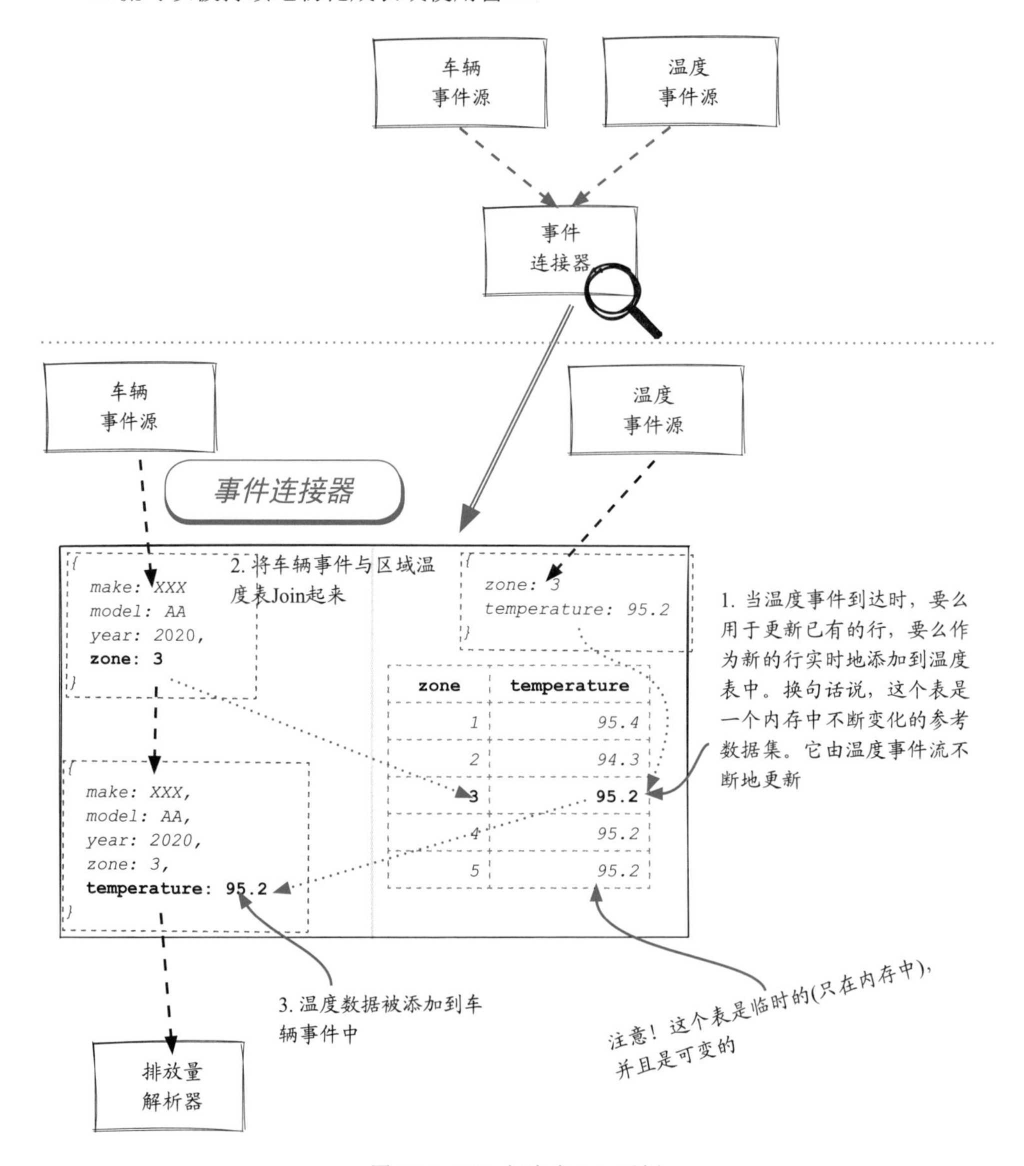

图 11.6 SQL 与流式 Join 示例

11.6 Inner Join 和 Outer Join回顾

像 SQL 中的 Join 子句一样，流系统中也有 4 种类型的连接，你需要根据用例选择合适的类型。图 11.7 展示了流系统中的 4 种连接。

Inner Join只返回在两个表中有匹配值的结果

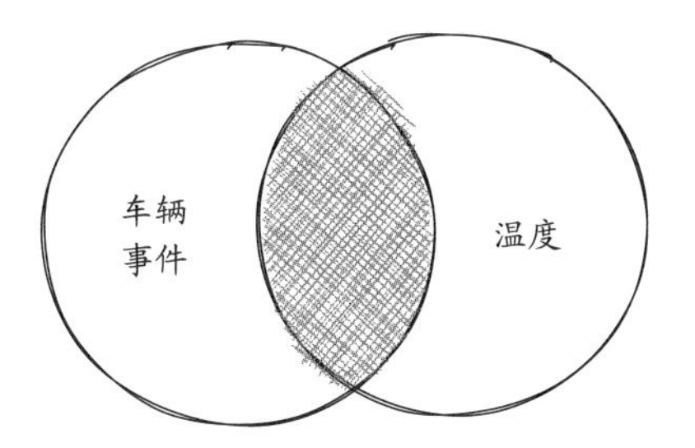

Full Outer Join返回两个表中的所有结果

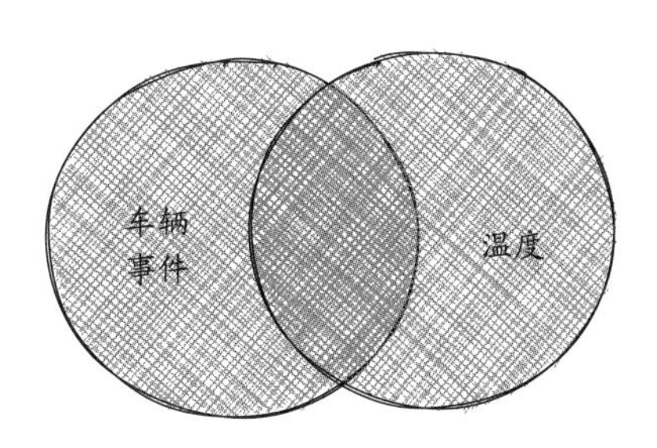

Left Outer Join返回车辆事件表中的所有结果以及温度表中的匹配行

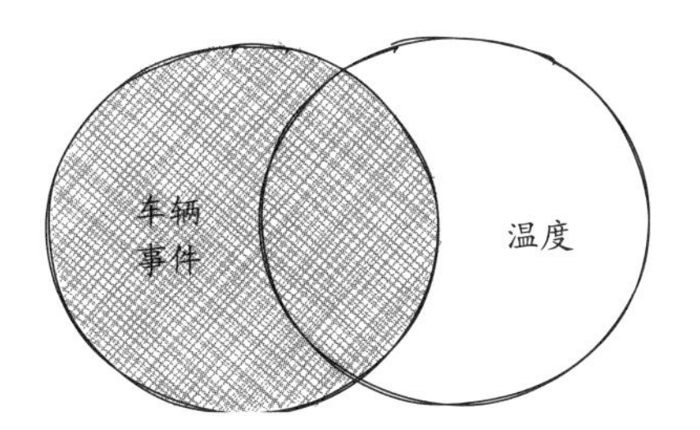

Right Outer Join返回温度表中的所有结果以及车辆事件表中的匹配行

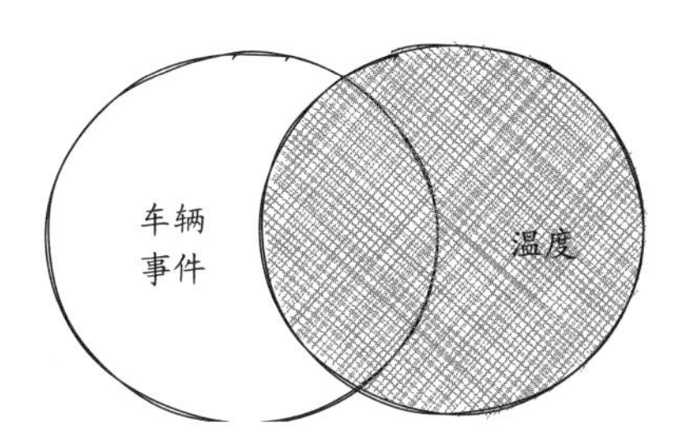

图 11.7 4 种类型的连接

11.7 流系统中的意外情况

构建可靠的分布式系统的任务很有挑战性也很有趣。第 9 章探讨了可能发生在流式系统中并导致一些实例落后的常见问题，以及一种常用的解决临时性问题的技术：反压。图 11.8 给出了一个具体的示例。

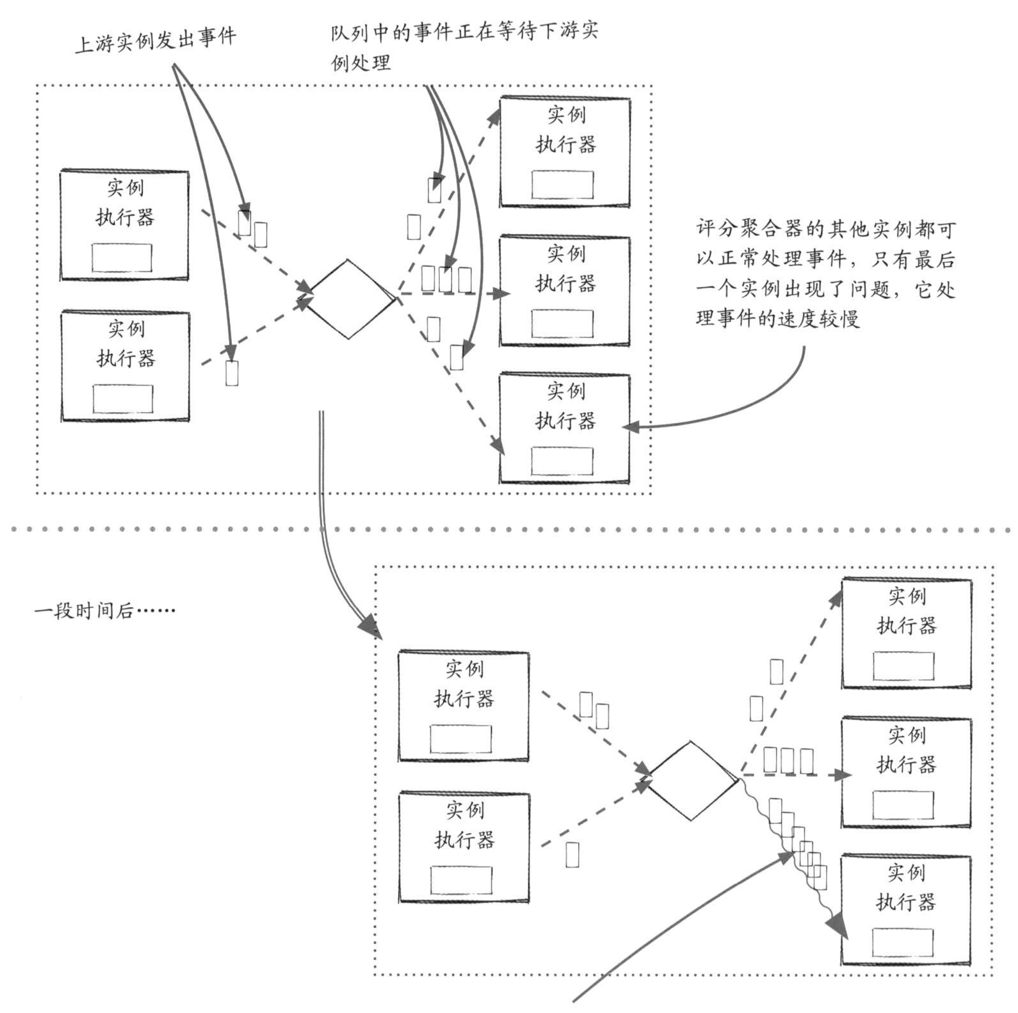

图 11.8 流系统中的意外情况示例

11.8 反压：减慢数据源或上游组件的速度

反压是一种与数据流方向相反的力量，它使事件流量变慢。我们讲过两种反压的方法：停止数据源 (见图 11.9) 和停止上游组件 (见图 11.10)。

11.8.1 停止数据源

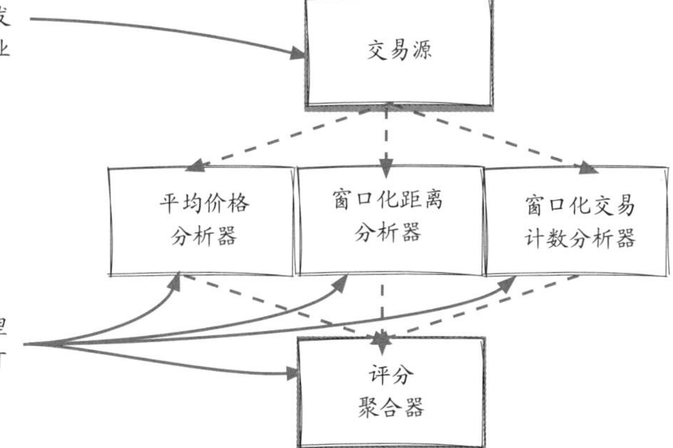

图 11.9 停止数据源图示

11.8.2 停止上游组件

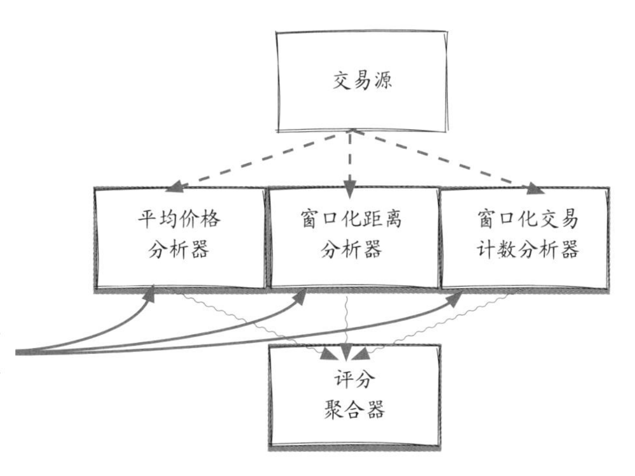

图 11.10 停止上游组件图示

11.9 另一种处理滞后实例的方法：丢弃事件

这种方法中，当一个实例落后时，系统不会暂停对源或上游组件的处理，而是直接丢弃被路由到该实例的新事件，图 11.11 给出了一个具体的示例。

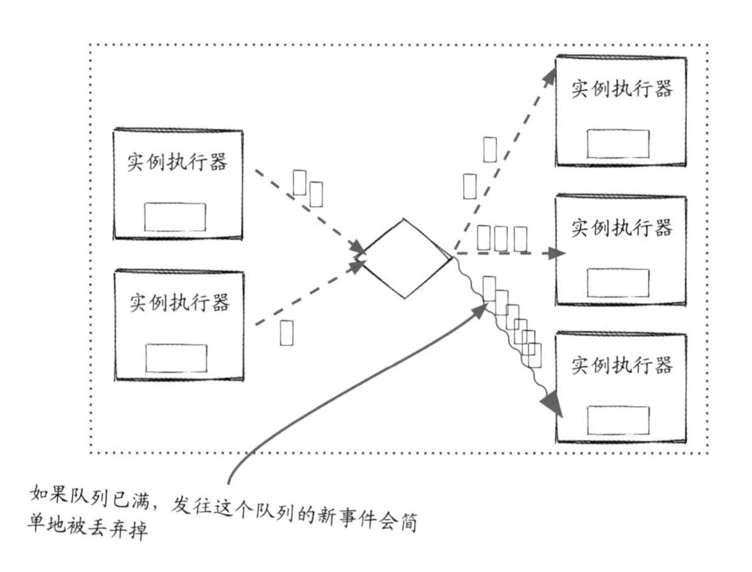

图 11.11 丢弃事件示例

选择这个选项时务必谨慎，因为事件会丢失。然而，它可能并不像听起来那么可怕。只有当反压发生时，结果才是不准确的，这在理论上应该是罕见的。因此，它们几乎在所有时间都应该是准确的。另一方面，在端到端延迟比准确性更重要的情况下，更理想的选择可能是丢弃事件。别忘了，丢弃事件的操作比暂停和恢复事件处理要轻量得多。

11.10 反压可能只是内部问题的表象

我们曾多次提到，反压是一种自我保护机制，用于避免极端情况下更严重的问题。虽然我们希望导致一些实例工作迟缓的问题是暂时的且反压可以自动处理，但实例有可能不会自动恢复，而需要用户干预才能解决故障的根源。这些情况下，持续不断的反压只是一种外在表现，开发人员需要定位其根本问题并解决。

11.10.1 实例停止工作，所以反压不会得到缓解

这种情况下，没有事件会从队列中被消耗掉，反压状态根本不会被缓解。这种情况处理起来相对简单：修复实例即可。重启实例可能是一个即时的补救措施，但同样重要的是弄清楚根本问题并解决。通常该问题意味着存在需要修复的缺陷。

11.10.2 实例无法赶上进度，反压将反复触发：抖动

如果观察到抖动 (thrashing)，你很可能需要考虑为什么实例处理得不够快。一般来说，这种问题来自两个原因：流量和组件。如果流量增加了或模式改变了，可能要调整或扩大系统规模；如果实例运行较慢，你要找出根本原因。注意，别忘了将依赖项也考虑在内。总之，对于你 (系统的开发者) 而言，重要的是了解数据和系统并找出引起反压的原因。

11.11 带有检查点的有状态组件

在第 10 章中，我们学习了如何在不丢失数据的情况下停止和启动一个流作业。有状态组件支持从新的环境重启，组件会从之前停止的状态恢复处理。在我们的案例中，AJ 和 Miranda 需要以一种方法在新的机器上透明地停止和重新启动系统使用量作业。

检查点作为一组可以被实例用来恢复到之前状态的数据，是持久化和恢复实例状态的关键。

- 如图 11.12 所示，实例执行器定期调用 getState() 函数以获得每个实例的最新状态，然后将状态对象发送到检查点管理器，以创建一个检查点。

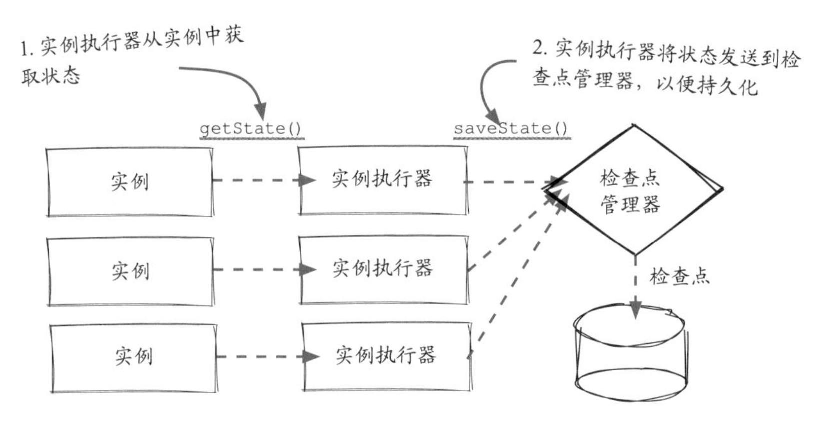

图 11.12 getState() 函数的调用

- 实例创建后，实例执行器调用 setupInstance() 函数，由检查点管理器加载最新的检查点 (见图 11.13)。

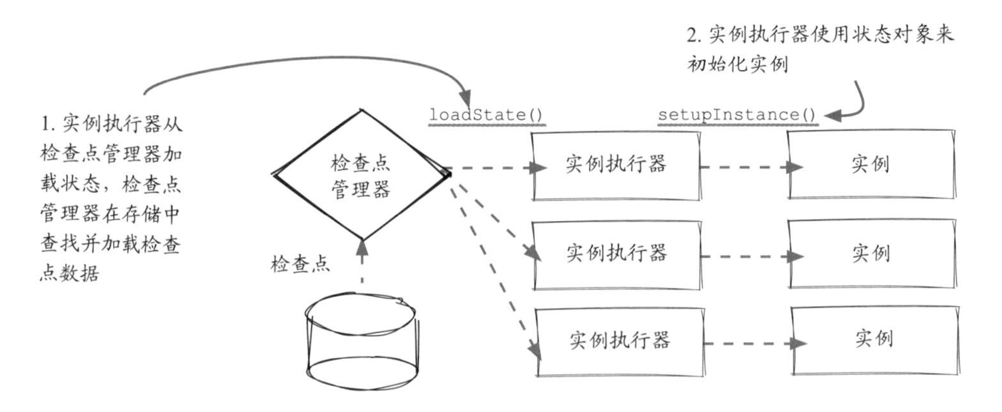

图 11.13 setupInstance() 函数的调用

11.12　基于事件的计时

为了将流作业恢复到之前的某一时刻，作业中的每个实例都必须在同一时间获取状态。然而，这里的时间并不是时钟时间，而是基于事件的时间。

如图 11.14 所示，检查点管理器负责定期产生检查点事件，并将其发送给所有源实例。然后，该事件流经整个作业，通知每个实例将内部状态发送给检查点管理器。注意，数据事件只会被路由到下游组件中的某一个实例，而检查点事件则会被路由到下游组件的所有实例。

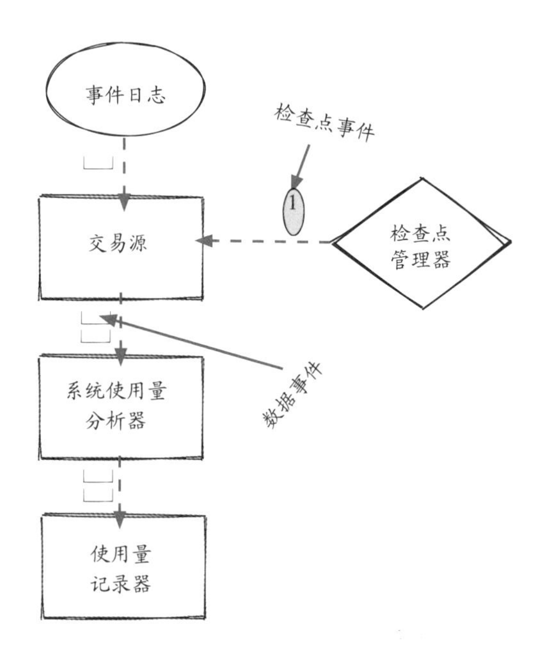

图 11.14　流经整个作业的事件

在实例层面，每个事件分发器连接到多个上游实例和多个下游实例。如图 11.15 所示，事件分发器输入的检查点事件可能在不同时间到达，需要在发送给下游实例之前进行同步。

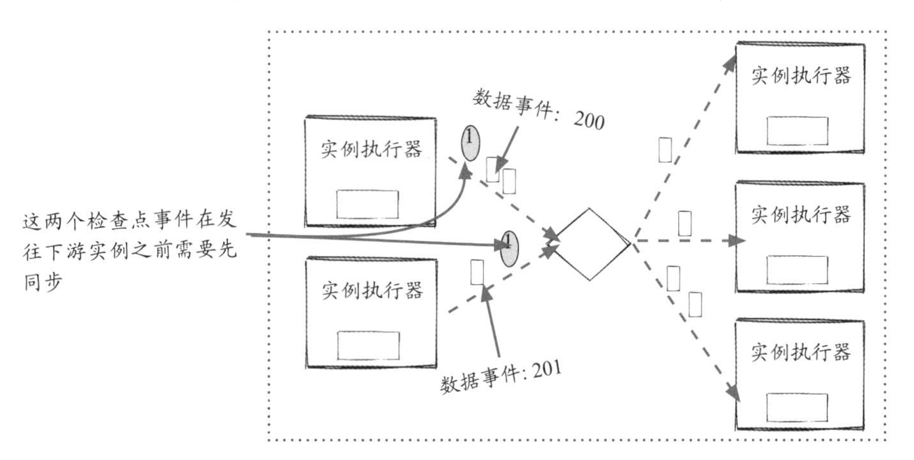

图 11.15　检查点事件需要同步的情形

11.13 有状态组件与无状态组件回顾

作为流作业的开发者，你需要决定何时使用无状态组件以及何时使用有状态组件。这时，你需要根据自己的直觉或与团队合作来做出决定。何时使用有状态组件或无状态组件并非在各种情况下都有明确的答案，所以在这时候，你必须像艺术家那样给出创造性的回答。表 11.1 对有状态组件和无状态组件的几个方面进行了比较。

有状态组件的主要优势在于为流作业提升可靠性，但也要记住，应在一开始让作业保持简洁。一旦把状态引入流作业中，计划、调试、诊断和预测的复杂性可能会使事情变得更加麻烦。在做出每个决定之前，请确保你了解其代价。

表 11.1 有状态组件与无状态组件

特点 \ 组件	有状态组件	无状态组件
准确性	• 有状态计算对于恰好一次语义很重要，它能保证 (实际上的) 准确性	• 没有准确性的保证，因为实例状态不是由框架管理的
延迟 (当发生错误时)	• 发生错误后，实例会回滚到之前的状态	• 发生错误后，实例将继续在新的事件上工作
资源使用	• 需要更多的资源来管理实例状态	• 不需要资源来管理实例状态
维护负担	• 有更多的进程 (如检查点管理器、检查点存储) 需要维护，而且向后兼容性很关键	• 没有额外的维护负担
吞吐量	• 如果检查点管理器没有调整好，吞吐量可能下降	• 处理高吞吐时没有额外开销
代码	• 需要实现实例的状态管理	• 不需要额外的逻辑
依赖项	• 需要检查点存储	• 没有外部依赖

11.14 你做到了

拍拍自己的肩膀庆祝一下吧！这本书覆盖了很多知识，而你已经读完了这本大约 300 页的《流计算系统图解》！那么下一步该干什么？可以继续努力增长在流计算领域的知识和经验。没学位？别担心，你不需要。只要愿意倾注精力，你绝对可以掌握好流系统 (并让自己的技术职业生涯更进一步)。我们列出了以下供你尝试的点子——和之前一样，并不一定要按顺序完成。

11.14.1 挑选一个开源项目来学习

尝试在一个真实的开源流计算框架中重建流作业，完成你在书中所学到的案例。看看能否在真实的流计算框架中找出与 Streamwork 引擎相似的组成部分。在你挑选的框架中，实例、实例执行器和事件分发器都被称作什么？

11.14.2 开始写博客，传授你所学的知识

学习某样东西的最好方法就是教别人。开始建立你自己的品牌，也准备好迎接一些批评者。看人们从许多不同的角度解释同一个概念是件有趣的事。

11.14.3 参加聚会和会议

流系统以及其他事件处理系统有许多现实世界的用例。可以在相关的聚会 (meetup) 和会议上从别人的故事中学习到很多东西。或者更进一步，也可以自己进行演讲或举办分享与讨论会。

11.14.4 参与开源项目

这一项可能是对你最有价值的一个。根据经验，没有什么比这一条更能提高技术能力和人际交往能力。参与开源项目将使你接触到先进的技术，并使得你与世界各地活生生的专业人士一起规划、设计和实现新功能。最重要的是，在开源项目上的工作将比你曾经做过的任何有偿工作都更能满足你。为一些由目标驱动的事做出贡献，在未来几年内它给你的回报将会超过任何来自薪水的回报。

11.14.5 永不放弃

要实现任何卓越的目标，都需要经历一次又一次的失败。接受失败，这将使你变得更优秀。